“十三五”国家重点出版物出版规划项目

卓越工程能力培养与工程教育专业认证系列规划教材（电气工程及其自动化、自动化专业）

DSP 原理及应用

程善美　沈安文　编著

机械工业出版社

TI（德州仪器）公司的 Piccolo 系列 DSP 是在 C28x 的基础上，采用新型构架和增强型外设构成的 DSP，为实时控制应用提供了低成本、小封装的选择。本书以 TMS320F28027 为模型介绍了 DSP 的硬件结构、工作原理、存储器管理、中断控制等，并在此基础上详细介绍了 TMS320F28027 的片内外设，主要包含面向控制应用的通用输入输出口（GPIO）、模/数转换器（ADC）、增强型脉宽调制器（ePWM）和增强型捕获（eCAP）模块等。同时本书还介绍了 DSP 的开发环境和 C 语言编程，并以 TI 公司提供的 C2000 实验套件 LAUNCHXL-F28027 为例，介绍了 TMS320F28027 的最小系统以及该实验套件的应用扩展方法。

本书以低成本、小封装的 TMS320F28027 为基础介绍 DSP，特别适合电气工程及其自动化、自动化、测控技术与仪器、电子信息工程以及机械电子工程等专业高年级本科生和研究生学习，也可供相关专业工程技术人员参考。

本书配有电子课件，选用本书作教材的老师请登录 www.cmpedu.com 下载本书课件，或发邮件至 jinacmp@163.com 索取。

图书在版编目（CIP）数据

DSP 原理及应用 / 程善美，沈安文编著. —北京：机械工业出版社，2019.10（2025.1 重印）
"十三五"国家重点出版物出版规划项目　卓越工程能力培养与工程教育专业认证系列规划教材. 电气工程及其自动化、自动化专业
ISBN 978-7-111-63550-5

Ⅰ.①D… Ⅱ.①程…②沈… Ⅲ.①数字信号处理—高等学校—教材　Ⅳ.①TN911.72

中国版本图书馆 CIP 数据核字（2019）第 182110 号

机械工业出版社（北京市百万庄大街 22 号　邮政编码 100037）
策划编辑：吉　玲　责任编辑：吉　玲　张　莉　王　荣　刘丽敏
责任校对：王　欣　封面设计：鞠　杨
责任印制：单爱军
北京虎彩文化传播有限公司印刷
2025 年 1 月第 1 版第 3 次印刷
184mm×260mm・14.75 印张・363 千字
标准书号：ISBN 978-7-111-63550-5
定价：45.00 元

电话服务　　　　　　　　　　网络服务
客服电话：010-88361066　　机 工 官 网：www.cmpbook.com
　　　　　010-88379833　　机 工 官 博：weibo.com/cmp1952
　　　　　010-68326294　　金 书 网：www.golden-book.com
封底无防伪标均为盗版　机工教育服务网：www.cmpedu.com

前　言

数字信号处理器（Digital Signal Processor，DSP）是一种适合数字信号处理运算的微处理器，其实时运行速度远远高于通用的微处理器，主要用于实现实时快速的数字信号处理算法及复杂的控制算法等。随着微电子技术的不断发展，DSP 的功能越来越强大，其应用领域得到不断的拓展，在通信系统、自动化系统、仪器仪表、网络设备、医疗设备以及高性能家电等方面得到了广泛应用。

DSP 的生产厂家众多，型号也众多。自 1982 年 TI（德州仪器）公司推出其第一代数字信号处理器芯片 TMS32010 以来，经过近 40 年发展，目前 TI 公司的 TMS320 系列数字信号处理器成为 DSP 市场上种类最多、功能最强的芯片。TMS320C2000 系列 DSP 作为优化控制的最佳 DSP，提供了成本较低、涉及面较广的数字化控制解决方案。它不仅包含了高性能 DSP 内核，还包含了为控制领域优化设计的大量外设。

由于 DSP 产品型号众多，同时现在的 DSP 内部外设丰富，使得很多的 DSP 初学者感觉DSP 内容很繁杂，学习很困难，无从下手。为了方便初学者快速入门，本书以 TI 公司TMS320C2000 系列中 Piccolo 系列片内外设相对简单的 DSP TMS320F28027 为模型，重点讲述 DSP 的结构、原理、应用和设计方法，突出基础，侧重实践。初学者通过学习本书，在掌握 DSP 基本原理的基础上，面对任意型号 DSP 的设计和应用都能抓住重点，掌握方法，独立开展 DSP 应用系统的开发。

全书共分为 11 章。第 1 章讲述了 DSP 的特征及发展概况；第 2 章讲述了 TI 公司的 C28x系列 DSP 的结构及工作原理；第 3 章讲述了 TMS320F28027 存储器的管理；第 4 章讲述了DSP 系统设计入门；第 5 章讲述了 DSP 时钟与系统控制；第 6 章讲述了 DSP 的中断控制；第 7 章讲述了 TMS320F28027 片内通用输入/输出口；第 8 章讲述了 TMS320F28027 片内增强型捕获模块；第 9 章讲述了 TMS320F28027 片内增强型脉宽调制器；第 10 章讲述了TMS320F28027 片内模/数转换器模块；第 11 章给出了基于 TI 公司提供的 C2000 实验套件LAUNCHXL-F28027 和基于 TI 实验套件的扩展板的实验。

本书由程善美教授和沈安文教授编著。第 1~3、5、6 章由程善美教授编著，第 4、7~11 章由沈安文教授编著。在编著过程中参考了一些国内外文献，在此向文献作者表示感谢。

由于作者水平有限，疏漏和错误在所难免，作者恳请读者对本书中存在的疏漏和错误批评指正。联系方式：csm_hust@sina.com。

作者

目　　录

V

VI

第1章 DSP 芯片概述

1.1 数字信号处理系统概述

DSP 有两个含义：一个是数字信号处理（Digital Signal Processing），另一个是数字信号处理器（Digital Signal Processor，即 DSP 芯片）。

数字信号处理是采用计算机技术将信号以数字形式表示并进行采集、变换、滤波、估值、增强、压缩以及识别等处理的理论与方法，亦称为数字信号处理技术。随着计算机和信息技术的日新月异，数字信号处理技术在理论和方法上也取得了丰硕的成果，在科学研究、工业生产、国防和国民经济的各个领域获得了广泛的应用。

数字信号处理器是一种适合数字信号处理运算的微处理器，其实时运行速度远远高于通用的微处理器，它主要应用于实现实时快速的数字信号处理算法及复杂的控制算法等。数字信号处理技术与数字信号处理器相互依赖而又相互促进，数字信号处理技术的发展对数字信号处理器提出了更高的要求，而数字信号处理器的发展又会促进数字信号处理技术的进步。

采用 DSP 芯片的信号处理系统的一般框图如图 1-1 所示。

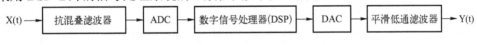

图 1-1 典型的信号处理系统

1）抗混叠滤波器：可以将连续信号 X(t)中的一些次要成分滤除，比如滤去幅度较小的高频成分及一些杂散信号，以满足采样定理等数字信号预处理要求。

2）ADC：一般系统中待处理的信号往往是模拟信号，那么在数字信号处理之前，首先需要将模拟信号经过 ADC（模/数转换器）转换为数字信号。对模拟信号的采样必须满足采样定理，即采样频率必须大于或等于模拟信号最大频率分量的 2 倍，这样才能由采样信号无失真地恢复原模拟信号。

3）DAC 与平滑低通滤波器：数字信号经过处理后，要经过 DAC（数/模转换器）转换为模拟信号，DAC 输出是一个零阶保持器输出，即输出是阶梯形的。所以，一般 DAC 之后加一个平滑低通滤波器，滤除多余的高频分量，对时间域模拟信号波形起平滑作用。

4）数字信号处理器（DSP）：用于实时完成上述数字信号处理的微处理器。

与模拟信号处理系统相比，数字信号处理系统的优越性表现在以下多个方面：

1）灵活性好：数字信号处理系统通过软件编程改变算法来适应信号处理方法和参数的变化。

2）精度高：数字信号处理系统通过增加模/数转换器的位数和处理器的字长来满足精度要求。

3）可靠性高：数字信号处理系统受环境温度、湿度、噪声以及电磁场的干扰所造成的影响较小。

4）集成度高：随着半导体集成电路技术的发展，数字电路的集成度越来越高，相应的数字信号处理器集成度更高、体积更小、价格更便宜。

由于数字信号处理器的上述优势，使其在信号处理系统中的应用占据了主导地位。但是数字信号处理系统也有其不利的因素，例如需要模/数转换器和数/模转换器，存在量化误差，以及对高频信号的处理使其难以满足实时性处理要求等。

1.2 DSP 芯片发展

数字信号处理器即 DSP 芯片是一种特别适合于数字信号处理运算的微处理器，其主要应用是实时快速地实现各种数字信号处理算法。数字信号处理技术和集成电路的发展导致了 DSP 芯片的产生和迅速发展。

1978 年美商安迈（AMI）公司发布了世界上第一片 DSP 芯片 S2811，1979 年英特尔（Intel）公司推出了第一块脱离通用型微处理器结构的 DSP 芯片 Intel 2920。但是这两种芯片都没有现代 DSP 芯片具有的单周期硬件乘法器，其性能和结构与现代 DSP 芯片相比具有较大的差距。

1980 年日本电气股份（NEC）公司推出的μPD7720 是第一个具有片内硬件乘法器的商用 DSP 芯片，1981 年贝尔实验室推出了同样具有片内硬件乘法器和存储器的 16 位 DSP 芯片 DSPI。1982 年日本日立（Hitachi）公司推出了第一个采用 CMOS 工艺生产的浮点 DSP 芯片。1983 年日本富士通（Fujitsu）公司推出的 MB8764，其指令周期为 120ns，具有双内部总线，从而使处理器的数据吞吐量发生了一个大的飞跃。而第一片高性能的浮点 DSP 芯片是美国电话电报（AT&T）公司于 1984 年推出的 DSP32。

1982 年德州仪器（TI）公司成功地推出了其第一代 DSP 芯片 TMS32010，这是 DSP 应用历史上的一个里程碑，从此 DSP 芯片开始得到真正的广泛应用。TI 公司也成了迄今为止世界上最大的 DSP 芯片供应商。此后 TI 公司陆续推出了其 TMS320 系列 DSP 芯片。TI 在其 TMS320 系列芯片上设置了符合 IEEE 1149 标准的 JTAG（Joint Test Action Group）标准测试接口及相应的控制器，通过 JTAG 和专用的仿真器支持 DSP 的仿真和程序的下载，方便了 DSP 应用系统的开发。由于 TMS320 系列 DSP 芯片具有价格低廉、简单易用、功能强大等特点，所以逐渐成为最具影响力和最为成功的 DSP 系列处理器。

摩托罗拉（Motorola）公司 1986 年推出定点 DSP 芯片，1990 年推出了与 IEEE 浮点格式兼容的浮点 DSP 芯片，也有专用 DSP 芯片。Motorola 公司的 DSP 芯片上设置了一个片上仿真（On-Chip Emulation，OnCE）功能模块，用特定的电路和引脚用户可以检查片内的寄存器、存储器及外设，用单步、断点和跟踪等方式控制和调试程序。Motorola 公司的定点 DSP 芯片以 DSP56000、DSP56001 和 DSP56002 为代表。其浮点 DSP 芯片以 DSP96002 为代表，采用 IEEE 754 标准浮点格式，累加器精度达到 96 位，可支持双精度浮点数。DSP56200 是一种基于 DSP56001 DSP 核适合自适应滤波算法的专用定点 DSP 芯片。

美国模拟器件（Analog Devices，AD）公司在 DSP 市场上也占有一定的份额，相继推出了一系列具有自己特点的 DSP 芯片。其 16 位定点 DSP 芯片中有 ADSP2101/2103/2105、ADSP2111/2115、ADSP2161/2162/2163/2164/2165/2166 以及 ADSP2171/2181 等。ADSP21020 是 AD 公司的第一代浮点 DSP，采用改进的哈佛结构。之后 AD 公司推出了超级哈佛结构计算机（Super Harvard Architecture Computer，SHARC）系列 DSP，ADSP21060/21061/21062/

21065L/21160 等是这个系列中的产品。

为了缩小同微控制器之间的性能差异，使用户能方便地将微控制器的功能转移到 DSP 上，美国微芯科技（Microchip Technology）公司于 2004 年推出了 dsPIC 系列 16 位数字信号控制器（Digital Signal Controller）。dsPIC DSC 是一种 16 位（数据）改进型哈佛结构芯片，它将高性能 16 位微控制器的控制特点和 DSP 高速运算的优点相结合，成为嵌入式系统设计中将两者紧密结合的单芯片、单指令流解决方案。所有 dsPIC DSC 均集成了闪存程序内存，且大多数器件均具备 EEPROM 数据存储器。目前推出的产品主要是 dsPIC30Fxxxx 系列，它包括三个系列：通用系列、电机和功率变换系列以及传感器系列。电机和功率变换系列产品主要包括 dsPIC30F2010/3010/4012/3011/4011/5015/6010。这些 dsPIC DSC 芯片可用于各种电机的控制，也适合不间断电源设备（UPS）、逆变器、功率因数校正等应用，还可应用于其他工业设备。

DSP 芯片型号众多，分类方法也很多，但主要有以下三种。

1）按 DSP 芯片的工作时钟和指令类型来分，可分为静态 DSP 芯片和一致性 DSP 芯片。如果在某时钟频率范围内的任何频率上，DSP 芯片都能正常工作，除计算速度有变化外，没有性能下降，这类 DSP 芯片一般称为静态 DSP 芯片。如果有两种或两种以上的 DSP 芯片，它们的指令集、相应的机器代码和引脚结构相互兼容，这类 DSP 芯片称为一致性 DSP 芯片。

2）按 DSP 芯片处理的数据格式来分，可分为定点 DSP 芯片和浮点 DSP 芯片。不同类型的 DSP 适用不同的场合。定点 DSP 可以胜任大多数数字信号处理任务，但用移位定标或用定点模拟浮点运算，处理程序的速度将大大降低。浮点 DSP 的出现解决了这些问题，它扩展了数据动态范围。不同的浮点 DSP 芯片所采用的浮点格式不完全一样。有的 DSP 芯片采用自定义的浮点格式，有的 DSP 芯片则采用 IEEE 的标准浮点格式。

3）按 DSP 芯片的用途分，可分为通用型 DSP 芯片和专用型 DSP 芯片。通用型 DSP 芯片具有丰富的硬件接口和很强的可编程性，适用于研究和开发。专用的 DSP 芯片是为特定的数字信号处理运算而设计的，更适合特殊的运算，如数字滤波、卷积和快速傅里叶变换（FFT）等。

自第一片 DSP 芯片诞生以来，经过 40 多年的不断技术创新，DSP 芯片得到了迅猛的发展。随着计算机技术、微电子技术和超大规模集成电路制造工艺的发展，以及 DSP 芯片应用的不断深入，将来的 DSP 芯片将以更快的速度发展。从运算速度来看，乘累加运算（MAC）时间从 20 世纪 80 年代初的 400ns 降到了 50ns 以下，处理能力则提高了十几倍，同时片内存储器数量增加了一个数量级以上。从制造工艺来看，1980 年制造的 DSP 芯片一般采用 4μm 的 N 沟道 MOS 工艺，而现在则普遍采用深亚微米 CMOS 工艺，达到 0.08μm。DSP 芯片的引脚数量从 1980 年最多 64 个增加到现在的 200 个以上，引脚数量的增加意味着结构灵活性的增加，需要设计的外围电路越来越少。DSP 内核的功耗也不断地降低，其工作电压已降至 1.2V，工作电压低于 1V 的 DSP 芯片也在研制之中。DSP 内核电压的不断降低，将使应用这种 DSP 芯片的便携式产品的功耗也不断降低。DSP 的低端芯片，在外围功能上向嵌入式微控制器靠拢，使其在控制功能上更像一个微控制器，但同时又保持了 DSP 的高速运算能力，其价格也不断降低。DSP 芯片与应用电子系统和微控制器的融合不断加强。

DSP 芯片与应用电子系统的融合形成了以 DSP 芯片为核心的嵌入式系统，这种 DSP 嵌入式系统是把 DSP 系统嵌入到应用电子系统中的一种通用系统。这种系统具有 DSP 系统的所有技术特征，同时还具有应用电子系统所需要的技术特征，它是一个完整的、具有多任务

3

和实时操作性能的计算机系统，以此为基础可以方便用户开发需要的应用系统。而将 DSP 和微控制器融合在一起的双核平台既具有 DSP 在数字信号处理方面具有的独特优势，又具有微控制器在控制上的优势，推动这种发展趋势的动力源于片上系统（System On Chip）。为了推动 DSP 芯片的应用，每个 DSP 芯片的生产商提供了更完善的开发环境，特别是开发效率更高的、优化的 C 编译器或其他高级语言编译器，以缩短开发周期。

1.3 DSP 芯片特征

为了实现快速的数字信号处理，与普通微处理器相比，DSP 芯片一般都采用了特殊的软硬件结构，在处理器结构、指令系统和指令流程等方面做了较大的改进，主要采用了哈佛结构或改进的哈佛结构、流水线技术、硬件乘法器和特殊的 DSP 指令等。

1.3.1 哈佛结构

哈佛结构是一种并行体系结构，不同于早期微处理器内部采用的冯·诺依曼（Von Neumann）结构，其主要特点是将程序和数据存储在不同的存储器空间，对程序和数据独立编址，独立访问。而且在 DSP 芯片内部设置了数据和程序两套总线，使得取指令和执行能完全并行运行，提高了数据吞吐量。为了进一步提高 CPU 的运行速度和芯片的灵活性，在新的 DSP 芯片中常采用改进的哈佛结构，其方案有三种：允许数据存储在程序存储器中，并可被算术指令直接使用；将指令存储在高速缓存中，当执行此指令时，不需要再从程序/数据存储器中读取指令，节省了一个指令周期的时间；改进存储器块的结构，允许在一个存储周期内同时读取指令和两个操作数，使 DSP 具有更高的访问能力。图 1-2 和图 1-3 分别为哈佛结构和冯·诺依曼结构的结构图。

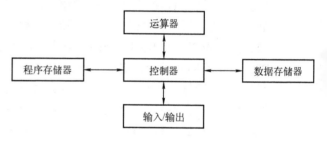

图 1-2 哈佛结构图

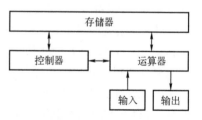

图 1-3 冯·诺依曼结构

1.3.2 流水线技术

DSP 芯片执行一条指令通常需要经过取指、译码、取操作数和执行等几个阶段。为了提高芯片的处理能力，现代的 DSP 芯片普遍采用流水线技术。以 TI 公司的 TMS320 系列产品为例，第一代 TMS320 处理器采用二级流水线操作；第二代产品采用三级流水线操作；第三代 DSP 芯片采用四级流水线操作。也就是说，处理器在一个时钟周期可以并行处理 2~4 条指令，每条指令处于流水线的不同阶段。一个四级流水线操作如图 1-4 所示。

图 1-4 四级流水线操作图

1.3.3　硬件乘法器

在通用的微处理器中，乘法是由软件实现的。而在数字信号处理的许多算法（例如卷积运算、FFT、矩阵运算等）中，需要进行大量的乘法和加法运算。因此，提高乘法的运算速度也就提高了 DSP 芯片的运算性能。在 DSP 芯片中一般都有专用的硬件乘法器。在 TMS320 系列中，一次乘累加最少可在一个时钟周期完成，从而极大提高了 DSP 芯片的运算性能和运算速度。

1.3.4　特殊的 DSP 指令

为了对数字信号进行更高效快速的处理，专门为 DSP 芯片设计了相应的特殊指令。这些指令节省了指令的条数，缩短了指令执行时间，提高了运算速度。例如为了快速实现 FFT 算法，设置了循环寻址及倒位序寻址指令，使得寻址和排序的速度大大提高。

1.4　DSP 芯片的发展趋势及应用

1.4.1　DSP 芯片的发展趋势

DSP 芯片的发展趋势可用多快好省四个字归纳。

1）多：是指 DSP 芯片型号越来越多，集成的片内外设越来越多。

2）快：是指 DSP 芯片频率越来越高，执行速度越来越快。

3）好：是指性能价格比越来越高。

4）省：是指功耗相对越来越低。

1.4.2　DSP 芯片的应用

TI 公司的用户指南概括了数字信号处理器应用的如下 11 个大方面：

1）汽车：自适应行驶控制、防滑自动控制、蜂窝电话、数字收音机、引擎控制、全球定位、导航、振动分析、语音命令。

2）消费类产品：数字收音机/电视机、教育类玩具、音乐合成器、动力工具、雷达检测器、固态应答器、传呼机。

3）控制：磁盘驱动控制、引擎控制、激光打印机控制、电机控制、机器人控制、伺服控制。

4）通用场合：自适应滤波、卷积、相关、数字滤波、快速傅里叶变换、希尔伯特变换、波形产生、加窗。

5）图形/图像：三维旋转、动画/数字地图、同态处理、图像压缩/传输、图像增强、模式识别、机器眼、工作站。

6）工业：数字化控制、电力线监控、安全检修。

7）仪器：数字滤波、函数发生、模式匹配、锁相环（PLL）、地震信号处理、谱分析、瞬态分析。

8）医学：诊断设备、胎儿监护、助听器、病人监护、超声设备。

9）军事：图像处理、导弹控制、导航、雷达信号处理、射频调制解调器、安全通信、声纳信号处理。

10）电信：调制解调器（MODEM）、自适应均衡、ADPCM 编码、基站、蜂窝电话、信道复用、数据加密等。

11）话音/语音：说话人检验、语音增强身份、语音识别、语音合成、语音声码变换技术、文本/语音转换、语音邮箱。

根据美国的权威资讯公司统计，目前 DSP 芯片在市场上应用最多的是通信领域，占56.1%。其次是：计算机领域，占 21.16%；消费电子和自动控制领域占 10.69%；军事/航空领域占 4.59%；仪器仪表领域占 3.5%；工业控制领域占 3.31%；办公自动化领域占 0.65%。

1.5　TI 公司的 DSP 芯片

1.5.1　TMS320 系列 DSP 分类

自 1982 年 TI 公司推出其第一代数字信号处理器芯片 TMS32010 以来，经过近 40 年的发展，目前 TI 公司的 TMS320 系列数字信号处理器成为世界 DSP 市场上种类最多、功能最强的芯片，占据了整个 DSP 芯片市场约 50%的份额。

TMS320 系列数字信号处理器是一个拥有 C1x、C2x、C20x、C24x、C28x、C3x、C4x、C5x、C54x、C55x、C62x、C64x、C67x、C8x 等系列的 DSP 芯片大家族。其中 C3x、C4x、C67x 属于浮点 DSP 芯片，C8x 属于多处理器 DSP 芯片，除此之外，大多数 DSP 芯片都属于定点 DSP 芯片。

TI 公司的 DSP 产品可分为三种不同指令集的三大系列：TMS320C2000、TMS320C5000和 TMS320C6000。TMS320 系列中的同一系列产品具有相同的 CPU 结构，只是片内存储器和片内的外设配置不同，派生的芯片集成了新的片内存储器和外设，以满足不同应用场合的不同需要。各系列特点如下：

TMS320C2000 系列包括 C24x 和 C28x 等，内部不仅包含了 DSP，还包含了为控制领域优化设计的大量外设，所以也称为 DSP 控制器。作为优化控制的最佳 DSP，其提供了成本最低，涉及最广的数字化控制解决方案，成为家用电器、自动化系统、电机控制和电力电子系统的首选控制器件。TMS320C2000 系列 DSP 由最初的 C2x 系列发展到 C24x 以及目前广泛应用的 C28x 这两个系列。C24x 是 16 位定点 DSP 控制器，它将实时处理能力与微控制器的外设功能集于一身，为控制系统的数字处理提供了一个理想的解决方案。TMS320C28x 为到目前为止用于数字控制领域性能最好的 DSP 芯片。C28x 是在 C24x 基础上发展起来的新一代DSP 控制器，与 C24x 系列 DSP 相比，它的功耗进一步降低，处理速度进一步提高。这种芯片采用 32 位的 DSP 内核，可以在单个周期内完成 32 位×32 位的乘累加运算，具有增强的电机控制外设、高性能的模/数转换能力和改进的通信接口，运行速度可达 300MIPS（Million Instructions Per Second）。

TMS320C5000 系列包括 C54x、C55x 等。作为最节能的 DSP，在将电压降至 0.9V，功耗降至 0.05mW/MIPS 的同时，仍能保持高性能。该系列产品主要用于低功耗、便携式的无线终端产品。

TMS320C6000 系列包括 C62x、C64x、C67x 等。作为高性能的 DSP，产品包括不同的性能级别，工作频率最高可达 1.4GHz。该系列主要应用于高性能的通信系统或其他一些高端应用。

1.5.2　C24x 系列 DSP 概况

TI 公司的 C24x 系列产品可分为两大类：一类是 5V 供电的 TMS320C24x 系列；另一类是与 TMS320C24x 系列兼容的采用低功耗设计的 TMS320C240x 系列。

5V 供电的 TMS320C24x 系列主要包括 TMS320C240、TMS320F240、TMS320F241、TMS320C242、TMS320F243 等型号，其时钟频率为 20MHz，TMS320C24x 系列的主要特征为：

1）采用静态 CMOS 技术，4 种用于减少功耗的省电工作方式。

2）包括 TMS320C2xx 内核 CPU，与 C2xx、C2x 和 C5x 源码兼容，50ns 的指令周期，且大多数指令为单周期指令。

3）片内有 544 字（544×16 位）双口 RAM，8K/16K 字的片内程序 ROM/闪速存储器 Flash；对于有外部存储器接口的型号共有 224K 字的存储器寻址空间（64K 字数据、64K 字程序、64K 字 I/O 以及 32K 字全局存储空间），具有软件等待发生器的外部存储器接口可实现与慢速存储器或外设的接口。

4）片内集成有一个事件管理器模块、双 10 位模/数转换器（ADC）模块、串行通信接口（SCI）模块、串行外部设备接口（SPI）模块以及大量的独立可编程多路复用 I/O 引脚，F241 和 F243 还增加了 CAN 控制模块。

5）片内包含基于锁相环的时钟模块和带实时中断的看门狗定时器模块。

6）共有 6 个外部中断（功率驱动保护、复位、非屏蔽中断（NMI）以及 3 个可屏蔽中断）。

7）基于扫描的仿真 JTAG 便于程序的调试和目标代码的下载。

与 TMS320C24x 系列兼容的采用低功耗设计的 TMS320C240x 系列主要包括 TMS320LF2407A、TMS320LF2406A、TMS320LF2403A、TMS320LF2402A、TMS320LC2406A、TMS320LC2404A、TMS320LC2402A 等型号，其中 TMS320LF2407A 是 C240x 系列中功能最强、片内外设最齐全的一个型号。与 TMS320C24x 相比，TMS320C240x 具有低成本、低功耗和高性能的优点，其时钟频率为 30MHz 或 40MHz，其主要的特征如下：

1）采用了与 TMS320C24x 相同的 TMS320C2xx 内核，程序控制、流水线操作、指令系统等与 TMS320C24x 相同。

2）采用高性能静态 CMOS 技术，供电电压为 3.3V，指令周期为 25ns 或 33ns。

3）片内除了 544 字的 DARAM，还增加了 SARAM 存储器，Flash/ROM 的数量也得到了增加，并具有可编程的代码加密特征。

4）可扩展的外部存储器总共具有 192K 字的空间，为 64K 字的程序、数据以及 I/O 空间。

5）具有 SCI/SPI 引导 ROM。

6）片内集成了两个事件管理器模块，10 位 ADC，CAN2.0B 模块，串行通信接口（SCI）模块，串行外部设备接口（SPI）模块和大量的可单独编程复用的 I/O 引脚。

7）含有基于锁相环的时钟发生器和看门狗定时器模块。

8）5 个外部中断（两个功率驱动保护、复位以及两个可屏蔽中断）。

9）3 种低功耗模式。

10）基于扫描仿真 JTAG。

1.5.3 C28x 系列 DSP 概况

C28x 系列是 C24x 的升级系列，具有 32 位的内核以及更加丰富的外设，所具有的优异的运算与控制性能，使 C24x 系列的产品被淘汰。目前 C28x 系列 DSP 有 C28x 定点系列、Piccolo 精简系列以及 Delfino 浮点系列。C28x 系列 DSP 产品命名方法如图 1-5 所示，其说明见表 1-1。

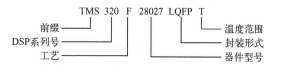

图 1-5　C28x 系列 DSP 产品命名方法

表 1-1　命名方法说明

内　容	说　明
器件系列	TMS320:TMS320 系列合格器件 TMX320:TMS320 系列实验器件 TMP320:TMS320 系列原型器件
工艺	F:Flash C:ROM
器件型号	2802x/2803x/2805x/2806x/28004x/2807x:Piccolo MCU 2833x/2834x/2837xS/2837xD:Delfino MCU 280x/281x/2823x:定点 MCU
封装形式	LQFP、TSSOP、ZJZ、PTP、GHH、PBK
温度范围	A:−40～85℃ T:−40～105℃ S:−40～125℃ Q:−40～125℃

为了保持系统稳定性和提高整体性能，实时控制系统需要快速、高效处理，此外，随着现代电动机系统、电力电子、智能电网技术、机器人等应用的不断复杂化，CPU 需要不断提高同时处理大量任务的能力。TMS320C28x 系列 DSP 通过片上集成硬件加速器来解决这些挑战，极大提高了单片 DSP 在许多实时应用中的性能。C28x 系列 DSP 集成的加速器主要有：

➤ 浮点单元（FPU）

➤ 控制率加速器（CLA）

➤ 三角函数单元（TMU）

➤ Viterbi、复杂算术单元（VCU）

图 1-6 为 C28x 系列 DSP CPU 的基本结构。C28x 系列 DSP 的核心是一个快速的定点 CPU，它自身提供了优秀的 32 位处理能力。FPU 将硬件的浮点运算无缝集成到 CPU，使得 C28x 系列 DSP 支持 IEEE–754 单精度浮点运算。TMU 是 FPU 的扩展，通过有效地执行控制系统应用中常用的三角和算术运算，增强了 C28x+FPU 的指令集。与 FPU 类似，TMU 是与 CPU 紧密耦合的 IEEE–754 浮点数学加速器。FPU 提供通用浮点数学运算，而 TMU 的重点是加速一些特定的三角数学运算，这些运算是非常耗时的。VCU 提供了各种灵活的通信技术。在这个方面，对于一般的微控制器，四个关键操作消耗了 CPU 大部分的处理能力：Viterbi 解码、复杂快速傅里叶变换（FFT）、复杂滤波器和循环冗余校验（CRC）。采用硬件 VCU，与软件实现方式相比应用程序性能将得到显著提高。

8

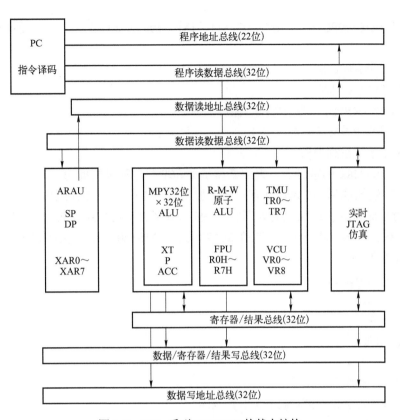

图 1-6 C28x 系列 DSP CPU 的基本结构

CLA 是一个完全可编程的独立的 32 位浮点硬件加速器，是为大量数学计算而设计的。这种加速器可以极大地提高在控制算法中使用的典型数学函数的性能。CLA 用于与 C28x CPU 并行执行实时控制算法，有效地提高了计算性能。

CLA 可直接访问 ADC 结果寄存器，这使得 CLA 能及时读取 ADC 的采样，大大缩短了 ADC 采样输出延迟，从而实现更快的系统响应和更高的频率。CLA 可独立于 CPU 响应外设中断。利用 CLA 执行耗时任务可释放 CPU 的能力，以便同时处理其他任务。具有加速器的系统结构如图 1-7 所示。

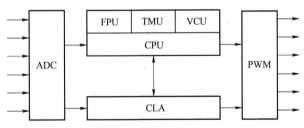

图 1-7 具有加速器的系统结构

1. C28x 定点系列 DSP

C28x 定点系列 DSP 与 C24x 系列 DSP 相比，CPU 的数据宽度由 16 位提高到了 32 位，时钟频率提高到 150MHz。片内不但具有 16 通道的 12 位 ADC 接口，还具有 PWM 输出、正交编码以及时间捕捉等电机控制接口，从而具备方便灵活的控制组态能力。C28x 定点系列

DSP 主要包括 TMS320F2810、TMS320F2811、TMS320F2812 以及 TMS320F2812-EP 等型号。其主要特征如下：

- ➤ 60～150MHz C28x
- ➤ 高达 512KB 闪存
- ➤ 高达 12.5MSPS，双通道采样/保持 ADC
- ➤ 高分辨率 PWM（低至 55ps）

2. Piccolo 精简系列 DSP

Piccolo 是在 C28x 的基础上，采用新型构架和增强型外设构成的，为实时控制应用提供了低成本、小封装的选择。该系列具有控制率加速器（CLA）和 Viterbi 复杂算术单元（VCU），用来提高实时控制系统快速高效的处理能力。Piccolo 精简系列 DSP 主要包括 TMS320F2802x、TMS320F2803x、TMS320F2805x、TMS320F2806x、TMS320F2807x 及 TMS320F28004x 等系列，其主要特征如下：

- ➤ 40～120MHz C28x
- ➤ 16～512KB 闪存
- ➤ 浮点选项
- ➤ CLA 协处理器
- ➤ VCU 加速器
- ➤ TMU 加速器
- ➤ 高达 4.6MSPS，双通道采样/保持 ADC
- ➤ 高速比较器
- ➤ Δ-Σ 滤波器
- ➤ 高分辨率 PWM（低至 150ps）
- ➤ 可编程增益放大器选项
- ➤ USB 支持选项

Piccolo 系列 DSP 中加速器使用情况见表 1-2。

表 1-2   Piccolo 系列 DSP 中加速器使用情况

	FPU	CLA	TMU	VCU
TMS320F28004x	√	√	√	√
TMS320F2807x	√	√	√	
TMS320F2806x	√	√		√
TMS320F2805x		√		
TMS320F2803x		√		
TMS320F2802x				

3. Delfino 浮点系列 DSP

Delfino 属于高端高性能 DSP 控制器，它将高达 300MHz 的 C28x 内核与浮点运算相结合，可以满足高性能闭环控制应用的实时处理要求。采用 Delfino 控制器可以降低控制系统成本，提高系统可靠性，并极大提高控制系统的性能。Delfino 是指 TMS320F2833x、TMS320F2834x 以及 TMS320F2837xx 等系列 DSP，其主要特征如下：

- ➤ 单核或双核 C28x，每个内核的频率高达 200MHz

- ➢ 浮点单元
- ➢ 三角数学单元（TMU）
- ➢ Viterbi 复杂算术单元（VCU）
- ➢ 多达两个可编程片上 32 位浮点实时控制率加速器（CLA）
- ➢ 高达 1MB 闪存
- ➢ 多达两个 DMA 控制器
- ➢ 高分辨率 PWM（低至 55ps）
- ➢ 4 个 16 位 ADC，1MSPS
- ➢ 32 位正交编码脉冲电路（QEP）和捕捉模块

Delfino 系列 DSP 中加速器使用情况见表 1-3。

表 1-3　Delfino 系列 DSP 中加速器使用情况

	FPU	CLA	TMU	VCU
TMS320F2837xD	√	√	√	√
TMS320F2837xS	√	√	√	√
TMS320F2834x	√			
TMS320F2833x	√			

11

1.6　F28027 的封装及引脚说明

1.6.1　F2802x 的特征

　　F2802x Piccolo 系列 DSP 提供了 C28x 内核，并在少量引脚数量下具有高度集成的控制外设，其功能结构框图如图 1-8 所示。F2802x 系列处理器的特性如下：

1. 高效率 32 位 CPU（TMS320C28x 内核）

- ➢ 具有 40MHz/50MHz/60MHz 主频
- ➢ 单周期执行一次 32 位×32 位或两次 16 位×16 位乘累加运算（MAC）
- ➢ 改进型哈佛总线结构
- ➢ 原子操作
- ➢ 快速中断响应与处理
- ➢ 统一的存储器设计模式
- ➢ 高效率 C/C++代码

2. 芯片和系统的低成本

- ➢ 内置 1.8V 电压调整器，实现 3.3V 单电源供电
- ➢ 无上电顺序要求
- ➢ 内部集成上电复位和掉电复位
- ➢ 小封装，低至 38 个引脚
- ➢ 低功耗

3. 时钟与定时器

- ➢ 2 个内部集成振荡器

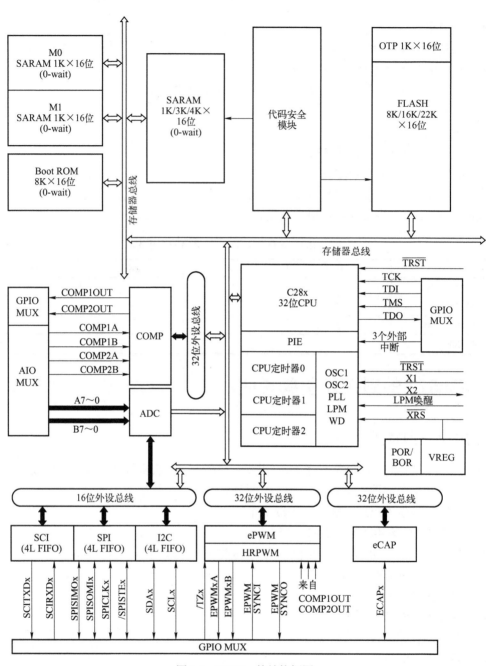

图 1-8　F2802x 的结构框图

> ➤ 片内晶体振荡器与外部时钟输入
> ➤ 时钟丢失检测电路
> ➤ 看门狗定时器
> ➤ 3 个 32 位 CPU 定时器，带 16 位预分频器

4．外设中断扩展（PIE）模块支持所有的外设中断

5．丰富的片内存储器：Flash、SARAM、OTP、Boot ROM

6．128 位安全加密：免除代码被破解的担忧

7．先进的仿真特性

➢ 分析和断点功能

➢ 硬件实时调试

8．具有输入滤波功能的 22 个单独编程复用的 GPIO 引脚

9．串行端口外设

➢ 串行通信接口（SCI）模块

➢ 串行外围接口（SPI）模块

➢ 互联 IC 总线（I^2C）模块

10．增强型控制外设

➢ 增强型脉宽调制器（ePWM）

➢ 高精度 PWM（HRPWM）

➢ 增强型捕获模块（eCAP）

➢ 模/数转换器（ADC）

➢ 比较器

F2802x 系列 DSP 包含 7 种型号：F28027、F28026、F28023、F28022、F28021、F28020 和 F280200。每种型号均有两种封装形式：38 脚 TSSOP 和 48 脚 LQFP，这些型号 DSP 的特征见表 1-4，在表中"/"给出两种封装形式的特征，"/"左边表示 38 脚 TSSOP 封装 DSP 的特征，"/"右边表示 48 脚 LQFP 封装 DSP 的特征。

13

表 1-4　F2802x 系列 DSP 的特征

特　　征		F28027	F28026	F28023	F28022	F28021	F28020	F280200
指令周期/ns		16.67	16.67	20	20	25	25	25
片内 Flash（×16 位）		32K	16K	32K	16K	32K	16K	8K
片内 SARAM（×16 位）		6K	6K	6K	6K	5K	3K	3K
片内 Flash/SARAM/OTP 代码加密		√	√	√	√	√	√	√
引导 ROM（8K×16 位）		√	√	√	√	√	√	√
OTPROM（×16 位）		1K	1K	1K	1K	1K	1K	1K
ePWM 通道		8	8	8	8	8	8	8
eCAP 输入		1	1	1	1	1	1	1
看门狗定时器		√	√	√	√	√	√	√
12 位 ADC	MSPS	4.6	4.6	3	3	2	2	2
	转换时间/ns	216.67	216.67	260	260	500	500	500
	通道数	7/13	7/13	7/13	7/13	7/13	7/13	7/13
	温度传感器	√	√	√	√	√	√	√
	双采样保持	√	√	√	√	√	√	√
32 位 CPU 定时器		3	3	3	3	3	3	3
HRPWM 通道数		4	4	4	4	—	—	—
比较器		1/2	1/2	1/2	1/2	1/2	1/2	1/2
I^2C 模块		1	1	1	1	1	1	1
SPI 模块		1	1	1	1	1	1	1

（续）

特　　征		F28027	F28026	F28023	F28022	F28021	F28020	F280200
SCI 模块		1	1	1	1	1	1	1
I/O 引脚	数字（GPIO）	20/22	20/22	20/22	20/22	20/22	20/22	20/22
	模拟（AIO）	6	6	6	6	6	6	6
外部中断		3	3	3	3	3	3	3
供电电压 V		3.3	3.3	3.3	3.3	3.3	3.3	3.3
温度选择	T:−40～100℃	√	√	√	√	√	√	√
	S:−40～125℃	√	√	√	√	√	√	√
	Q:−40～125℃	√	√	√	√	—	—	—

1.6.2　F28027 的封装

F28027 有两种封装形式：48 脚 LQFP 和 38 脚 TSSOP，其引脚定义分别如图 1-9 和图 1-10 所示。

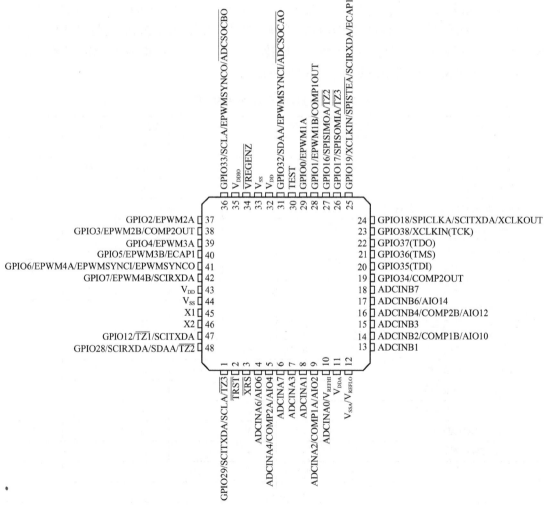

图 1-9　F28027 芯片 48 脚 LQFP 封装顶视图

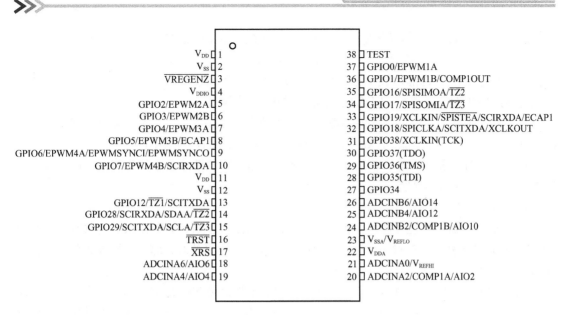

图 1-10 F28027 芯片 38 脚 TSSOP 封装顶视图

1.6.3 F28027 的引脚说明

F28027 的引脚主要分为 JTAG 引脚、时钟引脚、ADC 与比较器引脚、GPIO 与外设引脚以及电源引脚等，其中大部分引脚是复用的，这些引脚的说明如下：

1. JTAG 引脚

➢ $\overline{\text{TRST}}$：JTAG 测试复位引脚，内部下拉。当它为高电平时，扫描系统控制芯片的操作；当它悬空或为低电平时，芯片运行在功能模式，测试复位信号被忽略。$\overline{\text{TRST}}$ 为高电平有效的测试引脚，在芯片正常运行时，该引脚必须总是保存为低电平，为提高抗扰能力，该引脚必须外接一个下拉电阻，下拉电阻推荐阻值为 2.2kΩ。

➢ TCK：JTAG 测试时钟，内部上拉。

➢ TMS：JTAG 测试模式选择，内部上拉。在 TCK 的上升沿，TAP 控制器计数一系列的控制输入。

➢ TDI：JTAG 测试数据输入，内部上拉。在 TCK 的上升沿，TDI 被锁存到选择的寄存器（指令寄存器或数据寄存器）内计时。

➢ TDO：JTAG 扫描输出，测试数据输出。在 TCK 的下降沿，选择的寄存器（指令寄存器或数据寄存器）的内容从 TDO 移位输出。

2. Flash 测试引脚

➢ TEST：Flash 测试引脚，TI 保留，该引脚必须悬空。

3. 时钟引脚

➢ XCLKOUT：由 SYSCLKOUT 得到输出时钟。XLCKOUT 的频率或与 SYSCLKOUT 相等，或为 SYSCLKOUT 的一半，或为 SYSCLKOUT 的 1/4，这由 XCLK 寄存器的 XCLKOUTDIV 位确定。复位时，XCLKOUT 的频率为 SYSCLKOUT 的 1/4，当 XCLKOUTDIV 位等于 3 时，XCLKOUT 信号关闭。GPIO18 多路选择控制必须设置为 XCLKOUT，以便信号传输到此引脚。

➤ XCLKIN：外部振荡器输入。时钟的引脚源由 XCLK 寄存器中的 XCLKINSEL 位来控制，GPIO38 为默认的选择，这个引脚由外部 3.3V 振荡器提供时钟。此时如有 X1 引脚，它必须接到 GND，片内晶体振荡器必须由 CLKCTL 寄存器的第 14 位禁止。如果使用片内晶体振荡器，XCLKIN 必须由 CLKCTL 寄存器的第 13 位禁止。

➤ X1：片内 1.8V 晶体振荡器输入。为了使用该振荡器，一个晶体振荡器或陶瓷谐振器必须连接到 X1 和 X2，此时 XCLKIN 必须由 CLKCTL 寄存器的第 13 位禁止。

➤ X2：片内晶体振荡器输出。一个晶体振荡器或陶瓷谐振器必须连接到 X1 和 X2。如果不使用 X2，X2 必须悬空。

4．复位引脚

➤ $\overline{XRS}$：器件复位（输入）和看门狗复位（输出）。Piccolo 系列 DSP 内置有上电复位（POR）和欠电压复位（BOR）电路，当上电复位或欠电压复位时，这个引脚变为低电平。外部电路也可在这个引脚上产生 DSP 复位。当看门狗复位时，这个引脚输出宽度为 512 个 OSCCLK 周期的低电平。阻值为 2.2～10kΩ 之间的电阻必须放在 $\overline{XRS}$ 和 V_{DDIO} 之间，如果用于消除噪声的电容放在 $\overline{XRS}$ 和 V_{SS} 之间，该电容值不能超过 100nF，这些值可以允许看门狗复位时使得 $\overline{XRS}$ 变为 512 个 OSCCLK 周期宽的低电平。该引脚的输出缓冲器为一个带有内部上拉的开漏缓冲器，推荐该引脚由开漏器件驱动。

5．ADC、比较器和模拟 I/O 引脚

➤ ADCINA7：A 组 ADC 通道 7 输入。

➤ ADCINA6/AIO6：A 组 ADC 通道 6 输入/数字 AIO6。

➤ ADCINA4/COMP2A/AIO4：A 组 ADC 通道 4 输入/比较器输入 2A（仅限 48 脚芯片）/数字 AIO4。

➤ ADCINA3：A 组 ADC 通道 3 输入。

➤ ADCINA2/COMP1A/AIO2：A 组 ADC 通道 2 输入/比较器输入 1A/数字 AIO2。

➤ ADCINA1：A 组 ADC 通道 1 输入。

➤ ADCINA0/V_{REFHI}：A 组 ADC 通道 0 输入/ADC 外部参考高，仅用于 ADC 外部参考模式。

➤ ADCINB7：B 组 ADC 通道 7 输入。

➤ ADCINB6/AIO14：B 组 ADC 通道 6 输入/数字 AIO14。

➤ ADCINB4/COMP2B/AIO12：B 组 ADC 通道 4 输入/比较器输入 2B（仅限 48 脚芯片）/数字 AIO4。

➤ ADCINB3：B 组 ADC 通道 3 输入。

➤ ADCINB2/COMP1B/AIO10：B 组 ADC 通道 2 输入/比较器输入 1B/数字 AIO10。

➤ ADCINB1：B 组 ADC 通道 1 输入。

6．CPU 和 I/O 电源引脚

➤ V_{DDA}：模拟电源引脚，靠近该引脚接 2.2μF 电容。

➤ V_{SSA}/V_{REFLO}：模拟地引脚/ADC 外部参考低（通常接地）。

➤ V_{DD}：CPU 和逻辑数字电路电源引脚。当使用内部 VREG 时，每个 V_{DD} 引脚与地之间接一个 1.2μF 以上的电容。

➤ V_{DDIO}：数字 I/O 缓冲器和 Flash 存储器电源引脚。当 VREG 使能时为单电源供电，该引脚接一个去耦电容，电容值由系统电源调节方案决定。

➢ V$_{SS}$：数字地引脚。

7. 电压调节控制引脚

➢ $\overline{\text{VREGENZ}}$：内部 VREG 使能/禁止。下拉时使能内部电压调节器 VREG；上拉时禁止 VREG。

8. GPIO 和外设信号引脚

➢ GPIO0/EPWM1A：通用输入输出 0/增强 ePWM1 输出 A 和 HRPWM 通道。

➢ GPIO1/EPWM1B/COMP1OUT：通用输入输出 1/增强 ePWM1 输出 B/比较器 1 直接输出。

➢ GPIO2/EPWM2A：通用输入输出 2/增强 ePWM2 输出 A 和 HRPWM 通道。

➢ GPIO3/EPWM2B/COMP2OUT：通用输入输出 3/增强 ePWM2 输出 B/比较器 2 直接输出。

➢ GPIO4/EPWM3A：通用输入输出 4/增强 ePWM3 输出 A 和 HRPWM 通道。

➢ GPIO5/EPWM3B/ECAP1：通用输入输出 5/增强 ePWM3 输出 B/增强捕获输入输出 1。

➢ GPIO6/EPWM4A/EPWMSYNCI/EPWMSYNCO：通用输入输出 6/增强 ePWM4 输出 A 和 HRPWM 通道/外部 ePWM 同步脉冲输入/外部 ePWM 同步脉冲输出。

➢ GPIO7/EPWM4B/SCIRXDA：通用输入输出 7/增强 ePWM4 输出 B/SCI-A 接收数据。

➢ GPIO12/$\overline{\text{TZ1}}$/SCITXDA：通用输入输出 12/动作区域输入 1/SCI-A 发送数据。

➢ GPIO16/SPISIMOA/$\overline{\text{TZ2}}$：通用输入输出 16/SPI-A 从动输入主动输出/动作区域输入 2。

➢ GPIO17/SPISOMIA/$\overline{\text{TZ3}}$：通用输入输出 17/SPI-A 从动输出主动输入/动作区域输入 3。

➢ GPIO18/SPICLKA/SCITXDA/XCLKOUT：通用输入输出 18/SPI-A 时钟输入输出/SCI-A 发送数据/由 SYSCLKOUT 得到的输出时钟。

➢ GPIO19/XCLKIN/$\overline{\text{SPISTEA}}$/SCIRXDA/ECAP1：通用输入输出 19/外部振荡器时钟输入（经过该引脚到时钟模块不是由多路选择控制功能来实现的，当用作外设功能时，不允许使用该引脚输入时钟）/SPI-A 从动传送使能输入输出/SCI-A 接收数据/增强捕获输入输出 1。

➢ GPIO28/SCIRXDA/SDAA/$\overline{\text{TZ2}}$：通用输入输出 28/SCI-A 接收数据/I^{2}C 数据开漏双向口/动作区域输入 2。

➢ GPIO29/SCITXDA/SCLA/$\overline{\text{TZ3}}$：通用输入输出 29/SCI-A 发送数据/I^{2}C 时钟开漏双向口/动作区域输入 3。

➢ GPIO32/SDAA/EPWMSYNCI/$\overline{\text{ADCSOCAO}}$：通用输入输出 32/I^{2}C 数据开漏双向口/ePWM 外部同步脉冲输入/ADC 转换启动 A。

➢ GPIO33/SCLA/EPWMSYNCO/$\overline{\text{ADCSOCBO}}$：通用输入输出 33/I^{2}C 时钟开漏双向口/ePWM 外部同步脉冲输出/ADC 转换启动 B。

➢ GPIO34/COMP2OUT：通用输入输出 34/比较器 2 的直接输出（38 脚封装中无此信号）。

➢ GPIO35/TDI：通用输入输出 35/JTAG 测试数据输入。

➢ GPIO36/TMS：通用输入输出 36/JTAG 测试模式选择。

➤ GPIO37/TDO：通用输入输出 37/JTAG 测试数据输出。

➤ GPIO38/TCK/XCLKIN：通用输入输出 38/JTAG 测试时钟/外部振荡器时钟输入（经过该引脚到时钟模块不是由多路选择控制功能来实现的，当用作其他功能时，不允许使用该引脚输入时钟）。

习　题

1. 论述 DSP 的含义。
2. 说明 DSP 芯片的特征。
3. 解释如下概念：CPU、微处理器、微控制器、DSP、DSP 控制器。
4. 比较哈佛结构和冯·诺依曼结构的不同。
5. 如何理解 TMS320F28027 芯片的"小成本、大集成"？

第 2 章　C28x 结构及工作原理

2.1　概述

C2000 DSP 将高性能 DSP 内核与丰富的微控制器外设功能集成在一片芯片上，从而成为替代传统的微处理器和多片 CPU 的理想选择。C2000 DSP 内核分为 C2x 和 C28x 这两种，与 C2x 内核相比，C28x 内核的性能有了很大的提升，例如更高的运行频率、32 位×32 位 MAC（或 16 位×16 位双 MAC）、32 位寄存器文件以及更大的程序与数据寻址空间等。由于 C28x 内核的众多优势，基于 C28x 内核的 DSP 已成为 C2000 系列 DSP 中的主流芯片，在家用电器、工业控制、电机控制和能源变换等控制领域得到了广泛的应用。

C28x 系列 DSP 主要包括 3 个功能单元：C28x DSP 的 CPU、片内存储器和片内外设。除此之外，C28x DSP 还包括芯片复位、系统中断、时钟模块、CPU 定时器以及外部存储器接口等系统功能模块。另外，为了提高 DSP 的处理能力，有的 DSP 还提供了浮点运算单元（FPU）、控制率加速器（CLA）、Viterbi 复杂算术单元（VCU）等。为了方便 DSP 芯片片外存储器和 I/O 接口的扩展，有的 DSP 还提供了外部接口单元。相对于模拟控制系统，C28x DSP 的 32 位 CPU 提供了一个不牺牲系统性能和精度的数字解决方案，高速的运算能力和丰富的片内外设不仅满足了复杂控制算法实时处理需求，同时简化了系统硬件设计。图 2-1 给出了 Piccolo 系列 TMS320F2802x DSP 结构框图。

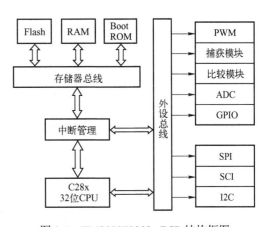

图 2-1　TMS320F2802x DSP 结构框图

2.2　C28x DSP 的 CPU

2.2.1　CPU 结构

图 2-2 给出了 C28x DSP 的 CPU 结构，它主要由算术逻辑单元（ALU）、乘法器、移位器、寄存器、地址寄存器算术单元（ARAU）、6 组总线、程序地址产生逻辑以及程序控制逻辑等组成，还包括一些指令队列和指令译码单元、中断管理逻辑单元等。ALU 为 32 位的算术逻辑单元，主要执行二进制补码的算术运算和布尔运算。ALU 输入的数据来自寄存器、数据存储器或程序控制逻辑单元，运算结果则存入寄存器或数据存储器。32 位的乘法器可执行 32 位×32 位的二进制补码乘法运算，并产生 64 位的乘法结果。总线主要完成 CPU 寄存器与各

逻辑单元之间或 CPU 与存储器之间的数据传递。程序地址产生逻辑和程序控制逻辑用于自动产生指令地址，将其送给程序地址总线 PAB，以读取程序空间对应单元的指令。ARAU 的主要功能是完成与 ALU 并行操作的 8 个辅助寄存器 XAR0～XAR7 的算术运算，提供了灵活而强大的间接寻址能力，产生操作数的地址并将其送给对应的数据地址总线。

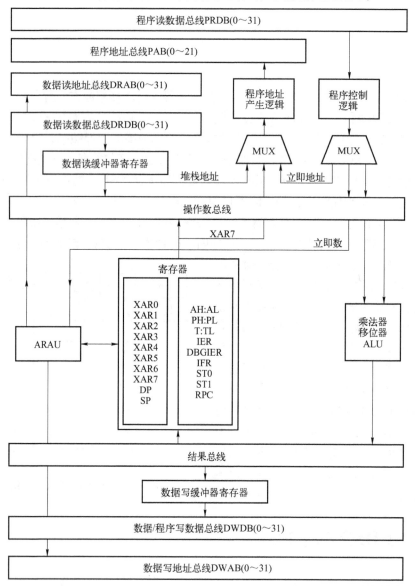

图 2-2　C28x DSP 的 CPU 结构

2.2.2　CPU 内部总线结构

C28x DSP 采用改进的哈佛结构，使用独立的总线访问程序和数据存储空间，并管理大量的片内外设。在图 2-2 中，C28x 的 CPU 包含多种总线，其中操作数总线为 CPU 的 ALU、乘法器和移位器的运算提供操作数；结果总线则把运算结果送至各寄存器和存储器；其余的总线为 CPU 与外部存储器之间的接口总线。CPU 与存储器或外设的接口总线共 6 组，CPU 采用这 6 组总线完成指令和数据的并行读写和处理。C28x 系列 DSP 的总线结构如图 2-3 所示。

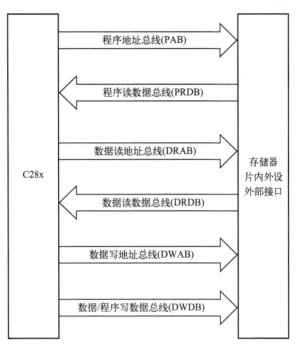

图 2-3 C28x 系列 DSP 的总线结构

在 C28x 系列 DSP 中，将程序存储器和数据存储器以及读和写分别采用不同的总线操作，这样得到了 6 组总线：PAB、PRDB、DRAB、DRDB、DWAB 和 DWDB，其中，PAB、DRAB 和 DWAB 为 3 组地址总线，PRDB、DRDB 和 DWDB 为 3 组数据总线。这 6 组总线的定义如下：

PAB：程序地址总线，22 位，传送对程序存储器读写的地址。

DRAB：数据读地址总线，32 位，传送从数据存储器读数据的地址。

DWAB：数据写地址总线，32 位，传送向数据存储器写数据的地址。

PRDB：程序读数据总线，32 位，传送从程序存储器读取的指令。

DRDB：数据读数据总线，32 位，传送从数据存储器读取的数据。

DWDB：数据/程序写数据总线，32 位，传送向数据存储器或程序存储器写入的数据。

总线的使用见表 2-1。从表中可以看出，程序空间的读和写不能同时发生，因为它们都使用程序地址总线（PAB）。程序空间的写和数据空间的写也不能同时发生，因为它们都要使用数据/程序写数据总线（DWDB）。使用不同总线的操作是可以同时发生的，例如 CPU 可以同时完成如下操作：读程序空间，此时使用的是程序地址总线（PAB）和程序读数据总线（PRDB）；读数

表 2-1 总线的使用

总线操作	地址总线	数据总线
从程序空间读	PAB	PRDB
从数据空间读	DRAB	DRDB
向程序空间写	PAB	DWDB
向数据空间写	DWAB	DWDB

据空间，此时使用的是数据读地址总线（DRAB）和数据读数据总线（DRDB）；写数据空间，此时使用的是数据写地址总线（DWAB）和数据/程序写数据总线（DWDB）。

21

2.2.3　C28x 的寄存器

C28x 的寄存器可分为 5 类：与运算相关的寄存器、辅助寄存器、中断控制寄存器、指针类寄存器和状态寄存器等，C28x 寄存器组如图 2-4 所示。DSP 复位后，在这些寄存器中，PC=0x3F FFC0，SP=0x0400，ST1=0x080B，其他寄存器的复位后的值均为 0。

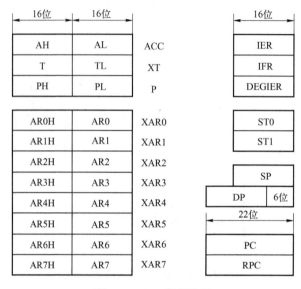

图 2-4　C28x 寄存器组

1．与运算相关的寄存器

（1）累加器 ACC　累加器 ACC 是 CPU 的主要工作寄存器。除了那些对存储器和寄存器的直接操作外，所有的 ALU 操作结果最终都要送入 ACC。ACC 支持单周期的数据传送操作、加法运算、减法运算以及来自数据存储器的 32 位的比较运算，它还可以接收 32 位乘法操作的运算结果。32 位的累加器 ACC 可以分为高字 AH 和低字 AL，还可以分为 4 个 8 位的操作单元 AH.MSB、AH.LSB、AL.MSB 和 AL.LSB，特殊的字节传输指令能装载和存储 AH 和 AL 的高低字节。

累加器会与以下状态位有关：

➢　溢出模式位（OVM）。

➢　符号扩展模式位（SXM）。

➢　测试/控制标志位（TC）。

➢　进位位（C）。

➢　零标志位（Z）。

➢　负标志位（N）。

➢　溢出标志位（V）。

➢　溢出计数器位（OVC）。

（2）被乘数寄存器 XT　32 位的被乘数寄存器 XT 可分为两个 16 位的寄存器 T 和 TL，寄存器 T 为 XT 的高 16 位部分，寄存器 TL 位 XT 的低 16 位部分。其用途为：

➢　XT 用于 32 位乘法操作中存储 32 位有符号整数。

22

> ➤ TL 用于存储 16 位有符号整数，符号自动扩展得到 32 位的 XT。

> ➤ T 用于 16 位乘法操作中存储 16 位有符号整数，另外还用于存储移位操作的移位位数，在这种情况下，指令只是使用了寄存器 T 中的部分位。

（3）乘积寄存器 P　32 位的乘积寄存器 P 可分为两个 16 位的寄存器 PH 和 PL，它可以当作一个 32 位的寄存器，也可以当作两个 16 位的寄存器。其用途为：

> ➤ 通常存储 32 位乘法的结果。

> ➤ 也可以装载一个 16 位/32 位的数据存储器、一个 16 位的常数、32 位 ACC、16 位/32 位 CPU 寄存器。

当某些指令读取读 P、PH 或 PL 时，32 位数据被复制到移位器，移位器可完成左移、右移或无移位操作，这些指令的移位次数由状态寄存器 ST0 中乘积移位模式位 PM 确定。

2. 辅助寄存器

8 个 32 位的辅助寄存器 XAR0～XAR7 用于操作数的间接寻址，其低 16 位为辅助寄存器 AR0～AR7。其用途为：

> ➤ 操作数的地址指针。

> ➤ 通用寄存器。

> ➤ 低 16 位 AR0～AR7 可用于循环控制或 16 位比较的通用寄存器。

当访问 AR0～AR7 时，XARn 的高字节 ARnH 可能被修改或不变，这取决于所应用的指令。高 16 位 ARnH 只能作为 XARn 的一部分被访问，而不能单独访问。

3. 中断控制寄存器

C28x 有 3 个用于中断控制的寄存器：中断允许寄存器 IER、中断标志寄存器 IFR 和调试中断允许寄存器 DEGIER，这 3 个寄存器用于处理 CPU 级的中断，它们的用途为：

> ➤ IER 每位用于允许或禁止该位所对应的可屏蔽中断。

> ➤ IFR 每位表示该位所对应的可屏蔽中断是否产生了中断请求，为 1 表示有中断请求。

> ➤ DEGIER 用于实时仿真模式时可屏蔽中断的允许或禁止。

这 3 个中断控制寄存器的具体应用将在后述相关章节详细介绍。

4. 指针类寄存器

C28x 中指针类寄存器有程序计数器 PC、返回 PC 指针寄存器 RPC、数据页指针 DP 和堆栈指针 SP。

（1）数据页指针 DP　在直接寻址模式下，最低 4M 字的数据存储器是按页来寻址的，C28x 的每页为 64 字。这样，最低 4M 字的数据存储器分为 65536 页，用 0～65535 进行标号，数据页与数据存储器对应关系如图 2-5 所示。在直接寻址模式下，数据页指针 DP 存储当前数据页号，可以通过修改 DP 的值改变当前数据页号。4M 字以上的数据存储器是不能通过 DP 来访问的。

（2）堆栈指针 SP　堆栈指针 SP 允许在数据存储器中使用软件堆栈。堆栈指针 SP 是 16 位的，只能寻址数据存储器最低 64K 字。C28x 堆栈操作如下：

> ➤ 堆栈是从低地址向高地址生长。

> ➤ SP 总是指向堆栈下一个空单元。

> ➤ DSP 复位后 SP 的内容为 0040H。

> ➤ 当 32 位操作数压入堆栈时，首先将操作数低 16 位压入堆栈，然后将操作数高 16 位

压入下一个高地址单元。

➤ C28x DSP 进行 32 位读写操作时,其地址是按偶地址对齐的,例如 SP 包含奇数地址 0x0083,那么进行一个 32 位的读操作时,将从地址 0x0082 和 0x0083 中读取一个 32 位的数值。

➤ 如果增加的 SP 高于 0xFFFF 或减少的 SP 低于 0x0000,则表示 SP 产生溢出。如果增加的 SP 高于 0xFFFF,则 SP 从 0x0000 开始计数;如果减少的 SP 低于 0x0000,则 SP 从 0xFFFF 开始计数。

数据页	偏移量	数据存储器
00 0000 0000 0000 00 ⋮ 00 0000 0000 0000 00	00 0000 ⋮ 11 1111	Page 0:0000 0000～0000 003F
00 0000 0000 0000 01 ⋮ 00 0000 0000 0000 01	00 0000 ⋮ 11 1111	Page 1:0000 0040～0000 007F
00 0000 0000 0000 10 ⋮ 00 0000 0000 0000 10	00 0000 ⋮ 11 1111	Page 2:0000 0080～0000 00BF
⋮	⋮	⋮
11 1111 1111 1111 11 ⋮ 11 1111 1111 1111 11	00 0000 ⋮ 11 1111	Page 65535:003F FFC0～003F FFFF

图 2-5　数据存储器的数据页

(3)程序计数器 PC　22 位的程序计数器 PC 总是指向正在被执行的指令。对于 C28x 的流水线结构,在流水线满的时候,PC 指向当前正在执行的指令,该指令刚刚执行到流水线译码 D2 阶段。指令执行到这个阶段是不会被中断打断的,该指令执行完成后才会响应中断。PC 的复位值为 0x3F FFC0。

(4)返回 PC 指针寄存器 RPC　22 位的返回 PC 指针寄存器 RPC 主要用于加速调用返回过程。

5. 状态寄存器

C28x 有两个状态寄存器:ST0 和 ST1,这两个状态寄存器包含 DSP 运行的各种标志位和控制位,它们反映 DSP 的运行状态和控制 DSP 的工作模式。ST0 中的位是在流水线的执行阶段修改,而 ST1 的位是在流水线译码 2 阶段修改。

(1)ST0　16 位 ST0 的定义如图 2-6 所示,每位的含义见表 2-2。图中,"R"表示该位可读,"W"表示该位可写,"-"后为 DSP 复位后该位的值。

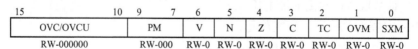

图 2-6　ST0 的定义

表 2-2　ST0 各位的含义

符号	含　义
OVC/OVCU	溢出计数器, 其取值范围为–32～31。有符号运算时为 OVC, 如 OVM=0, 则每次正向溢出时加 1, 负向溢出时减 1 (如果 OVM 为 1, 则 OVC 不受影响, 此时 ACC 进行饱和处理); 无符号运算时为 OVCU, 此时有进位时 OVCU 加 1, 有借位时 OVCU 减 1
PM	乘积移位模式。该 3 位的值决定乘积寄存器输出时的移位模式。000—左移 1 位; 001—无移位; 010—右移 1 位; 011—右移 2 位; 100—右移 3 位; 101—右移 4 位 (若 AMODE=1, 左移 4 位); 110—右移 5 位; 111—右移 6 位
V	溢出标志。运算结果产生溢出时该位为 1, 运算结果没有溢出时该位则保持不变。复位或测试该位的条件转移指令可以清除该位
N	负标志。运算结果为正时该位为 0, 运算结果为负时该位则为 1
Z	零标志。为 1 表示运算结果为 0, 为 0 表示运算结果不为 0
C	进位位。为 1 表示加法运算产生了进位或减法运算没有借位, 为 0 表示减法运算产生了借位或加法运算没有进位
TC	测试/控制位。该位反映 TBIT 或 NORM 指令执行结果
OVM	溢出模式位。当 ACC 加减运算结果产生溢出时, 该位决定 CPU 如何处理溢出。该位为 0 时 ACC 为正常溢出的结果, 不进行饱和处理, 为 1 表示进行饱和处理。饱和处理如下: 当 ACC 从正方向溢出时, ACC=0x7FFF FFFF; 当 ACC 从负方向溢出时, ACC=0x8000 0000
SXM	符号扩展模式位。32 位的累加器进行 16 位操作时, 该位为 1 表示进行符号扩展, 为 0 表示不进行符号扩展

（2）ST1　16 位 ST1 的定义如图 2-7 所示, 每位的含义见表 2-3。ST1 寄存器包含了一些影响处理器运行模式、寻址模式以及调试和中断控制位等, 在程序初始化阶段必须对 ST1 进行合适的配置。

15			13	12	11	10	9	8
	ARP			RSD	M0M1MAP	RSD	OBJMODE	AMODE
	RW-000			RW-0	RW-1	RW-0	RW-0	RW-0

7	6	5	4	3	2	1	0
IDLESTAT	EALLOW	LOOP	SPA	VMAP	PAGE0	DBGM	INTM
R-0	RW-0	R-0	RW-0	RW-1	RW-1	RW-1	RW-1

图 2-7　ST1 的定义

表 2-3　ST1 各位的含义

符号	含　义
ARP	辅助寄存器指针, 这 3 位表示当前使用的辅助寄存器。000=XAR0, 001=XAR1, …, 111=XAR7
M0M1MAP	M0 和 M1 映射模式位。对于 C28x DSP, 该位应为 1
RSD	保留位。写操作不影响该位
OBJMODE	目标兼容模式位。对于 C28x DSP, 该位应为 1
AMODE	寻址模式位。该位与 PAGE0 位一起选择合适的寻址模式译码, 对于 C28x DSP, 该位应为 0
IDLESTAT	IDLE 状态位。当执行 IDLE 指令时只读位被置 1, 而 DSP 复位、中断以及一个有效指令进入指令寄存器均可将该位清零
EALLOW	仿真访问使能位。该位为 1 表示允许仿真寄存器和其他被保护的寄存器访问, 为 0 表示禁止访问。该位置位和清零指令为 EALLOW 和 EDIS
LOOP	循环指令状态位。当循环指令正在执行时该位为 1, 当循环条件结束时该位清零。该位为只读位
SPA	堆栈指针对齐位。堆栈指针已对齐偶地址时该位为 1, 否则为 0

（续）

符号	含 义
VMAP	向量映射位。该位决定中断向量是映射到程序存储器的最低地址还是最高地址；为 1，映射到最高地址 3FFFC0H～3FFFFFH；为 0，映射到最低地址 000000H～00003FH。对于 C28x DSP，VMAP 信号内部已固定为高电平。该位置位和清零指令为 SETC VMAP 和 CLRC VMAP
PAGE0	PAGE0 寻址模式位。0：PAGE0 堆栈寻址模式；1：PAGE0 直接寻址模式。对于 C28x DSP，该位应为 0。该位置位和清零指令为 SETC PAGE0 和 CLRC PAGE0
DBGM	调试使能位。1：调试使能禁止；0：调试使能允许。该位置位和清零指令为 SETC DBGM 和 CLRC DBGM
INTM	中断总的屏蔽位。1：禁止所有可屏蔽中断；0：允许所有可屏蔽中断。该位置位和清零指令为 SETC INTM 和 CLRC INTM

2.2.4　C28x 的运算单元

C28x 的运算单元如图 2-8 所示，它包括 ALU 和乘法器这两部分。

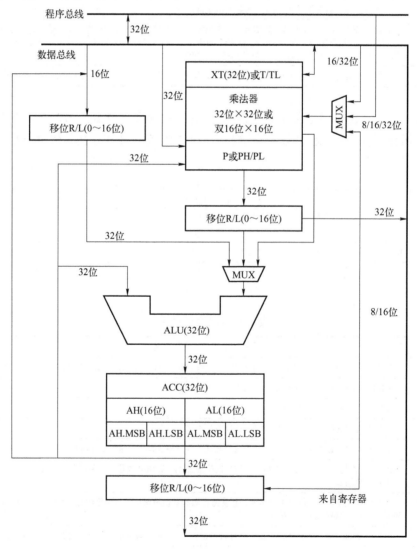

图 2-8　C28x 的运算单元

1. ALU

ALU 的基本功能是完成算术运算和逻辑操作，主要包括 32 位加法运算、32 位减法运算、布尔逻辑运算和位操作等。

（1）ALU 的输入输出　ALU 输入的一个操作数来自 ACC 的输出，另一个操作数来自输入移位器、乘积移位器或乘法器。ALU 的输出直接送到 ACC，然后可以重新作为 ALU 的输入或经过输出移位器送到数据存储器。

（2）ALU 的累加器 ACC　32 位的累加器 ACC 主要用于存储 ALU 运算的结果。它不但可以分为两个 16 位的寄存器 AH 和 AL，还可以分为 4 个 8 位的寄存器 AH.MSB、AH.LSB、AL.MSB 和 AL.LSB。在 ACC 中可以进行移位和循环移位的操作，实现数据的定标和位的测试。

在 ALU 中有 8 个状态位与 ACC 的操作有关，它们是溢出方式位（OVM）、符号扩展方式位（SXM）、测试/控制标志位（TC）、进位位（C）、零标志位（Z）、负标志位（N）、溢出标志位（V）和溢出计数器（OVC/OVCU）。

（3）ALU 的原子操作　原子是指化学反应中不可分的粒子，所谓原子操作指令表示在一个指令周期内可以完成一个操作数的操作，这种操作运算速度更快，代码量更少，同时这类指令执行时不会被中断打断。

2. 乘法器

乘法器可完成 32 位×32 位、16 位×16 位乘法或双 16 位×16 位乘法。

（1）32 位×32 位乘法　32 位×32 位的乘法器结构如图 2-9 所示，此时乘法器的输入一个来自 32 位被乘数寄存器 XT 或程序存储器，另一个 32 位乘数来自数据存储器或寄存器。

乘积的结果为 64 位，存储于乘积寄存器 P 和累加器 ACC，P 中存储的是高32 位还是低 32 位、是有符号数还是无符号数由指令来确定。

（2）16 位×16 位乘法　16 位×16位的乘法器结构如图 2-10 所示，此时乘法器的输入一个来自 16 位被乘数寄存器 T，另一个 16 位乘数来自数据存储器

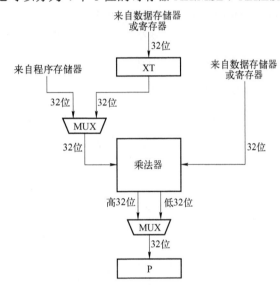

图 2-9　32 位×32 位的乘法器结构

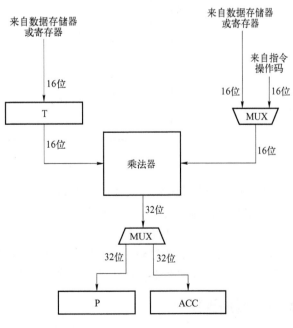

图 2-10　16 位×16 位乘法器结构

27

或寄存器或者指令中的操作数。

乘积结果为 32 位,该结果由指令决定是存储在乘积寄存器 P 或累加器 ACC 中。

(3)双 16 位×16 位乘法 当进行双 16 位×16 位的乘法时,乘法器的输入是两个 32 位的操作数。这时 ACC 存储 32 位操作数高位字相乘的积,而 P 寄存器存储 32 位操作数低位字相乘的积。

3. 移位器

CPU 包含 3 个移位器:输入移位器、ALU 输出移位器和乘积输出移位器。32 位输入移位器用于把来自存储器 16 位数据与 32 位的 ALU 对齐,还可以对来自 ACC 的数据进行缩放。32 位的乘积输出移位器能去除补码乘法产生的多余符号位,还可以通过移位防止累加器溢出,乘积输出移位寄存器的移位方式由状态寄存器(ST1)的乘积移位方式位(PM)来确定。ALU 输出移位器用于完成数据存储前的处理。

2.2.5 C28x 的 ARAU

CPU 还包含一个完全独立于 ALU 的辅助寄存器算术单元(ARAU)。ARAU 的主要功能是完成与 ALU 并行操作的 8 个辅助寄存器 XAR0～XAR7 的算术运算。其结构如图 2-11 所示。

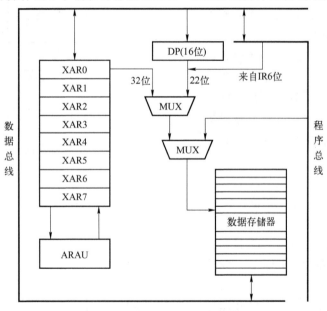

图 2-11 ARAU 的结构框图

8 个辅助寄存器提供了灵活而强大的间接寻址能力。指令执行时,当前 XARn 的内容为访问数据存储器的地址。如果是从数据存储器中读数据,ARAU 就把这个地址送给数据读地址总线(DRAB);如果是向数据存储器中写数据,ARAU 就把这个地址送给数据写地址总线(DWAB)。ARAU 能够对辅助寄存器 XARn 进行加 1、减 1 以及加减一常数等运算,从而产生新的地址。此外辅助寄存器还可以用作通用寄存器、暂存单元或软件计数器等。

2.2.6 程序流程

程序控制逻辑和程序地址产生逻辑一起决定程序的流程。通常程序流程是按顺序进行的,即 CPU 执行指令是按程序存储器的地址顺序进行。但有时程序必须转移到一个非顺序的地址下执行指令。C28x DSP 支持中断、转移、调用、返回以及重复等非顺序程序流程形式。

同时，C28x DSP 提供了流水线保护和指令读取机制，使得流水线被填满，以达到指令级流程的流畅。

1．中断

当硬件或软件中断产生中断请求，并满足中断的响应条件时，CPU 会停止当前程序的执行，而执行一个对中断进行处理的中断服务程序。关于中断处理的程序流程将在后续章节介绍。

2．转移、调用和返回

转移、调用和返回会终止指令的顺序流程而转到程序存储器中的一个新地址。转移仅仅是转到一个新地址，调用除转到一个新地址外还会保存返回地址。被调用的子程序或中断服务程序以返回指令结束，返回指令从堆栈、XAR7 或 RPC 得到返回地址，并将该地址送给程序计数器 PC。

3．重复

重复指令 RPT 允许一条指令执行 N+1 次，其中 N 为重复指令 RPT 中的操作数。当 RPT 执行时，操作数 N 装入重复计数器 RPTC。指令每执行一次，计数器 RPTC 减 1，直至 RPTC 为 0。

4．指令流水线

对于 C28x DSP，在任一时刻多达 8 条指令在运行，每条指令执行不同的阶段。并非所有的读写操作发生在流水线的同一阶段，但流水线保护机制可以确保按顺序对同一存储单元进行读写操作。

为了提高流水线效率，指令读取机制总希望流水线被填满，其职责就是装满指令读取队列。指令读取机制从程序存储器一次读取 32 位。这 32 位可能是一个 32 位的指令，也可能是两个 16 位的指令。

指令读取机制使用了 3 个计数器：程序计数器 PC、指令计数器 IC 和读取计数器 FC。当流水线满时，PC 总是指向执行 D2 阶段的指令，IC 指向下一个要执行的指令，FC 为下一个要读取指令的地址。当 PC 指向一个字指令时，IC=PC+1；当 PC 指向一个双字指令时，IC=PC+2。

2.3　C28x 的流水线操作

2.3.1　流水线操作

C28x DSP 执行程序时，一般进行如下操作：

➢　从程序存储器取指令。

➢　对指令进行译码。

➢　从存储器或 CPU 寄存器读取数据。

➢　执行指令。

➢　将结果写入存储器或 CPU 寄存器。

为了提高效率，C28x DSP 将这些操作分为 8 个独立的阶段：取指令地址 F1、取指令内容 F2、识别指令 D1、指令译码 D2、取操作数地址 R1、读取操作数 R2、指令执行 E、数据存储 W。在任意时刻最多有 8 条指令在同时执行，每个指令处于指令执行的不同阶段。按指令执行顺序，这 8 个阶段的描述如下：

> F1：CPU 在 22 位程序地址总线 PAB 上给出程序存储器地址。

> F2：CPU 通过程序读数据总线 PRDB 从程序存储器读取指令，并将指令装载到取指令队列。

> D1：CPU 识别取指令队列中指令的边界，决定下一个要执行指令的长度。

> D2：CPU 将要执行的指令装载到指令寄存器，并进行译码。一旦一个指令进入到 D2 阶段，在任何中断产生前该指令完成执行。

> R1：如果操作数从存储器读取，CPU 在相应的地址总线上给出操作数地址。

> R2：在 R1 阶段操作数被寻址，在此阶段 CPU 通过相应的数据总线读取操作数。

> E：CPU 完成乘法、移位以及 ALU 等操作。

> W：传送的操作数或运算结果被存储到存储器。

尽管每条指令都经过 8 个阶段，但对于一个指令并不是每个阶段都是有效的。有些指令在 D2 阶段完成操作，有些指令在 E 阶段完成操作，还有的是在 W 阶段完成操作，例如不从存储器读的指令则在读阶段无操作，而不向存储器写的指令则无写操作。

取指令地址到识别指令（F1～D1）的硬件独立于指令译码到数据存储（D2～W）的硬件运行，这样即使 D2～W 暂停运行，DSP 也可以继续读取指令。当新指令的读取被延迟时，它也允许通过 D2～W 阶段继续执行已读取的指令。

如果中断或非顺序指令发生时，正执行取指令地址 F1、取指令内容 F2、识别指令 D1 这 3 个阶段的指令会被丢弃，但指令已处于指令译码 D2 阶段，该指令会执行完成。

某些分支指令执行预取操作。分支目的地的最初几条指令将被读取，但不允许到达 D2 阶段，直到知道是否执行将执行非顺序指令。指令读取机制是流水线 F1 和 F2 阶段的硬件实现。在 F1 阶段，该硬件在程序地址总线（PAB）上输出一个地址。在 F2 阶段，它通过程序读取数据总线（PRDB）读指令。在 F2 阶段从程序存储器读取指令时，下一个读取的地址放在程序地址总线上（在下一个 F1 阶段）。

指令读取机制包含 4 个 32 位寄存器的指令读取队列。在 F2 阶段，将读取的指令添加到队列中，该队列类似于先进先出（FIFO）缓冲器。队列中的第一个指令是第一个要执行的指令。指令读取机制执行 32 位的读取直到队列满。当程序流非顺序指令（如分支或中断）发生时，队列会被清空。当队列底部的指令到达其 D2 阶段时，该指令被传递到指令寄存器以进行进一步的译码。

在指令的读取和执行过程中涉及 3 个寄存器：读取计数器 FC、指令计数器 IC 和程序计数器 PC。

> 读取计数器 FC：读取计数器用于读取在 F1 流水线阶段的程序地址总线（PAB）给出的地址。CPU 不停增加 FC 直到队列满或队列被程序流非顺序指令清空。通常，FC 为偶数地址，并且递增 2，以适应 32 位读取。唯一的例外是非顺序指令之后指令从一个奇地址开始。在这种情况下，FC 为奇地址。在该奇地址执行 16 位读取后，CPU 将 FC 加 1，并恢复在偶数地址 32 位读取。

> 指令计数器 IC：在 D1 阶段硬件确定指令大小（16 位或 32 位）之后，它用要进行

译码的下一条指令地址填充指令计数器 IC。在中断或调用中，IC 值表示返回地址，该地址被保存到堆栈、辅助寄存器 XAR7 或 RPC。

➤ 程序计数器 PC：当一个新的地址被装载到 IC 时，前一个 IC 值被装载到 PC。程序计数器 PC 总是包含已经到达其 D2 阶段指令的地址。

图 2-12 给出了流水线与地址计数器之间的关系。指令 1 已达到流水线 D2 阶段，即已进入指令寄存器，PC 指向指令 1 被读取的地址 0x00 0050。指令 2 已达到流水线 D1 阶段，并是下一个要执行的指令，IC 指向指令 2 被读取的地址 0x00 0051。指令 3 处于流水线 F2 阶段，它已被送到指令读取队列，但还没有被译码。指令 4 和 5 分别在它们的 F1 阶段，FC 的值 0x00 0054 送给 PAB，在下次 32 位读取，指令 4 和 5 被从地址 0x00 0054 和 0x00 0055 送到指令队列。

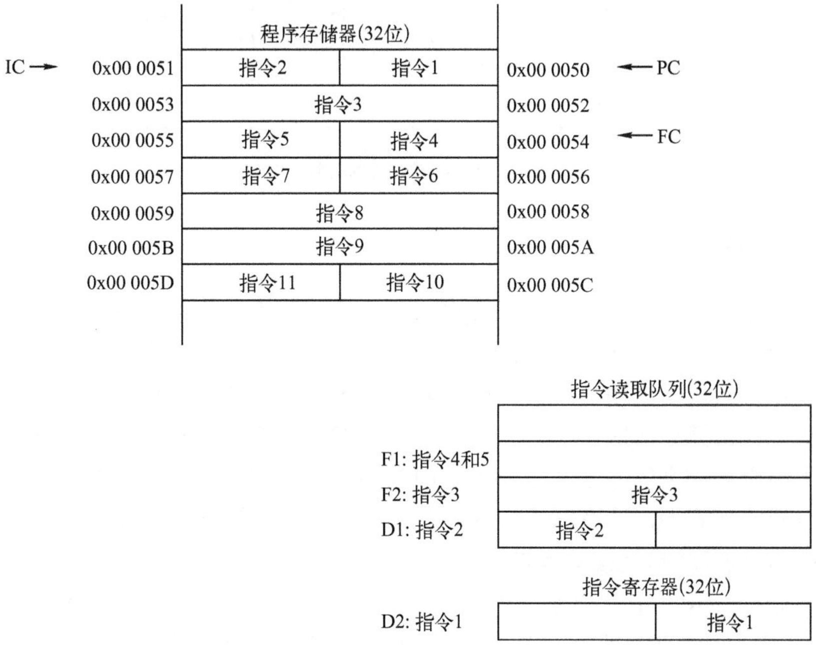

图 2-12　流水线与地址计数器之间关系

FC 和 IC 仅在有限的方式下是可见的，例如当执行一个调用或响应中断时，IC 值被保存到堆栈或辅助寄存器 XAR7，地址计数器大部分指的是 PC。

图 2-13 给出了 C28x 流水线操作的 8 个阶段，从图中可以看出，从第 8 个时钟开始流水线被填满，在任一时钟周期都有 8 条指令在同时执行，而每一条指令占据 8 个时钟周期，因此可以认为此后的指令有效执行时间是单周期的，也可以说 C28x 指令是单周期指令，这样使 DSP 的处理速度得到了显著提升。

要注意的是，在图 2-13 给出的 8 条指令中，有的指令在 D2 阶段完成操作，有的指令在 E 阶段完成操作或者 W 阶段完成操作，这取决于程序中具体使用的指令。

当出现以下两种情况时，流水线会出现暂停：等待状态和指令不可用。等待状态是指 CPU 对存储器或外设进行读写操作时，如果存储器或外设可能要花费比 CPU 分配的时间更长时间来传送数据，此时存储器或外设利用准备好（Ready）信号在数据传送过程中插入等待信号。指令不可用是指当一条指令被读取并完成其 D1 阶段，该指令进入指令寄存器进行译码，但此时没有新的指令进入指令队列。在这种情况下，F1-D1 硬件继续运行，D2-W 硬件停止工作直到新的指令可用。这种情况发生在程序执行过程中出现非顺序指令，该指令位于奇地址且是 32 位的。

F1	F2	D1	D2	R1	R2	E	W	周期
I1								1
I2	I1							2
I3	I2	I1						3
I4	I3	I2	I1					4
I5	I4	I3	I2	I1				5
I6	I5	I4	I3	I2	I1			6
I7	I6	I5	I4	I3	I2	I1		7
I8	I7	I6	I5	I4	I3	I2	I1	8
	I8	I7	I6	I5	I4	I3	I2	9
		I8	I7	I6	I5	I4	I3	10
			I8	I7	I6	I5	I4	11
				I8	I7	I6	I5	12
					I8	I7	I6	13
						I8	I7	14
							I8	15

图 2-13　C28x 流水线操作

2.3.2　流水线的保护

DSP 采用流水线方式并行执行多条指令，在流水线的不同阶段，这些指令完成存储器和 CPU 寄存器的修改。在未保护的流水线中，这可能导致流水线的冲突，即按非希望的顺序对同一存储器或寄存器进行读和写操作。但是 C28x DSP 流水线具有自动防止流水线冲突的机制，C28x DSP 存在两种类型的流水线冲突：对同一数据存储单元读写冲突和寄存器冲突。流水线采用在可能引起冲突的指令间添加无效周期的方法来防止冲突。以下说明需要添加保护周期的情况以及如何添加，这有助于编程者在程序中减少无效周期的数量。

1. 对同一数据存储单元读写保护

假设有两条指令 A 和 B，指令 A 在其 W 阶段向一个存储单元写一个值，而指令 B 在它的 R1 和 R2 阶段从该存储单元读一个值。由于这两条指令是并行执行的，那么就有可能指令 B 的 R1 阶段发生在指令 A 的 W 阶段之前，这样没有流水线保护，指令 B 读存储器过早而导致获得一个错误的值。C28x DSP 为防止指令 B 过早地读存储单元，它将指令 B 保持在它 D2 阶段直到指令 A 完成写操作，这样会在这两条指令写和读之间增加流水线的保护周期。

为了减少或消除流水线保护周期，可在会引起冲突的两条指令之间插入其他指令，但要避免插入的指令产生冲突或不适合的操作。下面给出一个例子进行说明。

例 2.1　下面程序中两条指令对同一个存储单元进行操作。

```
I1:    MOV    @VarA,AL
I2:    MOV    AH,@VarA
I3:    CLRC   SXM
...
```

指令 I1 为将 AL 值写入到一个数据存储单元，指令 I2 为将这个数据存储单元的内容送给 AH，此时 C28x DSP 流水线上会出现 3 个保护周期。为了减少保护周期，可将此程序改为

```
I1:    MOV    @VarA,AL
I3:    CLRC   SXM
```

```
I2:    MOV    AH,@VarA
...
```

　　将指令 I3 插入到指令 I1 和 I2 之间，这时流水线上所需的保护周期会减少，只需两个保护周期，而且 I3 也不会产生冲突，并且也是后续要执行的指令。如果在 I1 和 I2 之间再插入两条以上指令可消除流水线保护的需要。一般来说，如果读操作发生在从对同一个存储器进行写操作开始的 3 条指令内，流水线保护机制至少增加 1 个空周期。

2. 寄存器冲突保护

　　所有对 CPU 寄存器的读写操作均发生在一条指令的 D2 阶段或 E 阶段，如果一条指令试图在上一条指令的 E 阶段写一个寄存器，之前在 D2 阶段读或修改该寄存器的内容，此时会引起寄存器冲突。

　　流水线保护机制采用在下一条指令 D2 阶段保持 1～3 个空周期来解决寄存器冲突问题。在实际编程中可不用考虑寄存器冲突问题，除非希望获得最大的流水线效率。如果要减少流水线周期数，可识别访问寄存器的流水线阶段并将引起冲突的指令隔开。通常寄存器冲突会涉及如下几个地址寄存器：16 位辅助寄存器 AR0～AR7、32 位辅助寄存器 XAR0～XAR7、16 位数据页指针 DP 和 16 位堆栈指针 SP。流水线对寄存器冲突保护机制与存储器一样，如果读操作发生在对同一个寄存器进行写操作开始的 3 条指令内，流水线保护机制至少增加 1 个空周期。

33

习　题

　　1. 简述 C28x CPU 的组成。

　　2. 简述 C28x DSP 的总线结构。

　　3. 什么是 DSP 的原子操作？

　　4. 说明辅助寄存器的作用。

　　5. 如何理解 DSP 中的单指令周期？

第 3 章　F28027 存储空间

3.1　概述

C28x 采用 6 组总线（PAB、PRDB、DRAB、DRDB、DWAB 和 DWDB）将 DSP、存储器和外设连接在一起，C28x 的存储空间可分为数据存储器和程序存储器。数据存储器的总线包含 32 根地址线和 32 根数据线，程序存储器的总线包含 22 根地址线和 32 根数据线。这样数据存储器最多支持 4G 字的地址，而程序存储器最多支持 4M 字的地址。

外设总线将片内各种外设连接在一起，它是由构成存储器总线的各种总线集成在一起而得到的一组总线，这组总线具有 16 根地址线和 16 根或 32 根数据线以及相关的控制信号，因此 DSP 对外设的操作与对存储器的操作是一样的。外设总线有 3 种形式，其中支持 16 位和 32 位的外设操作称为外设帧 1，只支持 16 位的外设操作称为外设帧 2，另外一种称为外设帧 0，它支持 16 位和 32 位的访问。

3.2　片内存储器类型

TMS320F2802x 的片内存储器主要有 SARAM、Flash、OTP 存储器以及 Boot ROM 等类型。

1. SARAM

SARAM 是指在一个周期内只能访问一次的存储器，可用于数据存储器或程序存储器。TMS320F2802x 的 SARAM 分为 3 块：M0、M1 和 L0。

M0 和 M1 每块的容量为 1K×16 位，L0 的容量最多可达 4K×16 位。它们既可映射到程序空间，也可映射到数据空间。也就是说既能用于存储程序代码，也能用于存放数据变量。其分配是由链接器（Linker）完成的，这样使得高级语言编程更为方便。DSP 复位时，堆栈指针指向 M1 的起始地址。

2. Flash

Flash 是一种具有非易失型、能不加电长期保存信息而且能在线进行快速电擦除的存储器。TMS320F2802x 的片内 Flash 的容量最多可达 32K×16 位，为方便用户使用，Flash 被分为若干个扇区。用户可单独对某个扇区进行擦除、编程和校验，而对其他扇区不用进行操作。片内 Flash 统一映射为程序存储空间和数据存储空间，它具有如下特征：

➢　Flash 存储器可以擦除的最小范围就是一个扇区。Flash 有多个扇区，可以选择只擦除某些特定的扇区，让其他扇区可编程。

➢　Flash 受到代码安全模块（Code Security Module，CSM）的保护。用户可以通过给 Flash 设定一个密码来防止未被授权的人对 Flash 进行访问。

➢　该 Flash 可以根据 CPU 的频率对可配置的等待状态进行调整，在执行速度给定的情况下提供最佳性能。

➤ 该 Flash 可以提供一个 Flash 管道模式（Pipeline Mode）来提高线性代码执行的性能。

➤ 为了节省功率，Flash 不使用时有两种低功率模式。

3．OTP 存储器

与 Flash 不同的是，OTP 存储器只可以编程一次，而且不能擦除。TMS320F2802x 的片内 OTP 存储器的容量为 1K×16 位，统一映射为程序存储空间和数据存储空间。因此，OTP 存储器同样可以用来存储数据或代码。访问 OTP 花费的时间比 Flash 长，而且，OTP 访问没有分页模式。与 Flash 一样，OTP 存储器受到代码安全模块（CSM）的保护，不使用时也有两种低功率模式。

4．Boot ROM

Boot ROM 是出厂时已固化好引导装载程序的只读存储器。TMS320F2802x 的 Boot ROM 大小为 8K×16 位，位于地址 0x3F E000～0x3F FFFF。Boot ROM 除了固化了引导装载程序，还包含用于数学计算的数学表与函数等，如图 3-1 所示。

（1）片内引导 ROM 的 IQmath 表　包含在引导 ROM 中的定点数学表和函数被称为虚拟浮点的 TI C28x IQMath 库。这个 TI C28x IQMath 库是一个高度优化和高精度的数学函数集合，使 C/C++ 程序员可以将浮点算法无缝地链接到 TMS320C28x 器件上的定点代码中。

这些程序通常用于需要大量高速高精度计算的实时系统。通过使用这些程序，所达到的执行速度远远快过使用标准 ANSI C 语言编写的等效代码的执行速度。另外，通过这些可以直接调用的高精度函数，TI C28x IQMath 库可以大大缩短 DSP 应用的开发时间。

引导 ROM 包含如下数学表格：

➤ 正余弦表：表格长度为 1282 个字，Q 格式为 Q30，内容为 $1\frac{1}{4}$ 个周期正弦波的 32 位采样值。此表用

图 3-1　Boot ROM 的分配

于精确正弦波形的产生和 32 位 FFT，只需跳过每第二个值，还可用于 16 位数学运算。

➤ 规格化的倒数表：表格长度为 528 个字，Q 格式为 Q29，内容为对 32 位规格化倒数的采样及饱和限幅。此表用于牛顿-拉弗森（Newton-Raphson）反算法的初始估计。估计越精确，收敛越快，因此周期时间也更短。

➤ 规格化的二次方根表：表格长度为 274 个字，Q 格式为 Q30，内容为对 32 位规格化反二次方根表的采样及饱和限幅。此表用于牛顿-拉弗森二次方根算法的初始估计。

➤ 规格化的反正切表：表格长度为 452 个字，Q 格式为 Q30，内容为最优直线拟合的 32 位二阶系数。此表用于牛顿-拉弗森反正切迭代算法的初始估计。

➤ 圆整与饱和表：表格长度为 360 个字，Q 格式为 Q30，内容为各种 Q 值的 32 位圆整与饱和值。

➤ 指数最大最小表：表格长度为 120 个字，Q 格式为 Q1—Q30，内容为各种 Q 值的 32 位最大值和最小值。

> 指数系数表：表格长度为 20 个字，Q 格式为 Q30，内容为泰勒级数计算 exp(x) 的 32 位系数。

> 反正弦/余弦表：表格长度为 85 个字，Q 格式为 Q29，内容为计算公式 $f(x)=c_4 \times x^4 + c_3 \times x^3 + c_2 \times x^2 + c_1 \times x + c_0$ 的系数表。

（2）片内引导 ROM 的 IQmath 函数　引导 ROM 包含如下 IQmath 函数：

> IQNatan2（N=15,20,24,29）

> IQNcos（N=15,20,24,29）

> IQNdiv（N=15,20,24,29）

> IQNisqrt（N=15,20,24,29）

> IQNmag（N=15,20,24,29）

> IQNsin（N=15,20,24,29）

> IQNsqrt（N=15,20,24,29）

（3）片内 Flash API　引导 ROM 所包含的应用程序接口 API 可对 Flash 进行编程和擦除，该 Flash API 可使用引导 ROM Flash API 符号库进行访问。

（4）CPU 向量表　CPU 向量表位于地址为 0x3F FFC0～0x3F FFFF 的引导 ROM 存储器中，表内存放了所有 CPU 中断（INT1～INT14、NMI 等）的中断向量，即中断服务程序的入口地址，其内容见表 3-1。CPU 向量表除第一个 RESET 向量外，表内其他向量都指向片内 SARAM M0 存储单元。DSP 器件复位时，VMAP 总是为 1，而当 VMAP=1 时，器件从 0x3F FFC0 处开始复位。当 VMAP=1、ENPIE=0 时，该向量表在复位后被激活（禁用 PIE 向量表）。

表 3-1　CPU 向量表

中断向量	在引导 ROM 中的位置	向量内容（即指向）	中断向量	在引导 ROM 中的位置	向量内容（即指向）
RESET	0x3F FFC0	InitBoot	RTOSINT	0x3F FFE0	0x00 0060
INT1	0x3F FFC2	0x00 0042	Reserved	0x3F FFE2	0x00 0062
INT2	0x3F FFC4	0x00 0044	NMI	0x3F FFE4	0x00 0064
INT3	0x3F FFC6	0x00 0046	ILLEGAL	0x3F FFE6	ITRAPIsr
INT4	0x3F FFC8	0x00 0048	USER1	0x3F FFE8	0x00 0068
INT5	0x3F FFCA	0x00 004A	USER2	0x3F FFEA	0x00 006A
INT6	0x3F FFCC	0x00 004C	USER3	0x3F FFEC	0x00 006C
INT7	0x3F FFCE	0x00 004E	USER4	0x3F FFEE	0x00 006E
INT8	0x3F FFD0	0x00 0050	USER5	0x3F FFF0	0x00 0070
INT9	0x3F FFD2	0x00 0052	USER6	0x3F FFF2	0x00 0072
INT10	0x3F FFD4	0x00 0054	USER7	0x3F FFF4	0x00 0074
INT11	0x3F FFD6	0x00 0056	USER8	0x3F FFF6	0x00 0076
INT12	0x3F FFD8	0x00 0058	USER9	0x3F FFF8	0x00 0078
INT13	0x3F FFDA	0x00 005A	USER10	0x3F FFFA	0x00 007A
INT14	0x3F FFDC	0x00 005C	USER11	0x3F FFFC	0x00 007C
DLOGINT	0x3F FFDE	0x00 005E	USER12	0x3F FFFE	0x00 007E

在内部引导 ROM 中，通常可以使用的唯一向量是位于 0x3F FFC0 处的复位向量。此复位向量在出厂时已设定为指向存储在引导 ROM 中的 InitBoot( ) 函数。此函数启动引导装载进

程。通过在 $\overline{\text{TRST}}$ 和通用 I/O（GPIO）引脚上执行一系列检查操作，以确定使用哪种引导模式。

引导 ROM 中的其余向量在正常操作时将不使用。引导进程完成后，应当初始化外设中断扩展（PIE）向量表并使能 PIE 模块。从此时起，所有向量（复位向量除外）将从 PIE 模块中获取，而不是从 CPU 向量表中获取。引导 ROM 中的其余向量主要用于 TI 调试。

3.3　存储空间

3.3.1　TMS320F28027 存储空间分配

TMS320F28027 存储空间分配如图 3-2 所示，它不包含外部接口单元，其总的存储器地址范围为 0x00 0000～0x3F FFFF。TMS320F28027 各类存储器容量及地址范围见表 3-2。在这些地址范围中除了外设帧及 PIE 向量只能映射到数据空间，其他的地址范围既可映射到数据空间，也可映射到程序空间。TI 还保留了小部分空间供振荡器和 ADC 校准数据使用，其地址为 0x3D 7C80～0x3D 7CBF 以及 0x3D 7E80～0x3D 7EAF。0x3D 7FFF 为 DSP 器件 ID 寄存器。剩余的地址范围均为保留的空间。

表 3-2　存储器容量及范围

类　　型	容　　量	地址范围
SARAM M0	1K×16 位	0x00 0000～0x00 03FF
SARAM M1	1K×16 位	0x00 0400～0x00 07FF
SARAM L0	4K×16 位	0x00 8000～0x00 8FFF
SARAM L0	4K×16 位	0x3F 8000～0x3F 8FFF
Flash	32K×16 位	0x3F 0000～0x3F 7FFF
OTP	1K×16 位	0x3D 7800～0x3D 7BFF
Boot ROM	8K×16 位	0x3F E000～0x3F FFFF
外设帧 0	2K×16 位	0x00 0800～0x00 0DFF
外设帧 1	4K×16 位	0x00 6000～0x00 6FFF
外设帧 2	4K×16 位	0x00 7000～0x00 7FFF
PIE 向量	256×16 位	0x00 0D00～0x00 0DFF

32K×16 位的 Flash 分为 4 个扇区，各扇区的地址范围见表 3-3。

表 3-3　Flash 扇区地址范围

扇　　区	地址范围
0x3F 0000～0x3F 1FFF	扇区 D（8K×16 位）
0x3F 2000～0x3F 3FFF	扇区 C（8K×16 位）
0x3F 4000～0x3F 5FFF	扇区 B（8K×16 位）
0x3F 6000～0x3F 7F7F	扇区 A（8K×16 位）
0x3F 7F80～0x3F 7FF5	当使用 CSM 模块该区域必须编程为 0x0000
0x3F 7FF6～0x3F 7FF7	引导至 Flash 的入口地址
0x3F 7FF8～0x3F 7FFF	128 位的安全密码区

图 3-2　TMS320F28027 存储空间分配

3.3.2　TMS320F28027 的外设帧

外设帧是 TMS320F28027 的 CPU 定时器、Flash、中断向量、片内外设（例如 SCI、SPI、ADC、ePWM、eCAP 及比较）等寄存器的映像空间，TMS320F28027 的外设帧包含 3 个外设空间，外设空间分类如下：

1）外设帧 0：直接映射到 CPU 存储器总线的外设，包括 PIE、Flash、CPU 定时器、CSM 和 ADC，这些外设寄存器见表 3-4。

2）外设帧 1：映射到 32 位外设总线的外设，包括 GPIO、ePWM、eCAP 和比较模块，这些外设寄存器见表 3-5。

3）外设帧 2：映射到 16 位外设总线的外设，包括系统控制、SCI、SPI、ADC 和 XINT，这些外设寄存器见表 3-6。

表 3-4　外设帧 0 寄存器

名　　称	地址范围	大小（×16 位）	访问类型
器件仿真寄存器	0x00 0880～0x00 0984	261	受 EALLOW 保护
系统功率控制寄存器	0x00 0985～0x00 0987	3	受 EALLOW 保护
Flash 寄存器	0x00 0A80～0x00 0ADF	96	受 EALLOW 保护
代码安全模块寄存器	0x00 0AE0～0x00 0AEF	16	受 EALLOW 保护
ADC 寄存器（0 wait，只读）	0x00 0B00～0x00 0B1F	32	不受 EALLOW 保护
CPU 定时器 0/1/2 寄存器	0x00 0C00～0x00 0C3F	64	不受 EALLOW 保护
PIE 寄存器	0x00 0CE0～0x00 0CFF	32	不受 EALLOW 保护
PIE 向量表	0x00 0D00～0x00 0DFF	256	受 EALLOW 保护

表 3-5　外设帧 1 寄存器

名　　称	地址范围	大小（×16 位）	访问类型
COMP1 寄存器	0x00 6400～0x00 641F	32	
COMP2 寄存器	0x00 6420～0x00 643F	32	
ePWM1+HRPWM1 寄存器	0x00 6800～0x00 683F	64	
ePWM2+HRPWM2 寄存器	0x00 6840～0x00 687F	64	部分受 EALLOW 保护
ePWM3+HRPWM3 寄存器	0x00 6880～0x00 68BF	64	
ePWM4+HRPWM4 寄存器	0x00 68C0～0x0068FF	64	
eCAP1 寄存器	0x00 6A00～0x00 6A1F	32	不受 EALLOW 保护
GPIO 寄存器	0x00 6F80～0x00 6FFF	128	部分受 EALLOW 保护

表 3-6　外设帧 2 寄存器

名　　称	地址范围	大小（×16 位）	访问类型
系统控制寄存器	0x00 7010～0x00 702F	32	受 EALLOW 保护
SPI-A 寄存器	0x00 7040～0x00 704F	16	不受 EALLOW 保护
SCI-A 寄存器	0x00 7050～0x00 705F	16	不受 EALLOW 保护
NMI 看门狗中断寄存器	0x00 7060～0x00 706F	16	受 EALLOW 保护
外部中断寄存器	0x00 7070～0x00 707F	16	受 EALLOW 保护
ADC 寄存器	0x00 7100～0x00 711F	32	部分受 EALLOW 保护
I^2C-A 寄存器	0x00 7900～0x00 793F	64	部分受 EALLOW 保护

由表 3-4～表 3-6 可以看出，各寄存器受 EALLOW 保护不一样：有的寄存器受 EALLOW

保护，有的寄存器不受 EALLOW 保护，还有的寄存器部分受 EALLOW 保护。如果寄存器受 EALLOW 保护，在执行 EALLOW 指令之前不能执行写操作。EDIS 指令禁止写操作以防止杂散代码或指针破坏寄存器内容。

3.3.3　CSM 对存储空间的影响

代码安全模块（CSM）是 C28x 芯片包含的一个安全功能。它防止未授权人员访问/查看片内存储器，即防止对专有代码进行复制/逆向工程。

安全模块限制 CPU 对某个片内存储器进行访问，但不中断或终止 CPU 的执行。当读取一个受保护的地址单元时，读操作返回一个零值，CPU 继续执行下一条指令。这实际上是阻止通过 JTAG 端口或外部设备对各种存储器进行读和写访问。安全性是针对片内存储器的访问而定义的，可以防止对专有代码或数据进行未授权的复制。

安全性通过一个 128 位数据（8 个 16 位的字）的密码来保护，这个密码用来保护或取消保护芯片。密码保存在 Flash 末尾的 8 个字中，这 8 个字被称为密码地址单元。

这里需要注意两个特殊的密码：一个是 128 位密码全部置为 1，另一个是全部清零。全 1 表示 CSM 的保护机制被屏蔽，因此 DSP 片内存储器中所有代码和数据是不受保护的。新的 Flash 芯片已将 Flash 擦除，其 Flash 的密码区初值全为 1。与此相反，全 0 的密码区将锁定 CSM 模块，结果是 F28027 片内受 CSM 保护的存储器被永久加密，用户不能用任何方式访问或修改已被保护的代码或数据。因此在使用过程中要注意，不要使用全 0 的密码，也不要在擦除 Flash 过程中复位芯片。在擦除程序执行过程中复位芯片会导致密码为全 0 或密码不可知。

除 CSM 之外，还使用了仿真代码安全逻辑（ECSL）来防止未授权用户单步调试安全代码。当仿真器被连接时，对 Flash、用户 OTP、L0 存储器的任何代码或数据访问都将启动 ECSL 和破坏仿真器的连接。为了允许仿真源代码，同时又维持 CSM 保护来防止读取受保护的存储器，必须将正确的值写入 KEY 寄存器的低 64 位，该值与保存在 Flash 低 64 位的密码地址单元中的值相匹配。

受 CSM 影响的存储空间见表 3-7。

表 3-7　受 CSM 影响的存储空间

地　　址	存储块
0x00 0A80～0x00 0A87	Flash 配置寄存器
0x00 8000～0x00 8FFF	L0 SARAM（4K×16 位）
0x3F 0000～0x3F 7FFF	Flash（32K×16 位）
0x3D 7800～0x3D 7BFF	用户 OTP
0x3F 8000～0x3F 8FFF	L0 SARAM（4K×16 位）

代码安全模块对下列片内资源上的任何内容都没有影响：

1）未指定成安全的单口 RAM（SARAM）模块：不管芯片处于安全模式还是不安全模式，这些存储器块都可以自由访问，代码也可以在这些存储器中运行。

2）Boot ROM 内容：Boot ROM 内容的可见性不受 CSM 影响。

3）片内外设寄存器：不管芯片处于安全模式还是不安全模式，外设寄存器都可以由片内存储器或片外存储器上运行的代码来初始化。

4）PIE 向量表：不管芯片处于安全模式还是不安全模式，向量表都可以读和写。

不受 CSM 影响的存储空间见表 3-8。

表 3-8 不受 CSM 影响的存储空间

地　　址	存储块
0x00 0000～0x00 03FF	M0 SARAM（1K×16 位）
0x00 0400～0x00 07FF	M1 SARAM（1K×16 位）
0x00 0800～0x00 0CFF	外设帧 0（2K×16 位）
0x00 0D00～0x00 0DFF	PIE 矢量 RAM（256×16 位）
0x00 6000～0x006FFF	外设帧 1（4K×16 位）
0x00 7000～0x00 7FFF	外设帧 2（4K×16 位）
0x3F E000～0x3F FFFF	Boot ROM（4K×16 位）

总之，可以通过 JTAG 连接器将代码载入未受保护的片内程序 SARAM 中，不受代码安全模块的影响。不管芯片处于安全模式还是不安全模式，都可以调试代码和初始化外设寄存器。

DSP 片上存储空间分配包含两个部分：片上外设存储空间分配和用户自定义数据及程序的存储空间分配。其中，片上外设存储空间分配由 DSP 型号即硬件结构决定，一般不进行修改，有 BIOS 和 nonBIOS 两种方式供用户使用，前者不包含 PieVectTable，而后者则包含了 PieVectTable；用户自定义数据及程序的存储空间由用户根据软件功能合理分配，包括 RAM 运行和 Flash 运行两种模式。具体的使用方法参考第 4 章.cmd 文件。

41

3.4 程序的引导装载

3.4.1 引导装载程序操作

引导装载程序根据 $\overline{TRST}$ 和两个 GPIO 引脚状态决定采用哪一种引导模式，引导装载程序的基本流程如图 3-3 所示。图中，函数 Device_Cal( ) 被编程到 TI 保留的存储器中。Boot ROM 自动调用函数 Device_Cal( ) 使用芯片特定校准数据来校准内部振荡器和 ADC，此进程自动处理，用户无须进行任何操作。但如果 Boot ROM 在开发进程中被 Code Composer Studio 旁路，则校准必须通过应用程序来初始化。

复位后系统将从 Boot ROM 获取复位向量，并执行 InitBoot()，完成芯片初始化后引导装载程序检测 $\overline{TRST}$ 的状态来判断仿真头是否已连接，从而决定 DSP 是进入仿真引导（Emulation Boot）模式还是独立引导（Stand-alone Boot）模式。

在仿真引导模式中，Boot ROM 将检查两个 SARAM 单元（称为 EMU_KEY 和 EMU_BMODE）以用于引导模式。如果其中一个单元的内容无效，那么使用"wait"引导模式。当执行仿真引导时，可通过调试器修改 EMU_BMODE 的值来访问所有引导模式选项。

如果芯片在独立引导（Stand-alone Boot）模式中，则使用两个 GPIO 引脚的状态来确定执行哪种引导模式：Getmode、wait、SCI 和并行 I/O。默认情况下，Getmode 选项引导至 Flash，但可以通过将两个值编程到 OTP 来选择另一种引导装载模式。

完成选择进程后，如果已完成所需的引导加载，处理器将在所选引导模式确定的入口继续执行。如果调用了引导装载程序，则由外设加载的输入流确定此入口点地址。然而，如果选择直接引导至 Flash、OTP 或 SARAM，则这些存储器块的入口地址均要预先设定。

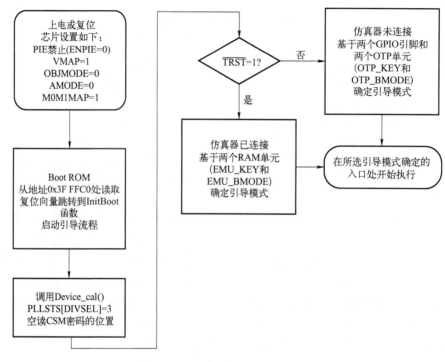

图 3-3　引导装载程序的基本流程

3.4.2　引导装载程序器件配置

当 F28027 复位后，外设中断模块 PIE 被禁止（ENPIE=0），DSP 内核被配置成 C27x 兼容模式。对于 F28027 器件，CPU 从地址 0x3F FFC0 处读取 RESET 向量，该向量固定指向位于 0x3F FFC0 的初始化引导函数 InitBoot()。此 Boot ROM 中的初始化引导函数 InitBoot()对芯片进行初始化，并将 DSP 配置为 C28x 工作模式。这两种操作模式的配置见表 3-9。

表 3-9　C28x 器件操作模式的配置

配置位	C27x 兼容模式	C28x 工作模式
OBJMODE	0	1
AMODE	0	0
PAGE0	0	0
M0M1MAP	1	1

3.4.3　引导装载程序模式

为适应不同的系统要求，Boot ROM 提供了多种不同的引导模式。复位时，引导装载程序根据引导模式信号决定进入哪种引导模式，$\overline{TRST}$ 和两个 GPIO 引脚的状态用于确定所需的引导模式，见表 3-10。

42

表 3-10　引导模式选择

模式	GPIO37（TDO）	GPIO34/COMP2OUT	$\overline{\text{TRST}}$	引导模式
3	1	1	0	模式获取
2	1	0	0	wait
1	0	1	0	SCI
0	0	0	0	并行 I/O
EMU	×	×	1	仿真

1．仿真引导

在这种情况下，仿真头已连接到器件（$\overline{\text{TRST}}$ =1）且 Boot ROM 从 PIE 向量表的前两个单元得到引导模式。这两个单元地址为 0x00 0D00 和 0x00 0D01，被称为 EMU_KEY 和 EMU_BMODE，PIE 模块不使用这两个单元，应用程序也不使用。EMU_KEY 和 EMU_BMODE 的有效值见表 3-11。

表 3-11　有效的 EMU_KEY 和 EMU_BMODE 值

地　址	名　称	值	
0x00 0D00	EMU_KEY	0x55AA	
0x00 0D01	EMU_BMODE	0x0000	引导模式=PARALLEL_BOOT
		0x0001	引导模式=SCI_BOOT
		0x0002	引导模式=WAIT_BOOT
		0x0003	引导模式=GET_BOOT
			（GetMode 来自 OTP_KEY/OTP_BMODE）
		0x0004	引导模式=SPI_BOOT
		0x0005	引导模式=I2C_BOOT
		0x0006	引导模式=OTP_BOOT
		0x000A	引导模式=RAM_BOOT
		0x000B	引导模式=FLASH_BOOT
		其他	引导模式=WAIT_BOOT

EMU_KEY 的值为 0x55AA 表示 EMU_BMODE 有效。无效 KEY 值或无效模式将会导致调用等待引导模式。当上电且 $\overline{\text{TRST}}$ =0 时，EMU_BMODE 和 EMU_KEY 由引导 ROM 自动填充。EMU_BMODE 也可通过调试器手动初始化。

表 3-12 给出了 $\overline{\text{TRST}}$ =1 时的仿真引导模式。

下面给出两个仿真引导的两个例子：

例 3.1　调试引导通过 SCI 装载的应用程序。

要调试引导通过 SCI 装载的应用程序，其步骤如下：

1）配置两个 I/O 引脚 GPIO37 和 GPIO34 用于模式 1，并启动上电复位。

2）Boot ROM 将检测到 $\overline{\text{TRST}}$ =0 并使用这两个 I/O 引脚确定 SCI 引导。

3）Boot ROM 用 0x55AA 填充 EMU_KEY，用 SCI_BOOT 填充 EMU_BMODE。

4）Boot ROM 处于 SCI 装载程序等待。

5）连接调试器，此时 $\overline{\text{TRST}}$ 变高。

6）执行调试器复位并运行，引导装载程序将使用 EMU_BMODE 并且引导至 SCI。

43

表 3-12　扩展的仿真引导模式

$\overline{\text{TRST}}$	EMU KEY 读 0x0D00	EMU BMODE 读 0x0D01	OTP KEY 读 0x3D 7BFE	OTP BMODE 读 0x3D 7BFF	所选的引导模式
1	!=0x55AA	×	×	×	wait
	0x55AA	0x0000	×	×	并行 I/O
		0x0001	×	×	SCI
		0x0002	×	×	wait
		0x0003	!=0x55AA	×	GetMode: Flash
			0x55AA	0x0001	GetMode: SCI
				0x0003	GetMode: Flash
				0x0004	GetMode: SPI
				0x0005	GetMode:I2C
				0x0006	GetMode: OTP
				其他	GetMode: Flash
		0x0004	×	×	SPI
		0x0005	×	×	I2C
		0x0006	×	×	OTP
		0x000A	×	×	引导至 RAM
		0x000B	×	×	引导至 Flash
		其他	×	×	wait

例 3.2　如果连接了仿真器，但不希望应用程序在连接仿真器之前开始执行。

对于这种要求，其步骤如下：

1）配置两个 I/O 引脚 GPIO37 和 GPIO34 用于模式 2，并启动上电复位。

2）Boot ROM 将检测到 $\overline{\text{TRST}}$ =0 并使用这两个 I/O 引脚确定 SCI 引导。

3）Boot ROM 用 0x55AA 填充 EMU_KEY，用 WAIT_BOOT 填充 EMU_BMODE。

4）Boot ROM 处于等待程序。

5）连接调试器，此时 $\overline{\text{TRST}}$ 变高。

6）通过调试器修改 EMU_BMODE 来引导至 Flash 或其他所需的引导模式。

7）执行调试器复位并运行，引导装载程序将使用 EMU_BMODE 并且引导并引导至所需的装载程序或位置。

2. 独立引导

在这种情况下，仿真头未连接到器件（$\overline{\text{TRST}}$ =0），则引导模式通过引导模式引脚的状态来确定。

（1）wait　F2802x 器件不支持在其他 C2000 器件上可使用的硬件 wait-in-reset 模式。"wait" 引导模式可用于仿真 wait-in-reset 模式。"wait" 模式对于调试 CSM 密码编程（例如，加密的）器件非常重要。当器件上电时，CPU 将开始运行并可能执行访问仿真代码加密逻辑（ECSL）受保护区域的指令。如果出现这种情况，ECSL 将启动并导致仿真器断开连接。"wait" 模式通过在 Boot ROM 内循环直至仿真器连接来防止这种情况发生。

该模式写 WAIT_BOOT 到 EMU_BMODE。一旦仿真器被连接，那么用户可通过调试阶段使用的适当引导模式来手动定位 EMU_BMODE。

44

（2）SCI　在此模式下，Boot ROM 通过 SCI-A 端口将代码加载至片上存储器。当在单机模式下调用时，Boot ROM 写 SCI_BOOT 到 EMU_BMODE。

（3）8 位并行 I/O　并行 I/O 引导模式通常由 Flash 编程器产品使用。

（4）GetMode　GetMode 选项使用 OTP 内的两个单元来确定引导模式。对于未编程的器件，该模式将总是引导至 Flash。对于已编程的器件，可选择编程这些单元来改变操作。如果这些单元都不是所需的值，则使用引导至 Flash。

GetMode 选项的 OTP 值见表 3-13，表 3-14 给出了当 $\overline{TRST}$ =0 时的独立引导模式。

表 3-13　GetMode 选项的 OTP 值

地址	名称	值	
0x3D 7BFE	OTP_KEY	如果符合下面的其中一种情况，将进入 GetMode： 情况 1：$\overline{TRST}$ =0, GPIO34=1 且 GPIO37=1 情况 2：$\overline{TRST}$ =1, EMU_KEY=0x55AA 且 EMU_BMODE=GET_BOOT GetMode 首先检查 OTP_KEY 的值，如果 OTP_KEY=0x55AA，则检查 OTP_BMODE 用于引导模式	
0x3D 7BFF	OTP_BMODE	0x0001 0x0004 0x0005 0x0006 其他值	引导模式=SCI_BOOT 引导模式=SPI_BOOT 引导模式=I2C_BOOT 引导模式=OTP_BOOT 引导模式=FLASH_BOOT

表 3-14　独立引导模式

$\overline{TRST}$	GPIO37（TDO）	GPIO34/COMP2OUT	OTP KEY 读 0x3D 7BFE	OTP BMODE 读 0x3D 7BFF	所选的引导模式
0	0	0	×	×	并行 I/O
0	0	1	×	×	SCI
0	1	0	×	×	wait
0	1	1	!=0x55AA	×	GetMode: Flash
			0x55AA	0x0001	GetMode: SCI
				0x0003	GetMode: Flash
				0x0004	GetMode: SPI
				0x0005	GetMode:I2C
				0x0006	GetMode: OTP
				其他	GetMode: Flash

习　　题

1．说明 F28027 片内存储器类型、容量及用途。

2．什么是 CPU 向量表？

3．代码安全模块（CSM）的作用是什么？

4．片内存储空间的分配方式有哪些？其作用分别是什么？

5．当用户将程序写入 Flash 后，如何配置 DSP 才能引导至 Flash 执行程序？

第4章 DSP系统设计入门

4.1 TM320C28x的C语言编程

一般来说汇编语言依赖于计算机硬件，程序的可读性和可移植性较差，高级语言具有很好的可移植性，但是难以实现汇编语言的某些功能（如对内存地址的操作、位操作等）。

C语言作为一种高级语言，相对于汇编语言易学易用，C语言的编程效率极高，易于调试，另外，C语言既可以访问物理地址又可以进行位操作，能直接对硬件进行操作，特别适合用于DSP。

由于TM320C28x DSP主频较高，CPU寻址方式比较丰富和灵活，且TI和第三方公司提供了非常高效的C语言编译工具，所以TM320C28x DSP多用C语言编程，也支持C语言与汇编语言混合编程。

4.1.1 基于TM320C28x的C语言

TM320C28x的C语言基于标准的C语言，编程过程中需要注意以下几个方面：

1. 数据类型

数据类型及其定义依赖于编译器和器件类型，TM320C28x的数据类型见表4-1。

表4-1 TM320C28x的数据类型

数据类型	长度/bit	描述	最小值	最大值
char, signed char	16	ASCII	−32768	32767
unsigned char	16	ASCII	0	65535
short, signed short	16	补码	−32768	32767
unsigned short	16	二进制	0	65535
int, signed int	16	补码	−32768	32767
unsigned int	16	二进制	0	65535
long, signed long	32	补码	−2147483648	2147483647
unsigned long	32	二进制	0	4294967295
enum	16	补码	−32768	32767
float	32	IEEE 32bit	1.19209290e−38	3.4028235e+38
double	32	IEEE 32bit	1.19209290e−38	3.4028235e+38
long double	32	IEEE 32bit	1.19209290e−38	3.4028235e+38
pointers	16	二进制	0	0xFFFF
far pointers	22	二进制	0	0x3FF FFFF

2. 重要标识符

（1）const 优化存储器的分配，表示变量内容为常数，不会改变。

使用：const+数据类型+变量名

举例：const char tab[1024]={显示数据};

（2）volatile

用于声明存储器或外设寄存器，以此来说明所定义的变量是"可变的"，是可以被 DSP 的其他硬件修改的，而不仅仅是由 C 程序本身修改。

使用：volatile+数据类型+变量名；

举例：volatile struct SYS_CTRL_REGS

（3）cregister　允许采用高级语言直接访问控制寄存器。

使用：cregister+数据类型+变量名；

举例：extern cregister volatile unsigned int IFR;

　　　　extern cregister volatile unsigned int IER;

（4）interrupt　用于说明函数是中断函数，这样编译器会自动为中断函数产生保护现场和恢复现场所需执行的操作。

使用：interrupt+void+中断函数名(void)；

举例：interrupt void XINT1_ISR(void);

3．C 语言中嵌入汇编语言

TMS320C28x 编译器允许在 C 程序中嵌入汇编语言指令，通过下面声明实现：

asm("assembler text");

其中，assembler text 指汇编代码。asm 指令一般用来处理 C/C++语句较难实现的硬件操作。

举例：#define EINT asm("clrc INTM")

　　　　#define DINT asm("setc INTM")

4．存储器模型

TMS320C28x 将存储器分成程序和数据两个线性块。程序存储器包含可执行代码，初始化数据和开关量。数据存储器包含外部变量、静态变量和系统堆栈。

编译器产生可重定位的代码，允许链接器将代码和数据分配到适当的存储器空间，而链接器则根据链接命令文件将代码和数据分配到目标存储器。

编译器产生的代码和数据块称为段（Section），分为初始化段和非初始化段两种类型。

初始化段包含数据表和可执行代码，C 编译器创建如下初始化段：

.text 段：包含所有可执行代码和常量。

.cinit 段：已初始化的变量和常量表（用于 C 程序）。

.pint 段：已初始化的变量和常量表（用于 C++程序）。

.const 段：包含字符串常数以及用 const 声明的全局和静态变量。

.econst 段：同.const 段，但用于 far const 声明的变量或编译器采用大存储器模式时。

.switch 段：为开关语句（switch）建立的数据表。

非初始化段在存储器（通常是 RAM）中保留空间，程序在运行时可在此空间创建和存储变量，C 编译器创建如下非初始化段：

.bss 段：为全局和静态变量保留空间。程序引导过程中，C 引导程序会将 ROM 中的.cint 块中的数据复制到.bss 块中。

.ebss 段：为用 far 声明或位于大存储器模式下的全局和静态变量保留空间。

.stack 段：为 C 系统的堆栈分配的空间，用于函数调用时传递参数以及为局部变量分配空间。

.sysmem 段：为动态存储器分配保留空间，如果未用到 malloc 函数，则该块的空间为 0。

.esysmem 段：为动态存储器分配保留空间，如果未用到 far malloc 函数，则该块的空间为 0。

图 4-1 和图 4-2 为一个简单的示例。

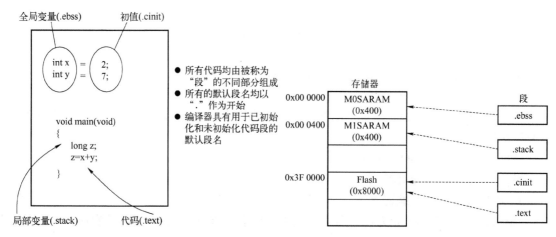

图 4-1　不同段在 C 程序中的定义　　　图 4-2　不同段与存储器之间的关系

5．pragma 伪指令

通过 pragma 伪指令告诉编译器如何对待特定的函数、对象或代码段。TM320C28x C/C++ 编译器支持如下形式的 pragma 伪指令：

```
CODE_SECTION(func,"section name");

DATA_SECTION(symbol,"section name");
```

注意：func 和 symbol 必须在函数外声明或定义。同时，pragma 伪指令也必须在函数外，且位于声明、定义或引用 func 和 symbol 之前，否则，编译器会给出警告信息。

CODE_SECTION 用于为函数 func 在一个名为 section name 的段中指定空间。

C 语言的标准用法是：

```
#pragma CODE_SECTION(func,"section name");
```

举例：

```
#pragma CODE_SECTION(sum,"codeA");

int sum(int a,int b);

void main(void)

{    int a=1,b=2,c;

    c=sum(a,b);  }

int sum(int a,int b)

{    return(a+ b);}
```

DATA_SECTION 用于为变量 symbol 在一个名为 section name 的段中指定空间。

C 语言的标准用法是：

```
#pragma DATA_SECTION(symbol,"section name");
```
举例：
```
#pragma DATA_SECTION(SysCtrlRegs,"dataA");
volatile struct SYS_CTRL_REGS SysCtrlRegs;
```

4.1.2　链接命令（CMD）文件

DSP片上存储空间分配包含片上外设存储空间分配和用户自定义数据及程序的存储空间分配两个部分，对应于两个链接命令文件（Link Command Files），以扩展名.cmd结尾，简称CMD文件。CMD文件的两大功能是指示存储空间和分配段到存储空间，在编写CMD文件时，主要采用MEMORY和SECTIONS两条伪指令。

1．MEMORY伪指令

作用：指示存储空间。

语法如下：
```
MEMORY
{
    PAGE 0: name 0[(attr)]: origin=constant,length=constant
    PAGE n: name n[(attr)]: origin=constant,length=constant
}
```

PAGE：用来指示存储空间的关键字。n的最大值为255。

name：代表某一属性和地址范围的存储空间名称。长度可以是1～8个字符。在同一页内名称不能相同，不同页内名称可以相同。

attr：用来规定存储空间的属性，共有4种属性：R表示只读，W表示只写，X表示该空间包含可执行代码，I表示该空间可以被初始化。实际使用时常忽略此选项。

orgin：用来定义存储空间起始地址的关键字。

length：用来定义存储空间长度的关键字。

2．SECTIONS伪指令

作用：分配段到存储空间，也就是指定段的实际硬件地址空间。

语法如下：
```
SECTIONS
{
    name 0:> 存储空间名称，PAGE=页数
    name n:> 存储空间名称，PAGE=页数
}
```

name：编译器输出段的名称。

存储空间名称：采用MEMORY伪指令指示的存储器空间名称。

PAGE：前面存储器空间名称对应的存储器页。

DSP片上存储空间分配方法如下：

（1）用户自定义数据及程序的存储空间分配CMD　对应于图4-2所示的不同块与存储器之间的关系，可采用如下CMD文件进行定义。

```
MEMORY
{
    PAGE 0:  //程序存储空间
        FLASH: origin=0x3F0000,length=0x8000
    PAGE 1:  //数据存储空间
        M0SARAM: origin=0x000000,length=0x400
        M1SARAM: origin=0x000400,length=0x400
}
SECTIONS
{
    .text: >FLASH,      PAGE=0
    .ebss: >M0SARAM,    PAGE=1
    .cinit: >FLASH,     PAGE=0
    .stack: >M1SARAM,   PAGE=1
}
```

需要强调的是，用户自定义数据及程序的存储空间由用户根据软件功能合理分配，具有一定的灵活性。在实际应用中，可通过此 CMD 文件将部分实时性要求比较高的程序重新装载到 RAM 中进行运行，CMD 文件也可以将程序代码链接到 Flash 或者 RAM，对应于不同的 CMD 文件，下面分别给出。

1）正常模式。此模式下程序在 Flash 或者 OTP 中，数据在 RAM 中。

```
MEMORY
{
PAGE 0:     //程序存储空间
    PRAML0     : origin=0x008000,length=0x000800      //片内 RAM 块 L0
    OTP        : origin=0x3D7800,length=0x000400      //片内 OTP
    FLASHD     : origin=0x3F0000,length=0x002000      //片内 Flash
    FLASHC     : origin=0x3F2000,length=0x002000      //片内 Flash
    FLASHB     : origin=0x3F4000,length=0x002000      //片内 Flash
    FLASHA     : origin=0x3F6000,length=0x001F80      //片内 Flash
    BEGIN      : origin=0x3F7FF6,length=0x000002      //FLASHA 用于引导至 Flash
    IQTABLES   : origin=0x3FE000,length=0x000B50      //引导 ROM 中 IQ 数学表
    IQTABLES2  : origin=0x3FEB50,length=0x00008C      //引导 ROM 中 IQ 数学表
    IQTABLES3  : origin=0x3FEBDC,length=0x0000AA      //引导 ROM 中 IQ 数学表
    ROM        : origin=0x3FF27C,length=0x000D44      //引导 ROM
    RESET      : origin=0x3FFFC0,length=0x000002      //引导 ROM
    VECTORS    : origin=0x3FFFC2,length=0x00003E      //引导 ROM
PAGE 1 :    //数据存储空间
    RAMM0      : origin=0x000000,length=0x000400      //片内 RAM 块 M0
    RAMM1      : origin=0x000400,length=0x000400      //片内 RAM 块 M1
```

50

```
  DRAML0        : origin=0x008800,length=0x000800        //片内 RAM 块 L0
}
SECTIONS
{
  .cinit              : > FLASHA,              PAGE=0
  .pinit              : > FLASHA,              PAGE=0
  .text               : > FLASHA,              PAGE=0
  codestart           : > BEGIN,               PAGE=0
  .stack              : > RAMM0,               PAGE=1
  .ebss               : > DRAML0,              PAGE=1
  .esysmem            : > DRAML0,              PAGE=1
  //Flash 中的初始化段
  .econst             : > FLASHA,              PAGE=0
  .switch             : > FLASHA,              PAGE=0
  //分配 IQ 数学表区域
  IQmath              : > FLASHA,              PAGE=0
  IQmathTables        : > IQTABLES,            PAGE=0,TYPE=NOLOAD
  .reset              : > RESET,               PAGE=0,TYPE=DSECT
  vectors             : > VECTORS,             PAGE=0,TYPE=DSECT
}
```

2）完全 RAM 模式。此时，程序和数据都在 RAM 中，不使用 Flash 和 OTP。

```
MEMORY
{
PAGE 0 :
  //在本例中 L0 分为两部分，一部分位于 PAGE 0，另一部分位于 PAGE 1
  //BEGIN 用于引导至 SARAM
  BEGIN          : origin=0x000000,length=0x000002
  RAMM0          : origin=0x000050,length=0x0003B0
  PRAML0         : origin=0x008000,length=0x000900
  RESET          : origin=0x3FFFC0,length=0x000002
  IQTABLES       : origin=0x3FE000,length=0x000B50        //引导 ROM 中的数学表
  IQTABLES2      : origin=0x3FEB50,length=0x00008C        //引导 ROM 中的 IQ 数学表
  IQTABLES3      : origin=0x3FEBDC,length=0x0000AA        //引导 ROM 中的 IQ 数学表
  BOOTROM        : origin=0x3FF27C,length=0x000D44
PAGE 1 :
  BOOT_RSVD      : origin=0x000002,length=0x00004E
  RAMM1          : origin=0x000400,length=0x000400        //片内 RAM 块 M1
  DRAML0         : origin=0x008900,length=0x000700
}
```

```
SECTIONS
{
  codestart       : > BEGIN,       PAGE=0
  ramfuncs        : > RAMM0,       PAGE=0
  .text           : > PRAML0,      PAGE=0
  .cinit          : > RAMM0,       PAGE=0
  .pinit          : > RAMM0,       PAGE=0
  .switch         : > RAMM0,       PAGE=0
  .reset          : > RESET,       PAGE=0,TYPE=DSECT
  .stack          : > RAMM1,       PAGE=1
  .ebss           : > DRAML0,      PAGE=1
  .econst         : > DRAML0,      PAGE=1
  .esysmem        : > RAMM1,       PAGE=1
  IQmath          : > PRAML0,      PAGE=0
  IQmathTables    : > IQTABLES,    PAGE=0,TYPE=NOLOAD
}
```

3）用户内存分配 Flash 模式。在 RAM 中划一段区域用作程序空间，其他用作数据空间；DSP 启动后某一段在 Flash 中的代码被装载到 RAM 程序空间，且该段代码在零等待的 RAM 中执行。

```
MEMORY
{
PAGE 0:     //程序存储空间
  PRAML0      : origin=0x008000,length=0x000800      //片内 RAM 块 L0
  OTP         : origin=0x3D7800,length=0x000400      //片内 OTP
  FLASHD      : origin=0x3F0000,length=0x002000      //片内 Flash
  FLASHC      : origin=0x3F2000,length=0x002000      //片内 Flash
  FLASHA      : origin=0x3F6000,length=0x001F80      //片内 Flash
  BEGIN       : origin=0x3F7FF6,length=0x000002      //FLASHA 用于引导至 Flash
  IQTABLES    : origin=0x3FE000,length=0x000B50      //Boot ROM 中 IQ 数学表
  IQTABLES2   : origin=0x3FEB50,length=0x00008C      //Boot ROM 中 IQ 数学表
  IQTABLES3   : origin=0x3FEBDC,length=0x0000AA      //Boot ROM 中 IQ 数学表
  ROM         : origin=0x3FF27C,length=0x000D44      //Boot ROM
  RESET       : origin=0x3FFFC0,length=0x000002      //Boot ROM
  VECTORS     : origin=0x3FFFC2,length=0x00003E      //Boot ROM

PAGE 1 :      //数据存储空间
  BOOT_RSVD   : origin=0x000000,length=0x000050
                //M0 的一部分，常用作 Boot ROM 的堆栈
```

52

```
    RAMM0          : origin=0x000050,length=0x0003B0     //片内 RAM 块 M0
    RAMM1          : origin=0x000400,length=0x000400     //片内 RAM 块 M1
    DRAML0         : origin=0x008800,length=0x000800     //片内 RAM 块 L0
    FLASHB         : origin=0x3F4000,length=0x002000     //片内 Flash
}


//分配段到存储空间
SECTIONS
{
    //分配程序空间
    .cinit          :>FLASHA,        PAGE=0
    .pinit          : > FLASHA,        PAGE=0
    .text           : > FLASHA,        PAGE=0
    codestart       : > BEGIN,         PAGE=0

    ramfuncs        : LOAD=FLASHA,
                    RUN=PRAML0,
                        LOAD_START(_RamfuncsLoadStart),
                        LOAD_END(_RamfuncsLoadEnd),
                        RUN_START(_RamfuncsRunStart),
                        PAGE=0
    //分配未初始化的数据段
    .stack          : > RAMM0,         PAGE=1
    .ebss           : > DRAML0,        PAGE=1
    .esysmem        : > DRAML0,        PAGE=1
    //Flash 中的初始化段
    .econst         : > FLASHA,        PAGE=0
    .switch         : > FLASHA,        PAGE=0
    //分配 IQ 数学表区域
    IQmath          : > FLASHA,        PAGE=0
    IQmathTables    : > IQTABLES,      PAGE=0,    TYPE=NOLOAD
    .reset          : > RESET,         PAGE=0,    TYPE=DSECT
    vectors         : > VECTORS,       PAGE=0,    TYPE=DSECT
}
```

53

SECTIONS 的分配方式有两种：LOAD 和 RUN。LOAD 分配是指段内的代码或数据被装载到 LOAD 所指定的存储器，RUN 分配是指段内的代码将要在 RUN 指定的存储器内运行。SECTIONS 的类型有三种，在这里使用了两种：DESECT 和 NOLOAD。DESECT 表示产生一个空的段，NOLOAD 所定义的段与正常的段基本相同，主要不同是它的某些信息不会出现在输出模块中。在例子中，数学函数 IQmath 被分配到 RAM L0 或 FLASHA，其目的是加速数学函数的运行，在 RAM 和 Flash 中程序可无等待运行。

（2）片上外设存储空间分配　片上外设存储空间分配由 DSP 型号即硬件结构决定，一般不进行修改，有 BIOS 和 nonBIOS 两种方式供用户选择，前者不包含 PieVectTable，而后者则包含了 PieVectTable。一般使用 nonBIOS 方式，下面为 DSP2802x_nonBIOS.cmd 的内容：

```
MEMORY
{
 PAGE 0:     //程序存储空间

 PAGE 1:     //数据存储空间
  DEV_EMU      : origin=0x000880,length=0x000105      //芯片仿真寄存器
  SYS_PWR_CTL  : origin=0x000985,length=0x000003      //系统功率控制寄存器
  FLASH_REGS   : origin=0x000A80,length=0x000060      //Flash 寄存器
  CSM          : origin=0x000AE0,length=0x000010      //CSM 寄存器
  ADC_RESULT   : origin=0x000B00,length=0x000020      //ADC 结果寄存器
  CPU_TIMER0   : origin=0x000C00,length=0x000008      //CPU 定时器 0 寄存器
  CPU_TIMER1   : origin=0x000C08,length=0x000008      //CPU 定时器 1 寄存器
  CPU_TIMER2   : origin=0x000C10,length=0x000008      //CPU 定时器 2 寄存器
  PIE_CTRL     : origin=0x000CE0,length=0x000020      //PIE 控制寄存器
  PIE_VECT     : origin=0x000D00,length=0x000100      //PIE 中断矢量表

  COMP1        : origin=0x006400,length=0x000020      //比较器 1 寄存器
  COMP2        : origin=0x006420,length=0x000020      //比较器 2 寄存器
  EPWM1        : origin=0x006800,length=0x000040      //ePWM1 寄存器
  EPWM2        : origin=0x006840,length=0x000040      //ePWM2 寄存器
  EPWM3        : origin=0x006880,length=0x000040      //ePWM3 寄存器
  EPWM4        : origin=0x0068C0,length=0x000040      //ePWM4 寄存器

  ECAP1        : origin=0x006A00,length=0x000020      //eCAP 寄存器
  GPIOCTRL     : origin=0x006F80,length=0x000040      //GPIO 控制寄存器
  GPIODAT      : origin=0x006FC0,length=0x000020      //GPIO 数据寄存器
  GPIOINT      : origin=0x006FE0,length=0x000020      //GPIO 中断/LPM 寄存器

  SYSTEM       : origin=0x007010,length=0x000020      //系统控制寄存器
  SPIA         : origin=0x007040,length=0x000010      //SPI-A 寄存器
  SCIA         : origin=0x007050,length=0x000010      //SCI-A 寄存器
  NMIINTRUPT   : origin=0x007060,length=0x000010      //NMI 看门狗中断寄存器
  XINTRUPT     : origin=0x007070,length=0x000010      //外部中断寄存器
  ADC          : origin=0x007100,length=0x000080      //ADC 寄存器
  I2CA         : origin=0x007900,length=0x000040      //I2C-A 寄存器
```

```
   CSM_PWL        : origin=0x3F7FF8,length=0x000008      //FLASHA 密码区
   PARTID         : origin=0x3D7FFF,length=0x000001      //芯片 ID 寄存器
}


SECTIONS
{
    //PIE 中断矢量表和引导 ROM 变量结构
    UNION run=PIE_VECT,                          PAGE=1
    {

        PieVectTableFile
        GROUP
        {
        EmuKeyVar
        EmuBModeVar
        FlashCallbackVar
        FlashScalingVar
        }
    }


    //外设帧 0 寄存器结构
    DevEmuRegsFile        : > DEV_EMU,           PAGE=1
    SysPwrCtrlRegsFile    : > SYS_PWR_CTL,       PAGE=1
    FlashRegsFile         : > FLASH_REGS,        PAGE=1
    CsmRegsFile           : > CSM,               PAGE=1
    AdcResultFile         : > ADC_RESULT,        PAGE=1
    CpuTimer0RegsFile     : > CPU_TIMER0,        PAGE=1
    CpuTimer1RegsFile     : > CPU_TIMER1,        PAGE=1
    CpuTimer2RegsFile     : > CPU_TIMER2,        PAGE=1
    PieCtrlRegsFile       : > PIE_CTRL,          PAGE=1
    //外设帧 1 寄存器结构
    ECap1RegsFile         : > ECAP1,             PAGE=1
    GpioCtrlRegsFile      : > GPIOCTRL,          PAGE=1
    GpioDataRegsFile      : > GPIODAT,           PAGE=1
    GpioIntRegsFile       : > GPIOINT,           PAGE=1
    //外设帧 2 寄存器结构
    SysCtrlRegsFile       : > SYSTEM,            PAGE=1
    SpiaRegsFile          : > SPIA,              PAGE=1
    SciaRegsFile          : > SCIA,              PAGE=1
    NmiIntruptRegsFile    : > NMIINTRUPT,        PAGE=1
```

55

```
XIntruptRegsFile          : > XINTRUPT,          PAGE=1
AdcRegsFile               : > ADC,               PAGE=1
I2caRegsFile              : > I2CA,              PAGE=1
//外设帧 3 寄存器结构
Comp1RegsFile             : > COMP1,             PAGE=1
Comp2RegsFile             : > COMP2,             PAGE=1
EPwm1RegsFile             : > EPWM1,             PAGE=1
EPwm2RegsFile             : > EPWM2,             PAGE=1
EPwm3RegsFile             : > EPWM3,             PAGE=1
EPwm4RegsFile             : > EPWM4,             PAGE=1
//CSM 模块寄存器结构
CsmPwlFile                : > CSM_PWL,           PAGE=1
//芯片 ID 寄存器结构
PartIdRegsFile            : > PARTID,            PAGE=1
}
```

在 SECTIONS 中的伪指令 GROUP 表示几个输出段在存储空间是连续分配的，在例子中 EmuKeyVar、EmuBModeVar、FlashCallbackVar 和 FlashScalingVar 等在存储数据存储空间是按顺序连续分配的。伪指令 UNION 表示在程序运行过程中多个段占用相同的存储空间，在例子中，PieVectTableFile 和 GROUP 定义的段占用相同的数据空间。

4.1.3 C28x 的 C 语言编程风格

C28x 的 C 语言编程风格一般有传统编程风格和新编程风格两种，两种风格各有特点，介绍如下：

1. 传统编程风格

```
#define ADCTRL1 (volatile unsigned int *) 0x00007100
    ...
void main(void)
{
    ...
    *ADCTRL1=0x1234;              //写整个寄存器
    *ADCTRL1|=0x4000;             //使能 ADC 模块
    ...
}
```

优点：简单、快速且易于键入；变量名称与寄存器名称精确匹配，易于记忆。

缺点：需要生成专门的掩码以操控个别位，不能很容易地在观察窗口中显示位字段，在许多场合中将生成效率低下的代码，不利于移植。

2. 新编程风格

```
void main(void)
{
```

```
    ...
    AdcRegs.ADCTRL1.all=0x1234;              //写整个寄存器
    AdcRegs.ADCTRL1.bit.ADCENABLE=1;        //使能 ADC 模块
    ...
}
```

优点：易于操控个别位；易于在调试窗口观察寄存器位的值；可生成最高效的代码（利用 C28x）。

缺点：结构名称会难以记忆（编辑器自动完成功能）；需要键入的内容更多（编辑器自动完成功能）。

现在更多地采用新风格编程，在新风格中，需要定义大量的结构体，以及相关联的头文件和链接文件，介绍如下：

（1）结构体定义规则　F2802x 头文件定义了所有的外设结构体、所有的寄存器名称、所有的位字段名称和所有的寄存器地址，其规则如下：

```
PeripheralName.RegisterName.all              //访问整个 16 位或 32 位寄存器
PeripheralName.RegisterName.half.LSW         //访问 32 位寄存器的 16 个低位
PeripheralName.RegisterName.half.MSW         //访问 32 位寄存器的 16 个高位
PeripheralName.RegisterName.bit.FieldName    //访问寄存器的指定位字段
```

其中，"PeripheralName" 由 TI 指定并载于 F2802x 标准头文件，它们由大写字母和小写字母组合而成，如 CpuTimer0Regs。"RegisterName" 与和 TI 文档中使用的名称相同，它们始终用大写字母表示，如 TCR、TIM、TPR。"FieldName" 与和 TI 文档中使用的名称相同，它们始终用大写字母表示，如 POL、TOG、TSS。

（2）头文件包　F2802x 头文件包中包含了使用结构体法所需的一切资源、定义了所有的外设寄存器位和寄存器地址，头文件包包括如下文件夹：

```
\DSP2802x_headers\include    //.h 文件
\DSP2802x_headers\cmd        //连接.cmd 文件
\DSP2802x_headers\gel        //为 CCS 得到文件
\DSP2802x_examples           //2802x 例子
\doc                         //文档
```

其中，头文件.h 在 include 文件夹中，由下列文件组成：

```
DSP2802x_Adc.h,DSP2802x_BootVars.h,DSP2802x_Comp.h,DSP2802x_CpuTimers.h,
DSP2802x_DevEmu.h,DSP2802x_Device.h,DSP2802x_ECap.h,DSP2802x_EPwm.h,DSP2802x_
Gpio.h,DSP2802x_I2c.h,DSP2802x_NmiIntrupt.h,DSP2802x_PieCtrl.h,DSP2802x_
PieVect.h,DSP2802x_Sci.h,DSP2802x_Spi.h,DSP2802x_SysCtrl.h,DSP2802x_XIntrupt.h
以及 DSP2802x_Device.h。
```

（3）其他文件　在 C28x 的 C 语言新编程风格中，先将所有内部寄存器的定义放在全局变量定义文件 DSP2802x_GlobalVariableDefs.c 中，再通过结构体的链接器命令文件 DSP2802x_nonBIOS.cmd 对这些寄存器进行地址映射，如图 4-3 所示。

需要强调的是，对结构体的链接器命令文件 DSP2802x_nonBIOS.cmd 的修改一定要极其谨慎，否则编译链接时会产生错误的寄存器地址指向，导致系统不能正常工作。

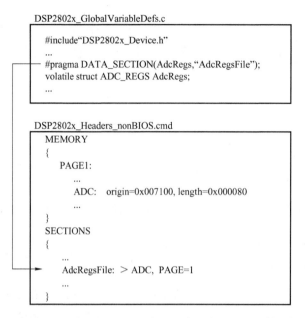

DSP2802x_GlobalVariableDefs.c

```
#include"DSP2802x_Device.h"
...
#pragma DATA_SECTION(AdcRegs,"AdcRegsFile");
volatile struct ADC_REGS AdcRegs;
...
```

➤ 将每个结构体链接至采用
结构命名代码段的外设映
射存储地址

DSP2802x_Headers_nonBIOS.cmd

```
MEMORY
{
    PAGE1:
        ...
        ADC:    origin=0x007100, length=0x000080
        ...
}
SECTIONS
{
    ...
    AdcRegsFile:  > ADC, PAGE=1
    ...
}
```

➤ 将该文件添加至CCS
项目:
DSP2802x_Headers_nonBIOS.cmd

图 4-3　全局变量定义文件的使用方法

4.2　TMS320F28027 最小系统简介

本节以 TI 公司提供的 C2000 实验套件 LAUNCHXL-F28027 为例,介绍 F28027 的最小系统。图 4-4 为 LAUNCHXL-F28027 实验套件实物图。

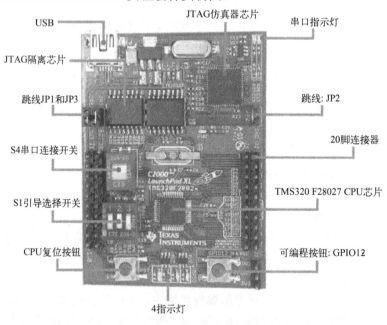

图 4-4　LAUNCHXL-F28027 实验套件实物图

该实验套件包括两部分,第一部分为 XDS100V2 仿真器,通过 USB 和计算机连接。第二部分为 F28027 的最小系统,第二部分的原理图如图 4-5 所示。

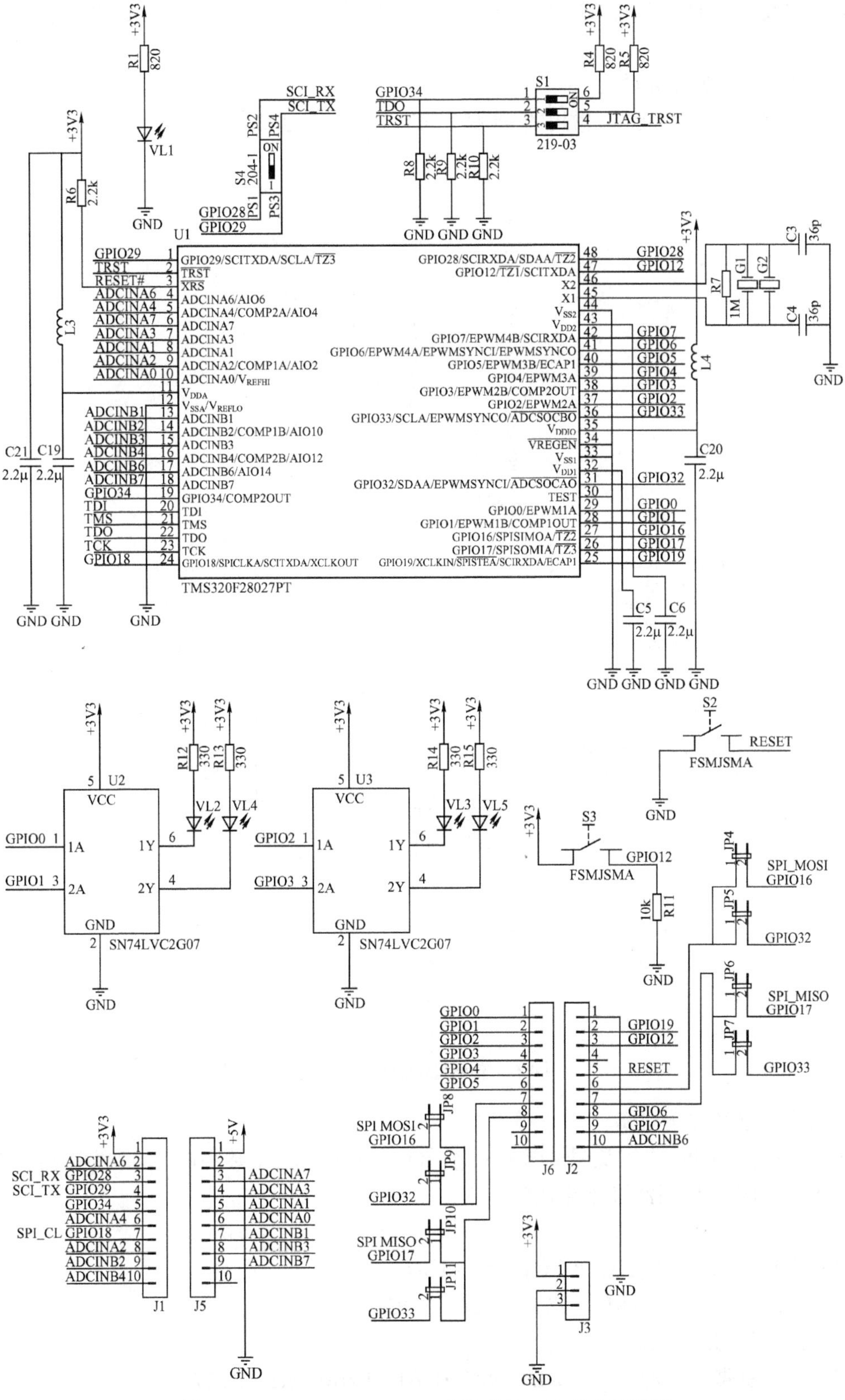

图 4-5　LAUNCHXL-F28027 实验套件 DSP 部分原理图

最小系统包括 DSP 的 CPU、Boot 选择、复位电路、时钟电路、简单 IO 电路（4 个 LED 灯、一个可编程按键）以及两个芯片引脚引出座子。

1．CPU 及引脚简要说明

图 4-6 为 TMS320F28027 常用的 48 脚 LQFP 封装芯片引脚图。

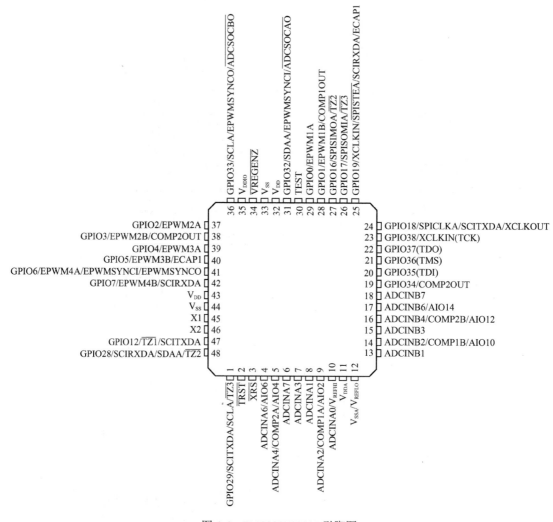

图 4-6　TMS320F28027 引脚图

CPU 主要包含如下引脚：

电源类引脚：CPU 内核及逻辑电源 V_{DD}、IO 口电源 V_{DDIO}、数字地 V_{SS}、模拟电源 V_{DDA}、模拟地 V_{SSA} 和稳压控制器信号 VREGENZ。

复位引脚：$\overline{XRS}$ 。

时钟引脚：X1、X2、XCLKOUT、XCLKIN。

JTAG 引脚：TRST、TMS、TCK、TDI、TDO。

内存测试引脚：TEST。

模拟信号引脚：ADCINA0～ADCINA7 和 ADCINB0～ADCINB7。

GPIO 引脚：GPIO0～GPIO7、GPIO12、GPIO16～GPIO19、GPIO28、GPIO29 和 GPIO32～

GPIO38。

注意，模拟信号引脚和 GPIO 引脚大多和外设引脚功能复用，复用情况在图 4-6 的引脚图上都全部标出。例如在图 4-6 中第 29 号引脚标为 GPIO0/EPWM1A，表示该引脚可以用作 GPIO0 也可以用作 EPWM1A。限于篇幅这里不再一一讲述。

2．复位电路

实验套件中 CPU 采用上电复位和手动按键 S2 低电平复位。S2 按下，CPU 的复位引脚 $\overline{XRS}$ 被拉低，CPU 被复位。这是一种简易的做法，在实际使用的系统中，复位电路往往会引入复位芯片，以保证芯片有效、可靠复位。

3．时钟电路

实验套件中默认用内部时钟 1 和内部时钟 2 作为时钟源，当然使用者也可以自己焊接和使用外部晶体振荡器 G1 或 G2，G1 或 G2 的振荡器频率应满足前面章节讲述的要求且便于使用者得到最终想要的 CPU 工作时钟频率。

4．简单的 IO 电路

实验套件中安排了 4 个 IO 输出分别为 GPIO0～GPIO3，这 4 个 GPIO 通过两片 SN74LVC2G07 接 4 个发光二极管，当 GPIO 输出高电平时，LED 灭，当 GPIO 输出低电平时，LED 亮。这个可以用来做跑马灯实验。

实验套件还安排了一个 IO 输入 GPIO12，GPIO12 与一个按键相连，当按键按下时高电平接到 GPIO12，当按键松开时低电平接到 GPIO12，这个可以用来做数字输入实验，也可以把 GPIO12 用作外部中断源来做外部中断实验。

5．引脚扩展电路

本套件通过 J1、J2、J5 和 J6 这 4 个单排座对 CPU 的大部分引脚进行了扩展，如图 4-5 所示。使用者可以直接用这些引脚进行各种实验，也可以自行做扩展板开展进一步的应用实验。

4.3 实验套件应用扩展示例

虽然通过 TI 公司的实验套件 LAUNCHXL-F28027 可进行 TMS320F28027 的初步实验，包括 I/O 口实验、定时器实验、捕获实验、PWM 实验等，但是直接利用该套件进行实验一是交互性差，二是扩展脚上直接操作既不方便又容易出错，甚至容易短路烧毁套件。一种可行的方法是在套件基础上做应用扩展，把该套件看作一个带仿真器的 CPU。

图 4-7 是一个扩展的实例原理图。把 LAUNCHXL-F28027 套件中的 J1、J2、J5 和 J6 当作 CPU 的引脚（图 4-7 中的 CPU.A 和 CPU.B），其他扩展说明如下：

1．人机交互的扩展

通过 AIO2、AIO4、AIO6 利用 TM1638 扩展为 8 位 LED 数码管（图 4-7 中 SHU1 和 SHU2 分别为 1 个四位一体的数码管）显示。TM1638 是带键盘扫描接口的 LED（发光二极管显示器）驱动控制专用电路，内部集成有 MCU 数字接口、数据锁存器、LED 高压驱动、键盘扫描等电路。主要应用于冰箱、空调、家庭影院等产品的显示屏驱动。它和 DSP 之间采用串行接口（CLK、STB、DIO），大大节约了 DSP 的 IO 资源。

也可通过 AIO10、AIO12、GPIO18、GPIO34 扩展一个 OLED 显示，图 4-7 中的 P1 为 OLED 的安装接口。

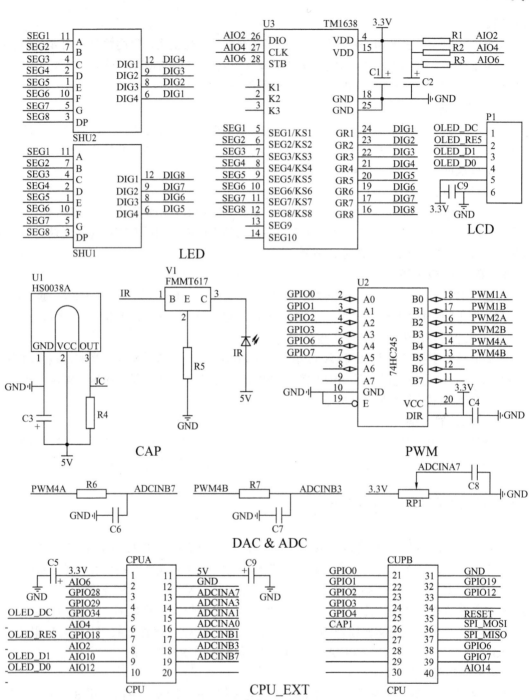

图 4-7　实验套件应用扩展原理图

这两个显示扩展既强化了 IO 实验，又增强了人机交互，增加了实验装置直观性。

TM1638 和 OLED 的详细应用资料比较容易获得，本章就不再展开，在第 11 章的实验指导中将给出 TM1638 的应用实例程序供大家参考。

2. ePWM 应用扩展

PWM 是 DSP 非常重要的控制外设。一方面图 4-7 中通过扩展一片 74HC245（芯片 U2）

将 GPIO0~GPIO3、GPIO6~GPIO7 扩展为 ePWM1A/B、ePWM2A/B 和 ePWM4A/B，可进行三相互补 PWM 应用。另一方面，通过对 ePWM4A/B 进行低通滤波（R6C6 和 R7C7），PWM 就用作了 DAC，ADCINB7 的电压正比于 ePWM4A 的占空比，ADCINB3 的电压正比于 ePWM4B 的占空比。

3. ADC 应用扩展

图 4-7 中 ADCINA7 是电位器 RP1 中间点的电压，可在 0~3.3V 间变化，因此可进行 ADC 的实验。也可对 ADCINB7 和 ADCINB3 进行采样，详细见第 10 章 ADC 的有关内容。

4. eCAP 应用扩展

可以将 PWM 信号和 CAP1 引脚相连，捕获 PWM 的有关参数。由于 PWM 信号是 DSP 自己依据使用者的设定产生，各项参数已知，此应用可对 ePWM 的功能进一步加深理解。

也可以捕获红外接收器的输出（图中 U_1 的输出 IC），实现相应功能。

5. 综合应用

本应用扩展结合 LAUNCHXL-F28027 构成的装置可开展综合应用。

装置中 GPIO12 和 ADCINA7 可用作指令和输入，GPIO0~GPIO3 和 GPIO6~GPIO7（ePWM）等可作为输出，加上串行通信接口和红外输出接口（图 4-7 的 V1），再加上 LED 和 OLED 显示等，可构成一个相对完整实用的系统。第 11 章实验指导将基于此进行实验和验证。

4.4 集成开发环境 CCS

目前，TMS320C28x 的应用都是基于 TI 公司的集成开发环境 CCS 开发的。

4.4.1 CCS 简介

CCS 是业界领先的集成开发环境（IDE），包含一套用于开发、编译、调试和分析嵌入式应用的工具。它基于 Eclipse 开源开发环境，因此可与大量工具集成。

CCS 包含优化型 C/C++编译器、源代码编辑器、项目构建环境、调试器、性能评测工具以及多种其他功能。

CCS 提供单一用户界面，可帮助用户完成应用开发流程的每个步骤。它的工具和界面是之前较为熟悉的形式，可以快速入手。本章以 CCSv8 为例进行讲解。

CCS 文件类型如下：

*.H：头文件，主要是完成寄存器变量的定义。

*.C：C 源文件，项目管理器将对这一文件进行编译和链接。

*.ASM：汇编源文件，项目管理器将对这一文件进行汇编和链接。

*.OBJ：目标文件，每一个源文件都会生成一个相应的目标文件，项目管理器将对这一文件进行链接。

*.LIB：库文件，项目管理器将对这一文件进行链接。

*.CMD：链接命令文件，项目管理器在链接各个文件时根据此文件分配系统程序空间和数据空间。

*.OUT：可执行文件，下载到 RAM 或 Flash 中进行调试。

4.4.2 建立 CCS 工程

新建工程的方式有两种，单击"File"→"New"→"CCS Project"如图 4-8 所示，或者单击"Project"→"New Project"。

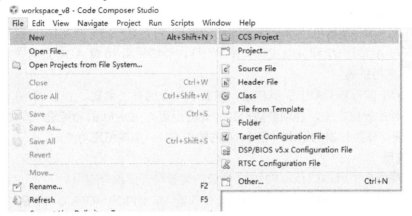

图 4-8　新建工程示例

然后在弹出的窗口（见图 4-9）中添加项目名称、芯片类型、仿真器型号等。

图 4-9　工程添加示例

按完"Finish"后接下来回到"File"→"New"选项单，可以新建源文件、头文件、类等，如图 4-10 所示。

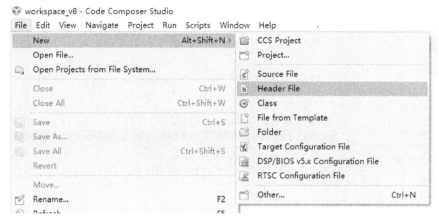

图 4-10　新建文件示例

除了新建文件外，还可以通过右击工程名→"Add Files"，来添加现有源文件到工程中，如图 4-11 所示。

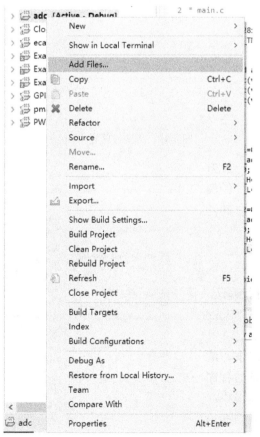

图 4-11　源文件添加示例

在添加完源文件后，还要设置头文件路径，具体操作为：

右击工程名→"Properties"→"Build"→"Include Options"，在#include 搜索路径中添加上新的头文件路径，如图 4-12 所示。

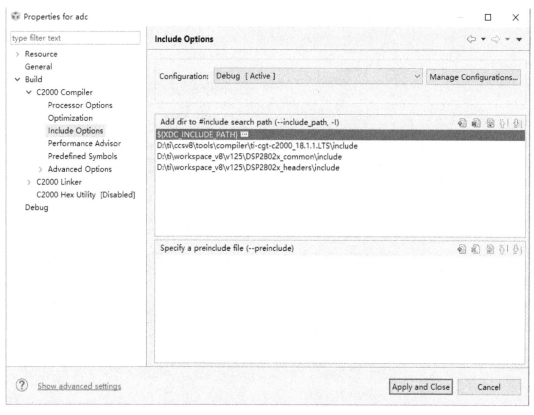

图 4-12　头文件路径添加

上面说了建立工程的一般方法，但最有效的方法是从 TI 的例程库里找到现有的工程，在其基础上加入新的代码。

4.4.3　CCS 工程调试

调试程序之前需要进行编译，编译功能位于"Project"→"Build project"，如图 4-13 所示。

程序本身有错的情况下，编译是不会通过的。通过修改程序使编译成功后，进行下述操作：选择和设置目标配置文件（Target Configurations），选择芯片类型，选择仿真器型号。没有现有目标配置文件的情况下，可以新建目

图 4-13　程序编译

标配置文件，即单击"File"→"New"→"Target Configuration File"，如图 4-14 所示。

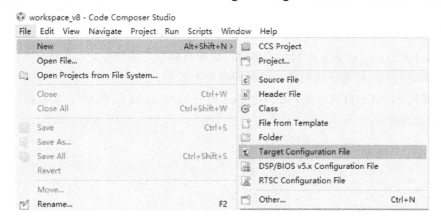

图 4-14　目标配置文件的建立

进行完上述操作后单击"Test Connection"按钮，进行仿真器连接测试，如图 4-15 所示。如果成功，说明硬件连接没有问题。

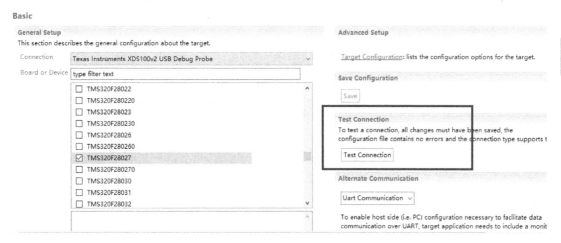

图 4-15　仿真器连接测试

在连接测试成功后，就可以单击如图 4-16 所示的 按钮选项进行程序调试了。

图 4-16　程序调试界面

4.5　例程

DSP 程序一般包含主程序和中断服务程序两大部分，在后面的各章节中将给出相应的例程。

习　题

1．TM320C28x 的 C 语言中常用的重要标识符有哪些？举例说明其用法。

2．编译器产生的初始化段和非初始化段各有哪些？

3．编写 F28027.CMD 文件的，要求把.ebss 放到 M0，.stack 放到 M1，其他包括复位向量、变量初值等合理安排。

第5章 时钟与系统控制

5.1 概述

F28027 的系统控制单元包括时钟模块、低功耗模式模块和看门狗模块等。当 DSP 上电并完成用户程序的装载后，应在系统主程序中对这些模块进行初始化，为系统程序的运行配置合适的运行环境。同时，F28027 有 3 个 32 位的 CPU 定时器，其中 CPU 定时器 0 和 CPU 定时器 1 可被应用系统使用，CPU 定时器 2 为 DSP/BIOS 预留，但如果不应用于 DSP/BIOS，它也可被应用系统使用。CPU 定时器结构简单、使用方便，可以作为应用系统的定时时钟。

5.2 时钟和系统控制单元

图 5-1 给出 F28027 内部时钟和复位信号与外设之间的关系，说明了系统控制单元与

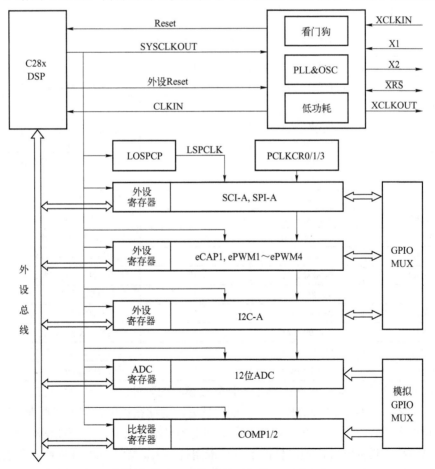

图 5-1 F28027 内部时钟及与外设之间关系

F28027 的 CPU 内核以及外设之间的联系，从图中可以看出，时钟和系统控制单元为 CPU 和外设提供了时钟和复位信号，并能对这些信号进行控制以实现看门狗功能和低功耗功能。外部引脚 $\overline{\text{XRS}}$、X1、X2、XCLKIN 和 XCLKOUT 为时钟和系统控制单元提供基本的输入和输出信号，其中 $\overline{\text{XRS}}$ 为芯片复位输入引脚和看门狗复位输出引脚，该引脚的有效低电平信号实现对 CPU 及所有外设的复位，即接收来自芯片外部复位电路的复位信号，同时看门狗模块也能通过该引脚对外输出复位信号，以实现对外部芯片或设备的复位。X1 为片内晶体振荡器的输入，X2 为片内晶体振荡器的输出，这两个引脚用于连接外部晶体振荡器。外部时钟信号也可通过 XCLKIN 引脚直接送给 F28027。XCLKOUT 为 F28027 向外输出的时钟信号，它由系统时钟输出信号 SYSCLKOUT 提供，其频率可以与 SYSCLKOUT 相同，也可以是 SYSCLKOUT 频率的 1/2 或 1/4。XCLKOUT 可以实现片外外设与 F28207 时序同步。

外部输入信号经过 PLL 模块的倍频控制后，生成 CPU 的输入时钟 CLKIN，而 CLKIN 信号经过 CPU 后得到系统时钟输出信号 SYSCLKOUT。在这里 SYSCLKOUT=CLKIN。SYSCLKOUT 为 F28027 的所有片内外设提供时钟，并通过 XCLKOUT 对外输出与其同步的时钟。

另外，SYSCLKOUT 经过分频后得到一个低速外设时钟 LSPCLK，LSPCLK 用作 SPI-A 和 SCI-A 这两个模块的时钟。

有关时钟、PLL、看门狗以及低功耗等模块的寄存器见表 5-1。

表 5-1 时钟、PLL、看门狗和低功耗等模块寄存器

寄存器名	地　　址	大小（×16 位）	说　　明
XCLK	0x0000 7010	1	XCLKOUT/XCLKIN 控制
PLLSTS	0x0000 7011	1	PLL 状态寄存器
CLKCTL	0x0000 7012	1	时钟控制寄存器
PLLLOCKPRD	0x0000 7013	1	PLL 锁定周期寄存器
INTOSC1TRIM	0x0000 7014	1	内部振荡器 0 调节寄存器
INTOSC2TRIM	0x0000 7016	1	内部振荡器 1 调节寄存器
LOSPCP	0x0000 701B	1	低速外设时钟预分频寄存器
PCLKCR0	0x0000 701C	1	外设时钟控制寄存器 0
PCLKCR1	0x0000 701D	1	外设时钟控制寄存器 1
LPMCR0	0x0000 701E	1	低功耗模式控制寄存器 0
PCLKCR3	0x0000 7020	1	外设时钟控制寄存器 3
PLLCR	0x0000 7021	1	PLL 控制寄存器
SCSR	0x0000 7022	1	系统控制和状态寄存器
WDCNTR	0x0000 7023	1	看门狗计数器寄存器
WDKEY	0x0000 7025	1	看门狗复位关键字寄存器
WDCR	0x0000 7029	1	看门狗控制寄存器

PCLKCR0/1/3 寄存器用于使能/禁止各种外设模块的时钟。从开始写 PCLKCR0/1/3 寄存器到操作有效之间有两个 SYSCLKOUT 周期的延迟，因此在试图访问外设配置寄存器之前，必须考虑到这个延时。由于外设的 GPIO 在引脚上的复用，所有外设不能同时使用。虽然可以同时开启所有外设的时钟，但这样的配置可能用处不大。如果同时开启所有外设的时钟，消耗的电流会比要求的大。为了避免出现这种情况，只启用应用需要使用的时钟。

PCLKCR0 寄存器的定义如下：

15				11	10	9	8
Reserved					SCIAENCLK	Reserved	SPIAENCLK
R-00000					R/W-0	R-0	R/W-0

7		5	4	3	2	1	0
Reserved			I2CAENCLK	ADCENCLK	TBCLKSYNC	Reserved	HRPWMENCLK
R-000			R/W-0	R/W-0	R/W-0	R-0	R/W-0

位 15～11、9、6、5、1，Reserved：保留位，任意地写这些位总是为 0。

位 10，SCIAENCLK：SCI-A 时钟使能位，为 0 时，SCI-A 模块时钟禁止；为 1 时，SCI-A 模块时钟 LSPCLK 使能。

位 8，SPIAENCLK：SPI-A 时钟使能位，为 0 时，SPI-A 模块时钟禁止；为 1 时，SPI-A 模块时钟 LSPCLK 使能。

位 4，I2CAENCLK：I^2C-A 时钟使能位，为 0 时，I2C-A 模块时钟禁止；为 1 时，I^2C-A 模块时钟使能。

位 3，ADCENCLK：ADC 时钟使能位，为 0 时，ADC 模块时钟禁止；为 1 时，ADC 模块时钟使能。

位 2，TBCLKSYNC：ePWM 模块时基时钟（TBCLK）同步位，允许用户将所有使能的 ePWM 模块与时基时钟（TBCLK）同步。为 0 时，停止每个已使能 ePWM 模块内的 TBCLK（时基时钟）（默认）。但是，如果 PCLKCR1 寄存器的 ePWM 时钟使能位被置位，那么 ePWM 模块仍然由 SYSCLKOUT 来定时，即使 TBCLKSYNC 为 0。为 1 时，所有已使能的 ePWM 模块的时钟在已校准的 TBCLK 的第一个上升沿启动。为了得到完美同步的 TBCLK，每个 ePWM 模块的 TBCTL 寄存器中的预分频器位必须设置相同。

位 0，HRPWMENCLK：HRPWM 时钟使能位，为 0 时 HRPWM 时钟禁止；为 1 时 HRPWM 时钟使能。

PCLKCR1 寄存器的定义如下：

15						9	8
Reserved							ECAP1ENCLK
R-0000000							R/W-0

7			4	3	2	1	0
Reserved				EPWM4ENCLK	EPWM3ENCLK	EPWM2ENCLK	EPWM1ENCLK
R-0				R/W-0	R/W-0	R/W-0	R/W-0

位 15～9、7～4，Reserved：保留位，任意的写这些位总是为 0。

位 8，ECAP1ENCLK：eCAP1 时钟使能位，为 0 时，eCAP1 模块时钟禁止；为 1 时，eCAP1 模块时钟 SYSCLKOUT 使能。

位 3，EPWM4ENCLK：ePWM4 时钟使能位，为 0 时，ePWM4 模块时钟禁止；为 1 时，ePWM4 模块时钟 SYSCLKOUT 使能。

位 2，EPWM3ENCLK：ePWM3 时钟使能位，为 0 时，ePWM3 模块时钟禁止；为 1 时，ePWM3 模块时钟 SYSCLKOUT 使能。

位 1，EPWM2ENCLK：ePWM2 时钟使能位，为 0 时，ePWM2 模块时钟禁止；为 1 时，

ePWM2 模块时钟 SYSCLKOUT 使能。

位 0，EPWM1ENCLK：ePWM1 时钟使能位，为 0 时 ePWM1 模块时钟禁止；为 1 时，ePWM1 模块时钟 SYSCLKOUT 使能。

PCLKCR3 寄存器的定义如下：

15 14	13	12 11	10	9	8
Reserved	GPIOENCLK	Reserved	CPUTIMER2ENCLK	CPUTIMER1ENCLK	CPUTIMER0ENCLK
R-00	R/W-1	R-00	R/W-1	R/W-1	R/W-1

7 2	1	0
Reserved	CMP2ENCLK	CMP1ENCLK
R-000000	R/W-0	R/W-0

位 15～14、12、11、7～2，Reserved：保留位，任意的写这些位总是为 0。

位 13，GPIOENCLK：GPIO 时钟使能位，为 0 时，GPIO 模块时钟禁止；为 1 时，GPIO 模块时钟使能。

位 10，CPUTIMER2ENCLK：CPU 定时器 2 时钟使能位，为 0 时，CPU 定时器 2 时钟禁止；为 1 时，CPU 定时器 2 时钟使能。

位 9，CPUTIMER1ENCLK：CPU 定时器 1 时钟使能位，为 0 时，CPU 定时器 1 时钟禁止；为 1 时，CPU 定时器 1 时钟使能。

位 8，CPUTIMER0ENCLK：CPU 定时器 0 时钟使能位，为 0 时，CPU 定时器 0 时钟禁止；为 1 时，CPU 定时器 0 时钟使能。

位 1，CMP2ENCLK：比较器 2 时钟使能位，为 0 时，比较器 2 时钟禁止；为 1 时，比较器 2 时钟使能。

位 0，CMP1ENCLK：比较器 1 时钟使能位，为 0 时，比较器 1 时钟禁止；为 1 时，比较器 1 时钟使能。

低速外设时钟预分频寄存器 LOSPCP 用于配置外设低速时钟，其定义如下：

15 3	2 0
Reserved	CMP1ENCLK
R-0000000000000	R/W-010

位 15～3，Reserved：保留位，任意的写对这些位没有影响，这些位总是为 0。

位 2～0，LSPCLK：用于配置低速外设时钟 LSPCLK，如果 LOSPCP≠0，则 LSPCLK=SYSCLKOUT/(LOSPCP(2:0)×2)；如果 LOSPCP=0，则 LSPCLK=SYSCLKOUT。也就是，LOSPCP(2:0)=000，LSPCLK=SYSCLKOUT/1；LOSPCP(2:0)=001，LSPCLK=SYSCLKOUT/2；LOSPCP(2:0)=010，LSPCLK=SYSCLKOUT/4（复位默认值）；LOSPCP(2:0)=011，LSPCLK=SYSCLKOUT/6；LOSPCP(2:0)=100，LSPCLK=SYSCLKOUT/8；LOSPCP(2:0)=101，LSPCLK=SYSCLKOUT/10；LOSPCP(2:0)=110，LSPCLK=SYSCLKOUT/12；LOSPCP(2:0)=111，LSPCLK=SYSCLKOUT/14。

5.3 OSC 与 PLL 模块

1. 输入时钟源

图 5-2 给出了 F28027 时钟源的选择关系，从图中可以看出，芯片为 F28027 内部各个模

块提供 4 种时钟源选择，这些时钟源为内部 PLL 模块、看门狗模块、CPU 定时器以及片内外设等提供了不同的时钟，不同时钟的选择主要由 XCLK 寄存器和 CLKCTL 寄存器来实现。

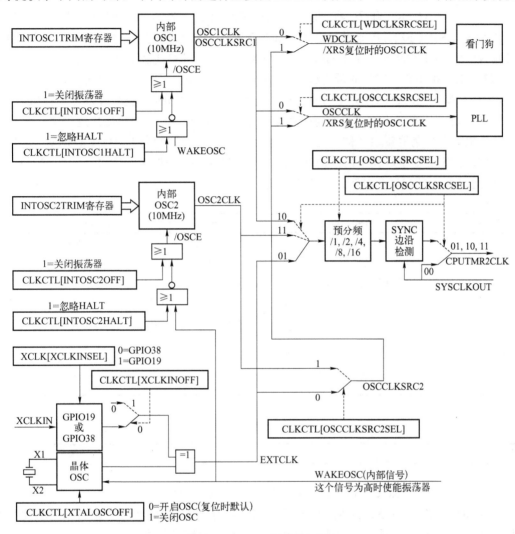

图 5-2　F28027 时钟源的选择

F28027 器件有两个内部振荡器（INTOSC1 和 INTOSC2），它们不需要使用外部输入引脚。另外 F28027 还可以使用两个与外部引脚相关的时钟源。F28027 的 4 个时钟源如下：

1）INTOSC1（内部振荡器 1）：这是片内内部振荡器 1，它可以为看门狗模块、内核以及 CPU 定时器 2 提供时钟。它是芯片复位时默认的时钟源。

2）INTOSC2（内部振荡器 2）：这是片内内部振荡器 2，它可以为看门狗模块、内核以及 CPU 定时器 2 提供时钟。INTOSC1 和 INTOSC2 可以被单独选择用作看门狗模块、内核和 CPU 定时器 2 的时钟。

3）晶体振荡器：片内晶体振荡器允许使用一个外部晶体振荡器与该振荡器相连接来提供时基。晶体振荡器与芯片的 X1/X2 引脚相连。有些芯片可能没有 X1/X2 引脚，48 引脚封装的器件具有这两个引脚。

4）外部时钟源：如果不使用片内晶体振荡器，此时可以旁路掉晶体振荡器，芯片可以通过 XCLKIN 引脚输入外部时钟源。XCLKIN 与 GPIO19 或 GPIO38 脚复用，XCLKIN 输入引脚可以通过 XCLK 寄存器的 XCLKINSEL 位选择为 GPIO19 或 GPIO38。CLKCTL[XCLKINOFF]位用来禁用这个外部时钟输入。如果不使用这个时钟源，或者外部时钟源输入引脚 XCLKIN 被用作了 GPIO，用户应该在启动时将其禁用。

INTOSC1 和 INTOSC2 的额定频率是 10MHz，上电时这两个内部时钟源均开启，此时 INTOSC1 为默认的时钟源。为了节电，用户可以关闭未使用的振荡器。F28027 提供了两个 16 位的寄存器，用来在生产时调节每个振荡器频率（称为粗调）；还给用户提供了一种方式，利用软件来调节振荡器频率（称为细调）。两个 16 位的调节寄存器 INTOSCnTRIM（n=1,2）完全相同，其定义如下，其中内部振荡器的调节参数保存在 OTP 存储器中，在引导过程中，Boot ROM 将保存的参数复制到这两个寄存器中。

15	14	9	8	7	0
Reserved	FINETRIM		Reserved	COARSETRIM	
R-0	R/W-000000		R-0	R/W-00000000	

位 15、8，Reserved：保留位。任意写这些位总为 0。

位 14~9，FINETRIM：6 位细调值，为有符号值，取值范围为–31~31。

位 7~0，COARSETRIM：8 位粗调值，为有符号值，取值范围为–127~127。

外部时钟寄存器 XCLK 用于作为选择外部时钟输入 XCLKIN 的 GPIO 引脚和配置 XCLKOUT 引脚的频率之用。

15	8
Reserved	
R-00000000	

7	6	5	2	1	0
Reserved	XCLKINSEL	Reserved		XCLKOUTDIV	
R-0	R/W-0	R-0000		R/W-00	

位 15~7、5~2，Reserved：保留位，任意写这些位总为 0。

位 6，XINCLKSEL：XCLK 时钟源输入选择位，为 0 时，GPIO38 是 XCLKIN 输入源（这也是 JTAG 端口的 TCK 源）；为 1 时，GPIO19 是 XCLKIN 输入源。

位 1、0，XCLKOUTDIV：XCLKOUT 分频比，这两个位选择 XCLKOUT 频率相对于 SYSCLKOUT 的比率。为 00 时，XCLKOUT=SYSCLKOUT/4；为 01 时，XCLKOUT= SYSCLKOUT/2；为 10 时，XCLKOUT=SYSCLKOUT；为 11 时，XCLKOUT 关闭。

时钟控制寄存器 CLKCTL 用来选择时钟源和时钟故障时芯片 F28027 的行为。其定义如下：

15	14	13	12	11	10	9	8
NMIRESETSEL	XTALOSCOFF	XCLKINOFF	WDHALTI	INTOSC2HALTI	INTOSC2OFF	INTOSC1HALTI	INTOSC1OFF
R/W-0	R/W-0	R/W-0	R/W-0	R/W-0	R/W-0	R/W-0	R/W-0

7		5	4	3	2	1	0
TMR2CLKPRESCALE			TMR2CLKSRCSEL		WDCLKSRCSEL	OSCCLKSRC2SEL	OSCCLKSRCSEL
R/W-000			R/W-00		R/W-0	R/W-0	R/W-0

位 15，NMIRESETSEL：NMI 复位选择位，为 0 时，直接产生 $\overline{MCLKRS}$（复位时的默认状态）；为 1 时，由 NMI 看门狗复位 $\overline{NMIRS}$ 启动 $\overline{MCLKRS}$。$\overline{MCLKRS}$ 是时钟丢失检测逻辑产生的内部复位 CPU 信号。

位 14，XTALOSCOFF：晶体振荡器关闭位，如果晶体振荡器不使用，可以使用该位将其关闭。为 0 时，晶体振荡器开启（复位时的默认状态）；为 1 时，晶体振荡器关闭。

位 13，XCLKINOFF：XCLKIN 关闭位，该位关闭外部 XCLKIN 振荡器输入。为 0 时，XCLKIN 振荡器输入启用（复位时的默认状态）；为 1 时，XCLKIN 振荡器输入关闭。

位 12，WDHALTI：看门狗停机模式忽略位，该位选择是否通过停机模式自动开启/关闭看门狗决定。这个特性可以在停机模式有效时用来允许所选的 WDCLK 继续计时看门狗。这可以允许看门狗周期性地唤醒芯片。为 0 时，看门狗自动通过停机模式开启/关闭（复位时的默认状态）；为 1 时，看门狗忽略停机模式。

位 11，INTOSC2HALTI：内部振荡器 2 停机模式忽略位，该位选择是否通过停机模式自动开启/关闭内部振荡器 2。这个特性可以在停机模式有效时用来允许内部振荡器继续计时。这将使能芯片更快地从停机模式中唤醒。为 0 时，内部振荡器 2 自动通过停机模式开启/关闭（复位时的默认状态）；为 1 时，内部振荡器 2 忽略停机模式。

位 10，INTOSC2OFF：内部振荡器 2 关闭位。为 0 内部振荡器 2 开启（复位时的默认状态）；为 1 时内部振荡器 2 关闭。如果内部振荡器 2 不被使用，用户可以使用该位将其关闭。这个选择不受缺少时钟检测电路影响。

位 9，INTOSC1HALTI：参考位 11 的定义。

位 8，INTOSC1OFF：参考位 10 的定义。

位 7～5，TMR2CLKPRESCALE：CPU 定时器 2 时钟预分频值，这些位为所选的 CPU 定时器 2 时钟源选择预分频值。这个选择不受缺少时钟检测电路影响。000=/1，001=/2，010=/4，011=/8，100=/16。

位 4、3，TMR2CLKSRCSEL：CPU 定时器 2 时钟源选择位，为 00 时，选择 SYSCLKOUT（复位时的默认状态，预分频器被旁路），为 01 时，选择外部振荡器；为 10 时，选择内部振荡器 1；为 11 时，选择内部振荡器 2。这个选择不受缺少时钟检测电路影响。

位 2，WDCLKSRCSEL：看门狗时钟源选择位，该位用于选择看门狗的时钟源。在 $\overline{XRS}$ 为低时和 $\overline{XRS}$ 变为高之后，默认选择内部振荡器 1。用户需要在初始化过程中选择外部振荡器或内部振荡器 2。如果缺少时钟检测电路检测到缺少时钟，那么该位被强制为 0，并选择内部振荡器 1。用户更改该位不影响 PLLCR 值。为 0 时，选择内部振荡器 1（复位时的默认状态）；为 1 时，选择外部振荡器或内部振荡器 2。

位 1，OSCCLKSRC2SEL：振荡器 2 时钟源选择位，该位用来在内部振荡器 2 或外部振荡器两者之间做选择。这个选择不受缺少时钟检测电路影响。为 0 时，选择外部振荡器（复位时的默认状态）；为 1 时，选择内部振荡器 2。

位 0，OSCCLKSRCSEL：振荡器时钟源选择位，该位选择 OSCCLK 的时钟源。在 $\overline{XRS}$ 为低时和 $\overline{XRS}$ 变为高之后，默认选择内部振荡器 1。用户需要在初始化过程中选择外部振荡器或内部振荡器 2。只要用户使用这些位来改变时钟源，PLLCR 寄存器将被自动强制为零，这防止了潜在的 PLL 过冲。然后，用户必须写 PLLCR 寄存器来配置合适的分频比。如果必要，用户也可以使用 PLLLOCKPRD 寄存器来配置 PLL 锁定周期以缩短锁定时间。如果缺少时钟检测电路检测到缺少时钟,那么这个位被自动强制为0,并选择内部振荡器1作为时钟。PLLCR寄存器也将自动强制为 0 来防止所有潜在的过冲。为 0 时,选择内部振荡器 1(复位时的默认状态);为 1 时,选择外部振荡器或内部振荡器 2。

片内晶体振荡器引脚 X1 和 X2 为 1.8V 电平信号,绝不能将 3.3V 电平信号与这两个引脚相连。3.3V 片外振荡器时钟信号可以作为时钟源,它只能与 XCLKIN 引脚相连。片内晶体振荡器和片外振荡器使用的连接电路如图 5-3 所示。

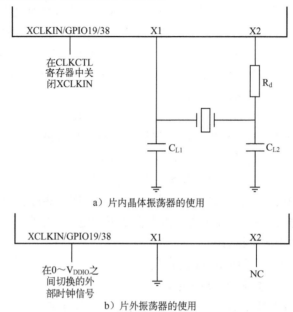

图 5-3 片内晶体振荡器和片外振荡器的使用的连接电路

片内晶体振荡器连接电路中电路参数配置见表 5-2。

表 5-2 电路参数配置

时钟频率/MHz	R_d/Ω	C_{L1}/pF	C_{L2}/pF
5	2200	18	18
10	470	15	15
15	0	15	15
20	0	12	12

2. 基于 PLL 的时钟模块

F28027 内部有一个基于锁相环(PLL)的时钟模块,OSC 与 PLL 模块为芯片提供了所有必要的时钟信号,还提供了低功耗模式的控制接口。图 5-4 给出了 OSC 和 PLL 模块的结构。

从图中可以看出,OSCCLK 信号经过 PLL 模块后得到其输出时钟信号 VCOCLK。CPU的时钟输入信号 CLKIN 来自 OSCCLK 或 VCOCLK,经过分频而得到。PLL 在时钟模块中有三种配置模式:PLL 关闭、PLL 旁路和 PLL 使能。PLL 三种模式的配置见表 5-3。

3. XCLKOUT 产生

外部输出时钟信号 XCLKOUT 直接由系统时钟信号 SYSCLKOUT 得到,如图 5-5 所示,XCLKOUT 的频率可以与 SYSCLKOUT 的频率相同,也可以是 SYSCLKOUT 频率的 1/2 或

1/4。复位时，XCLKOUT=SYSCLKOUT/4 或 XCLKOUT=OSCCLK/16。

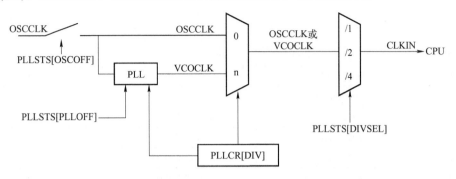

图 5-4　OSC 和 PLL 模块的结构

表 5-3　PLL 三种模式的配置

PLL 模式	注　　　释	PLLSTS [DIVSEL]	CLKIN 和 SYSCLKOUT
PLL 关闭	由用户通过置位 PLLSTS 寄存器的 PLLOFF 位来激活。在这种模式下 PLL 模块被禁止。这对于降低系统噪声和低功率操作很有用。在进入这个模式之前，PLLCR 寄存器必须先被设置成 0x0000（PLL 旁路）。CPU 时钟（CLKIN）直接从 X1/X2，X1 或 XCLKIN 上的输入时钟获得	0，1 2 3	OSCCLK/4 OSCCLK/2 OSCCLK/1
PLL 旁路	PLL 旁路是上电时或外部复位（$\overline{XRS}$）时默认的 PLL 配置。当 PLLCR 寄存器被设置成 0x0000，或者在 PLLCR 寄存器被修改之后 PLL 锁定到一个新的频率时，这个模式被选择。在这个模式下，PLL 本身被旁路，但 PLL 未关闭	0，1 2 3	OSCCLK/4 OSCCLK/2 OSCCLK/1
PLL 使能	该模式通过将一个非零值 n 写入 PLLCR 寄存器来实现。写入 PLLCR 后，芯片将切换到 PLL 旁路模式，直至 PLL 锁定	0，1 2 3	OSCCLK×n/4 OSCCLK×n/2 OSCCLK×n/1

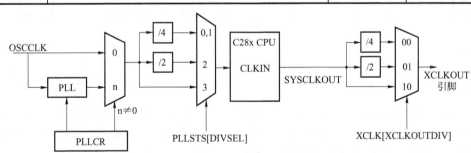

图 5-5　XCLKOUT 时钟信号的产生

如果 XCLKOUT 当前不使用，可以通过将 XCLK 寄存器的 XCLKOUTDIV 位设为 3 来将其关闭。下面介绍该模块中所使用的寄存器。

PLL 控制寄存器 PLLCR 用来设置 PLL 的倍频因子，其定义如下：

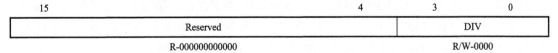

15		4	3	0
Reserved			DIV	
R-000000000000			R/W-0000	

位 15~4，Reserved：保留位。

位 3~0，DIV：控制 PLL 被旁路或不被旁路，且不被旁路时设置 PLL 倍频因子，见表

5-4。

表 5-4 PLL 倍频因子设置

PLL(DIV)	SYSCLKOUT(CLKIN)		
	PLLSTS(DIVSEL)=0/1	PLLSTS(DIVSEL)=2	PLLSTS(DIVSEL)=3
0000	OSCCLK/4(默认)	OSCCLK/2	OSCCLK/1
0001	(OSCCLK×1)/4	(OSCCLK×1)/2	(OSCCLK×1)/1
0010	(OSCCLK×2)/4	(OSCCLK×2)/2	(OSCCLK×2)/1
0011	(OSCCLK×3)/4	(OSCCLK×3)/2	(OSCCLK×3)/1
0100	(OSCCLK×4)/4	(OSCCLK×4)/2	(OSCCLK×4)/1
0101	(OSCCLK×5)/4	(OSCCLK×5)/2	(OSCCLK×5)/1
0110	(OSCCLK×6)/4	(OSCCLK×6)/2	(OSCCLK×6)/1
0111	(OSCCLK×7)/4	(OSCCLK×7)/2	(OSCCLK×7)/1
1000	(OSCCLK×8)/4	(OSCCLK×8)/2	(OSCCLK×8)/1
1001	(OSCCLK×9)/4	(OSCCLK×9)/2	(OSCCLK×9)/1
1010	(OSCCLK×10)/4	(OSCCLK×10)/2	(OSCCLK×10)/1
1011	(OSCCLK×11)/4	(OSCCLK×11)/2	(OSCCLK×11)/1
1100	(OSCCLK×12)/4	(OSCCLK×12)/2	(OSCCLK×12)/1
1101~1111	保留	保留	保留

78

在写 PLLCR 之前，PLLSTS[DIVSEL]位必须为 0（允许 4 分频 CLKIN）。只有在 PLL 完成锁定（即在 PLLSTS[PLLLOCKS]=1 之后）后才能改变 PLLSTS[DIVSEL]。

PLL 状态寄存器 PLLSTS 的定义如下：

15	14					9	8
NORMRDYE	Reserved						DIVSEL
R/W-0	R-000000						R/W-0

7	6	5	4	3	2	1	0
DIVSEL	MCLKOFF	OSCOFF	MCLKCLR	MCLKSTS	PLLOFF	Reserved	PLLLOCKS
R/W-0	R/W-0	R/W-0	R/W-0	R-0	R/W-0	R-0	R-1

位 15，NORMRDYE：NORMRDYE 使能位，该位的选择在于 VREG 超出调节范围时 VREG 的 NORMRDY 信号是否阻止 PLL 开启。当进入和退出停机模式时可能要求 PLL 保持关闭状态，NORMRDY 信号就可以用来达到这个目的。该位为 0 时，VREG 的 NORMRDY 信号对 PLL 不起控制作用；为 1 时，VREG 的 NORMRDY 信号控制 PLL，即 NORMRDY 为低时关闭 PLL。VREG 超出调节范围时，NORMRDY 信号为低；如果 VREG 在调节范围以内，NORMRDY 信号将变为高。

位 14~9，Reserved：保留位。

位 8、7，DIVSEL：CLKIN 分频因子，选择 CPU 时钟源的分频因子。当该位为 00 或 01 时，CLKIN 为 CPU 时钟源的 4 分频；为 10 时，CLKIN 为 CPU 时钟源的 2 分频；为 11 时，CPU 时钟源不分频作为 CLKIN，此种配置只用于 PLL 关闭或被旁路。

位 6，MCLKOFF：缺少时钟检测关闭位，为 0 时，主振荡器故障检测逻辑被使能；为 1 时，主振荡器故障检测逻辑被禁止，当要求代码不受检测电路影响时可使用此方式。

位 5，OSCOFF：振荡器时钟关闭位，为 0 时，来自 X1、X2 或 XCLKIN 的 OSCCLK 信号输入到 PLL 模块；为 1 时，来自 X1、X2 或 XCLKIN 的 OSCCLK 信号不输入到 PLL 模块。

位 4，MCLKCLR：缺少时钟清除位，该位写 0 无影响，读出时总位 0；写 1 表示强制缺少时钟检测电路被清除和复位。如果仍然缺少 OSCCLK，检测电路将再产生一次系统复位，置位缺少时钟状态位（MCLKSTS）。

位 3，MCLKSTS：缺少时钟状态位，为 0 时，表示没有检测到缺少时钟；为 1 时，表示检测到缺少 OSCCLK 时钟。

位 2，PLLOFF：PLL 关闭位，为 0 时 PLL 开启；为 1 时 PLL 关闭。当 PLLOFF 位被置位时，PLL 模块将保持掉电。在将 PLLOFF 位写为 1 之前，芯片必须处于 PLL 旁路模式（PLLCR=0x0000）。当 PLL 关闭时（PLLOFF=1）时，不要写一个非零值到 PLLCR。

位 1，Reserved：保留位。

位 0，PLLLOCKS：PLL 锁定状态位，为 0 时，表示 PLLCR 寄存器已经被写入，PLL 当前正被锁定，CPU 由 OSCCLK/2 来计时，直至 PLL 被锁定；为 1 时，表示 PLL 已完成锁定，现在已经稳定。

PLL 锁定周期寄存器 PLLLOCKPRD 的定义如下：

15	0
PLLLOCKPRD	
R/W-0xFFFF	

位 15～0，PLLLOCKPRD：PLL 锁定计数器周期值，16 位的寄存器选择 PLL 锁定周期值，可由用户编程设定，其取值范围为 0～65535，PLL 锁定周期为 PLLLOCKPRD 倍的 OSCCLK 周期。

以上所有寄存器利用结构体类型建立某个寄存器的位功能与该寄存器变量之间的关系，然后再定义联合体类型使该寄存器可以按字访问，也可以按位访问。寄存器在 C 语言中的定义方法见第 4 章说明，这里给出一个寄存器定义的例子。

```
//XCLKOUT 控制寄存器
struct XCLK_BITS
{                                //bits  description
  Uint16 XCLKOUTDIV:2;           //1:0    XCLKOUT 分频比
  Uint16 rsvd1:3;                //4:2    保留
  Uint16 rsvd2:1;                //5      保留
  Uint16 XCLKINSEL:1;            //6      XCLKIN 时钟源选择
  Uint16 rsvd3:9;                //15:7   保留
};


union XCLK_REG
{
  Uint16 all;
  struct XCLK_BITS bit;
};
```

在将每个寄存器采用结构体和联合体进行定义后,可再用一个结构体按地址顺序定义这组寄存器,以方便每个寄存器的定位。关于时钟和系统控制这组寄存器的结构体定义如下:

```
//系统控制寄存器文件
struct SYS_CTRL_REGS
{
  union   XCLK_REG          XCLK;              //0: XCLKOUT 控制
  union   PLLSTS_REG        PLLSTS;            //1: PLL 状态寄存器
  union   CLKCTL_REG        CLKCTL;            //2: 时钟控制寄存器
  Uint16  PLLLOCKPRD;                          //3: PLL 锁定周期寄存器
  union   INTOSC1TRIM_REG INTOSC1TRIM;         //4: 内部振荡器 1 调节寄存器
  Uint16  rsvd1;                               //5: 保留
  union   INTOSC2TRIM_REG INTOSC2TRIM;         //6: 内部振荡器 2 调节寄存器
  Uint16  rsvd2[4];                            //7~10
  union   LOSPCP_REG        LOSPCP;            //11: 低速外设时钟预分频寄存器
  union   PCLKCR0_REG       PCLKCR0;           //12: 外设时钟控制寄存器 0
  union   PCLKCR1_REG       PCLKCR1;           //13: 外设时钟控制寄存器 1
  union   LPMCR0_REG        LPMCR0;            //14: 低功耗模式控制寄存器 0
  Uint16  rsvd3;                               //15: 保留
  union   PCLKCR3_REG       PCLKCR3;           //16: 外设时钟控制寄存器 3
  union   PLLCR_REG         PLLCR;             //17: PLL 控制寄存器
  //由于读-修改-写指令能清除 WDOVERRIDE 位, SCSR 无位的定义
  Uint16  SCSR;                                //18: 系统控制与状态寄存器
  Uint16  WDCNTR;                              //19: WD 计数器寄存器
  Uint16  rsvd4;                               //20
  Uint16  WDKEY;                               //21: WD 关键字寄存器
  Uint16  rsvd5[3];                            //22~24
  //写 WDCR 时合适的值必须写入 WDCHK 位,所以 WDCR 寄存器无位的定义
  Uint16  WDCR;                                //25: WD 定时器控制寄存器
  Uint16  rsvd6[6];                            //26~31
};
```

在用 C 语言编程中用该结构声明一个实体变量 SysCtrlRegs,通过该变量可以访问该结构体中每个寄存器。

```
extern volatile struct SYS_CTRL_REGS SysCtrlRegs;
```

例 5.1 OSC 模块初始化。

下面给出 4 个输入时钟源(内部振荡器 1、内部振荡器 2、晶体振荡器和外部时钟源)选择初始化函数:IntOsc1Sel ( )、IntOsc2Sel ( )、XtalOscSel ( )和 ExtOscSel ( )。在这些初始化函数中根据所选择的时钟来设置时钟控制寄存器 CLKCTL。

1. 内部振荡器 1 选择初始化函数

在此函数中选择内部振荡器 1 作为芯片时钟,并将内部振荡器 2、晶体振荡器和外部时

钟源这 3 个时钟关闭，以使芯片功耗最小。

```
void IntOsc1Sel (void)
{
    EALLOW;
    SysCtrlRegs.CLKCTL.bit.INTOSC1OFF=0;
    SysCtrlRegs.CLKCTL.bit.OSCCLKSRCSEL=0;        //时钟源为 INTOSC1
    SysCtrlRegs.CLKCTL.bit.XCLKINOFF=1;           //关闭 XCLKIN
    SysCtrlRegs.CLKCTL.bit.XTALOSCOFF=1;          //关闭 XTALOSC
    SysCtrlRegs.CLKCTL.bit.INTOSC2OFF=1;          //关闭 INTOSC2
    EDIS;
}
```

2. 内部振荡器 2 选择初始化函数

在此函数中选择内部振荡器 2 作为芯片时钟，并将内部振荡器 1、晶体振荡器和外部时钟源这 3 个时钟关闭，以使芯片功耗最小。需要注意的是，由于内部振荡器 1 为芯片默认的时钟，当芯片没有外部时钟连接时，将时钟从内部振荡器 1 切换到内部振荡器 2 之前必须先关闭晶体振荡器和外部时钟源。

```
void IntOsc2Sel (void)
{
    EALLOW;
    SysCtrlRegs.CLKCTL.bit.INTOSC2OFF=0;          //启动 INTOSC2
    SysCtrlRegs.CLKCTL.bit.OSCCLKSRC2SEL=1;       //切换至 INTOSC2
    SysCtrlRegs.CLKCTL.bit.XCLKINOFF=1;           //关闭 XCLKIN
    SysCtrlRegs.CLKCTL.bit.XTALOSCOFF=1;          //关闭 XTALOSC
    SysCtrlRegs.CLKCTL.bit.OSCCLKSRCSEL=1;        //切换至 INTOSC2 外部振荡器
    SysCtrlRegs.CLKCTL.bit.INTOSC1OFF=1;          //关闭 INTOSC1
    EDIS;
}
```

3. 晶体振荡器选择初始化

在此函数中选择晶体振荡器作为芯片时钟，并将内部振荡器 1、内部振荡器 2 和外部时钟源这 3 个时钟关闭，以使芯片功耗最小。

```
void XtalOscSel (void)
{
    EALLOW;
    SysCtrlRegs.CLKCTL.bit.XTALOSCOFF=0;          //启动 XTALOSC
    SysCtrlRegs.CLKCTL.bit.XCLKINOFF=1;           //关闭 XCLKIN
    SysCtrlRegs.CLKCTL.bit.OSCCLKSRC2SEL=0;       //切换至外部时钟
    SysCtrlRegs.CLKCTL.bit.OSCCLKSRCSEL=1;
                    //从 INTOSC1 切换至 INTOSC2 外部时钟
    SysCtrlRegs.CLKCTL.bit.WDCLKSRCSEL=1;         //切换 WD 时钟至外部时钟
```

```
    SysCtrlRegs.CLKCTL.bit.INTOSC2OFF=1;                //关闭 INTOSC2
    SysCtrlRegs.CLKCTL.bit.INTOSC1OFF=1;                //关闭 INTOSC1
    EDIS;
}
```

4．外部时钟源选择初始化

在此函数中选择外部时钟源作为芯片时钟，并将内部振荡器 1、内部振荡器 2 和晶体振荡器这 3 个时钟关闭，以使芯片功耗最小。

```
void ExtOscSel (void)
{
    EALLOW;
    SysCtrlRegs.XCLK.bit.XCLKINSEL=1;
                    //1:GPIO19=XCLKIN;0:GPIO38=XCLKIN
    SysCtrlRegs.CLKCTL.bit.XTALOSCOFF=1;                //关闭 XTALOSC
    SysCtrlRegs.CLKCTL.bit.XCLKINOFF=0;                 //启动 XCLKIN
    SysCtrlRegs.CLKCTL.bit.OSCCLKSRC2SEL=0;             //切换至外部时钟
    SysCtrlRegs.CLKCTL.bit.OSCCLKSRCSEL=1;
                    //从 INTOSC1 切换至 INTOSC2 外部时钟
    SysCtrlRegs.CLKCTL.bit.WDCLKSRCSEL=1;               //切换 WD 时钟至外部时钟
    SysCtrlRegs.CLKCTL.bit.INTOSC2OFF=1;               //关闭 INTOSC2
    SysCtrlRegs.CLKCTL.bit.INTOSC1OFF=1;               //关闭 INTOSC1
    EDIS;
}
```

例 5.2 PLL 模块初始化函数。

PLL 模块初始化函数为 InitPLL（Unit16 val, Unit16 divsel），其中形式参数 val 和 divsel 分别为 PLL 的倍频因子和 CLKIN 的分频因子。在对 PLL 模块进行初始化时，首先检测 PLL 时钟是否缺少，如时钟缺少，则强制时钟检测电路复位。在设置 PLL 控制寄存器 PLLCR 之前，需将 CLKIN 分频因子 DIVSEL 设置为 0，并关闭时钟缺少检测，设置 PLLCR 后，需等待 PLL 工作稳定，在此过程中，需要禁止看门狗或不停向看门狗写入 0x55 和 0xAA，最后设置 CLKIN 的分频因子。在设置分频因子为 3 的过程中，首先将分频因子设置为 2，延时一段时间，待系统稳定后再设置分频因子为 3。

```
void InitPll(Uint16 val,Uint16 divsel)
{
    //确保 PLL 没有工作在 Limp 模式下，跛行（Limp）模式是指出现时钟丢失时 PLL 会进入的工作模式
    if (SysCtrlRegs.PLLSTS.bit.MCLKSTS!=0)
    {
        EALLOW;
        //PLL 工作在 Limp 模式下，重新使能时钟缺少检测电路
        SysCtrlRegs.PLLSTS.bit.MCLKCLR=1;
        EDIS;
```

```
    asm("ESTOP0");
}
if (SysCtrlRegs.PLLSTS.bit.DIVSEL!=0)
{
    EALLOW;
    SysCtrlRegs.PLLSTS.bit.DIVSEL=0;
    EDIS;
}

//改变 PLLCR
if (SysCtrlRegs.PLLCR.bit.DIV!=val)
{
    EALLOW;
    //在设置 PLLCR 之前关闭时钟缺少检测电路
    SysCtrlRegs.PLLSTS.bit.MCLKOFF=1;
    SysCtrlRegs.PLLCR.bit.DIV=val;
    EDIS;
    DisableDog();
    while(SysCtrlRegs.PLLSTS.bit.PLLLOCKS!=1)
    {
        //ServiceDog();
    }
    EALLOW;
    SysCtrlRegs.PLLSTS.bit.MCLKOFF=0;
    EDIS;
}
//如果转换至 1 或 2
if((divsel==1)||(divsel==2))
{
    EALLOW;
    SysCtrlRegs.PLLSTS.bit.DIVSEL=divsel;
    EDIS;
}
/* 当 CPU 时钟源不分频作为 CLKIN 时，首先将时钟源 2 分频，延时一段时间，再将时钟源不分频。
其中延时的时间取决于具体的系统 */
    if(divsel==3)
    {
        EALLOW;
        SysCtrlRegs.PLLSTS.bit.DIVSEL=2;
        DELAY_US(50L);
        SysCtrlRegs.PLLSTS.bit.DIVSEL=3;
```

```
        EDIS;
    }
}
```

5.4 低功耗模式模块

F28027 为全 CMOS 器件，它提供了 3 种低功耗模式：空闲（IDLE）模式、待机（STANDBY）模式和暂停（HALT）模式。

在 IDLE 模式下，CPU 进入低功耗模式，此时 OSC 和 PLL 模块的时钟并不关闭，但外设时钟可以单独关闭，这样在 IDLE 期间需要运行的外设可以继续保持运行。一个被允许的外设中断或看门狗定时器可以使 CPU 退出 IDLE 模式。

在 STANDBY 模式下，CPU 和外设的时钟全部关闭，但 OSC 和 PLL 模块继续工作。外部中断事件将使 CPU 退出 STANDBY 模式，检测到外部中断事件下一个有效周期外设开始工作。

在 HALT 模式下，F28027 芯片被关闭，处于最低功耗模式下。如果内部振荡器作为时钟源，默认情况下 HALT 模式会关闭它们。为了保持内部振荡器关闭，可以使用 CLKCTL 寄存器中的 INTOSCnHALTI 位，在这种模式下内部振荡器可以作为看门狗的时钟。复位或外部信号或看门狗将使 CPU 退出 HALT 模式。

F28027 进入 HALT 或 STANDBY 之前，CPU 时钟（OSCCLK）与 WDCLK 必须来自同一个时钟源。表 5-5 对 3 种低功耗模式进行了总结，包括选择方式、时钟情况和退出方式等。

表 5-5　低功耗模式总结

模式	LPMCR0(1,0)	OSCCLK	CLKIN	SYSCLKOUT	退出方式
IDLE	00	on	on	on	$\overline{XRS}$、看门狗中断和任何使能中断
STANDBY	01	on（CPU 看门狗仍运行）	on	off	$\overline{XRS}$、看门狗中断、GPIO-A 信号以及调试器
HALT	1×	off（片内晶体振荡器和 PLL 关闭，片内振荡器和看门狗状态取决于用户代码）	off	off	$\overline{XRS}$、看门狗中断、GPIO-A 信号以及调试器

低功耗模式由 LPMCR0 寄存器来控制，其定义如下：

15	14	8	7	2	1	0
WDINTE	Reserved		QUALSTDBY		LPM	
R/W-0	R-0000000		R/W-0x3F		R/W-0	

位 15，WDINTE：看门狗中断使能位，为 0 时，表示不允许看门狗中断将芯片从 STANDBY 模式中唤醒；为 1 时表示允许看门狗中断将芯片从 STANDBY 模式中唤醒，还必须在 SCSR 寄存器中使能看门狗中断。

位 14～8，Reserved：保留位。

位 7～2，QUALSTDBY：选择将芯片从 STANDBY 模式唤醒确认 GPIO 输入状态的 OSCCLK 时钟周期数。这种设置只在 STANDBY 模式中使用。在 GPIOLPMSEL 寄存器中，可以指定将芯片从 STANDBY 模式唤醒的 GPIO 信号。000000 对应 2 个 OSCCLK 周期 000001

对应 3 个 OSCCLK 周期…111111 对应 65 个 OSCCLK 周期。

位 1、0，LPM：低功耗模式位。为 00 时，设置为 IDLE 模式；为 01 时，设置为 STANDBY 模式；为 1×时，设置为 HALT 模式。

芯片提供了两种自动从 HALT 和 STANDBY 模式中唤醒的选择，不需要任何外部唤醒信号。

从 HALT 模式唤醒：将 CLKCTL 寄存器中的 WDHALTI 位设为 1。当芯片从 HALT 模式唤醒时，它将经过一次看门狗复位。WDCR 寄存器的 WDFLAG 位可以用来区分看门狗复位和芯片复位。

从 STANDBY 模式唤醒：将 LPMCR0 寄存器的 WDINTE 位设为 1。当芯片从 STANDBY 模式唤醒时，它将经过一次 WAKEINT 中断。

5.5　CPU 看门狗模块

5.5.1　看门狗工作原理

看门狗实际上就是一个计数器，它不依赖 CPU 运行，主要用来复位芯片的软硬件故障。一旦芯片出现故障，看门狗计数器就不能按时被清零，计数器就会产生溢出，则将触发复位或中断。

F28027 看门狗模块内含一个 8 位的加计数器，当看门狗被启动后，这个计数器开始进行加计数直到达到最大值后产生溢出。计数器的溢出会使看门狗模块输出一个宽度为 512 个振荡器时钟周期的复位脉冲。为了防止看门狗计数器的溢出，用户可以通过软件向看门狗关键字寄存器 WDKEY 定期写入 0x55+0xAA 序列，从而复位看门狗计数器并重新开始计数。图 5-6 给出看门狗模块的结构图。

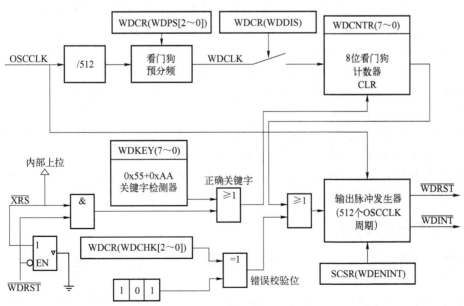

图 5-6　看门狗模块的结构

看门狗模块的核心是看门狗计数器 WDCNTR，它是一个 8 位的可复位计数器，是否允许计数器时钟输入由看门狗控制器 WDCR 的 WDDIS 位控制。计数器时钟由 OSCCLK 先除以 512 再经预定标产生，预定标因子由 WDCR 寄存器设置。WDCNTR 计数过程中它的清零端输入清计数器信号可使计数器清零并重新计数。如果没有清零信号输入，则该计数器计满后产生的溢出信号送到脉冲发生器产生复位信号。

为了使计数器避免满溢出，需要不断地在计数器计满前产生清计数器信号，该信号可由 $\overline{XRS}$ 或看门狗关键字寄存器 WDKEY 产生。向 WDKEY 寄存器先写入 0x55，随后写入 0xAA，就会发出清计数器信号。写入其他任何值对 WDCNTR 寄存器没有影响。WDKEY 寄存器操作序列举例见表 5-6。

表 5-6　WDKEY 寄存器操作序列举例

步骤	写入 WDKEY 的值	操　作
1	0xAA	无动作
2	0x55	如果下一个值为 0xAA，WDCNTR 允许复位
3	0x55	如果下一个值为 0xAA，WDCNTR 允许复位
4	0xAA	WDCNTR 复位
5	0xAA	无动作
6	0x55	如果下一个值为 0xAA，WDCNTR 允许复位
7	0x32	不合适的值写入 WDKEY
8	0xAA	由于前一个不合适值，无动作
9	0x55	如果下一个值为 0xAA，WDCNTR 允许复位
10	0xAA	WDCNTR 复位

单独地写入 0x55 或 0xAA 对 WDCNTR 寄存器没有影响，写入 0x55 表示使能 WDCNTR 寄存器复位，写入 0xAA 表示可复位 WDCNTR 寄存器，但是只有连续先写 0x55，再写 0xAA 才能复位 WDCNTR 寄存器。写入非 0x55 或 0xAA 的值，例如 0x32，对 WDCNTR 寄存器没有影响，如果该值插入 0x55 和 0xAA 之间，会导致此次复位 WDCNTR 寄存器无效。

看门狗模块复位还可由 WDCHK 错误控制信号产生。WDCR 控制寄存器中的校验位必须写入二进制 101，这 3 位的值要与二进制常数 101 进行比较，如果不匹配，则看门狗模块会产生复位信号。

如果看门狗被配置用来复位芯片，则 WDCR 溢出或写入 WDCR[WDCHK]的错误值都能复位芯片，并将 WDCR 寄存器的看门狗标志（WDFLAG）置 1。复位后，程序可以读取这个标志的状态来确定复位源，WDFLAG 应该由软件来清除，以便可以确定下一次的复位源。当该标志被置 1，即使没有被清除，看门狗复位也是不会被阻止的。

5.5.2　看门狗复位或中断

当看门狗计数器产生溢出时，可在 SCSR 寄存器中将看门狗配置复位芯片信号 $\overline{WDRST}$ 或产生一个中断请求 $\overline{WDINT}$。

如果配置用来复位芯片，当看门狗计数器产生溢出时，有效的 $\overline{WDRST}$ 信号将芯片复位引脚 XRS 拉低 512 个 OSCCLK 周期。

如果看门狗配置产生中断，$\overline{\text{WDINT}}$ 信号变低 512 个 OSCCLK 周期，当 PIE 模块中的 WAKEINT 中断被允许时，会引起 PIE 模块中 WAKEINT 中断。看门狗中断在 $\overline{\text{WDINT}}$ 下降沿触发。因此，如果 WAKEIN 中断在 $\overline{\text{WDINT}}$ 变为无效之前再次使能，将不能立刻获得另一个中断请求。下一个 WAKEINT 中断将在下次看门狗超时出现。

当在 $\overline{\text{WDINT}}$ 仍为有效的低电平时看门狗从中断模式重新配置成复位模式，芯片将立刻复位。在将看门狗重新配置为复位模式前，可以读取 SCSR 寄存器的 $\overline{\text{WDINT}}$ 位来确定 $\overline{\text{WDINT}}$ 信号的当前状态。

5.5.3　看门狗寄存器

看门狗寄存器主要有系统控制与状态寄存器 SCSR、看门狗计数寄存器 WDCNTR、看门狗关键字寄存器 WDKEY 和看门狗控制寄存器 WDCR。

系统控制与状态寄存器 SCSR 的定义如下：

15				8
		Reserved		
		R-00000000		

7		3	2	1	0
	Reserved		WDINTS	WDENINT	WDOVERRIDE
	R-00000		R-1	R/W-0	R/W1C-1

位 15～3，Reserved：保留位。

位 2，WDINTS：看门狗中断状态位。WDINTS 反映了看门狗模块 $\overline{\text{WDINT}}$ 信号的当前状态。WDINTS 与 $\overline{\text{WDINT}}$ 的状态保持一致。为 0 时，表示 $\overline{\text{WDINT}}$ 信号有效；为 1 时，表示 WDINT 信号无效。

位 1，WDENINT：看门狗中断使能位。为 0 时，看门狗复位输出信号 $\overline{\text{WDRST}}$ 被使能，看门狗中断输出信号 WDINT 被禁止。当看门狗中断出现时，$\overline{\text{WDRST}}$ 信号将保持低电平 512 个 OSCCLK 周期。为 1 时，WDRST 输出信号被禁止，WDINT 输出信号被使能。当看门狗中断出现时，WDINT 信号将保持低电平 512 个 OSCCLK 周期。

位 0，WDOVERRIDE：该位写 0 没有影响，该位被清除后一直保持不变直至复位。该位为 1，允许用户改变 WDCR 寄存器中 WDDIS 位的状态；如果该位清零后，则用户将不能修改 WDCR 寄存器中 WDDIS 位的状态。该位复位时为 1，通过写 1 将该位清零。

看门狗计数寄存器 WDCNTR 的定义如下，其高 8 位为保留位，低 8 位为看门狗计数器的当前计数值。

15	8	7	0
Reserved		WDCNTR	
R-00000000		R-00000000	

看门狗关键字寄存器 WDKEY 的定义如下，其高 8 位为保留位，低 8 位为看门狗关键字寄存器的关键字。有效的关键字为 0x55 和 0xAA，先写 0x55，再写 0xAA 将清除 WDCNTR。

15	8	7	0
Reserved		WDKEY	
R-00000000		R-00000000	

看门狗控制寄存器 WDCR 的定义如下：

15							8
Reserved							
R-00000000							

7	6	5		3	2		0
WDFLAG	WDDIS	WDCHK			WDPS		
R/W1C-0	R/W-0	R/W-000			R/W-000		

位 15～8，Reserved：保留位。

位 7，WDFLAG：看门狗复位状态标志位。该位读为 1 表示看门狗产生了复位信号 $\overline{WDRST}$；该位读为 0 表示由 $\overline{XRS}$ 引脚或上电引起的器件复位。用户可以通过向该位写 1 清除状态标志，写 0 无效。

位 6，WDDIS：看门狗禁止位。向该位写 1 将使看门狗模块无效，而写 0 则使其被使能。不过仅当 SCSR 寄存器中的 WDOVERRIDE 位为 1 时，该位才能被修改。复位时看门狗模块默认为使能。

位 5～3，WDCHK：看门狗校验位，无论何时执行写此寄存器操作时，用户必须将这三位写为 101。否则看门狗模块将立即发出复位脉冲。

位 2～0，WDPS：看门狗预定标志位，这些位用来配置看门狗计数时钟 WDCLK。000 和 001 对应 WDCLK=OSCCLK/512/1；010 对应 WDCLK=OSCCLK/512/2；011 对应 WDCLK= OSCCLK/512/4；100 对应 WDCLK=OSCCLK/512/8；101 对应 WDCLK=OSCCLK/512/16；110 对应 WDCLK=OSCCLK/512/32；111 对应 WDCLK=OSCCLK/512/64。

例 5.3 看门狗的相关操作。

1. 喂狗函数 ServiceDog( )

向 WDKEY 寄存器写入 0x55 和 0xAA，用于复位看门狗计数器 WDCNTR。

```
void ServiceDog(void)
{
    EALLOW;
    SysCtrlRegs.WDKEY=0x0055;
    SysCtrlRegs.WDKEY=0x00AA;
    EDIS;
}
```

2. 使能看门狗函数 EnableDog( )

看门狗控制寄存器 WDCR 的第 6 位清零。

```
void EnableDog(void)
{
    EALLOW;
    SysCtrlRegs.WDCR=0x0028;
    EDIS;
}
```

3．禁止看门狗函数 DisableDog( )

看门狗控制寄存器 WDCR 的第 6 位置 1。

```
void DisableDog(void)
{
    EALLOW;
    SysCtrlRegs.WDCR=0x0068;
    EDIS;
}
```

例 5.4　看门狗例程。

功能：看门狗唤醒时计数，驱动 4 个 GPIO 输出。4 个 GPIO 引脚 GPIO0～GPIO3 分别外接发光二极管 LED0～LED3，当 GPIO 引脚输出为低电平时，发光二极管点亮，否则发光二极管熄灭。芯片采用内部振荡器 1 作为时钟，其额定频率为 10MHz。

```
#include "DSP28x_Project.h"

interrupt void wakeint_isr(void);
#define Led0Blink() GpioDataRegs.GPACLEAR.bit.GPIO0=1    //LED0 点亮
#define Led1Blink() GpioDataRegs.GPACLEAR.bit.GPIO1=1    //LED1 点亮
#define Led2Blink() GpioDataRegs.GPACLEAR.bit.GPIO2=1    //LED2 点亮
#define Led3Blink() GpioDataRegs.GPACLEAR.bit.GPIO3=1    //LED3 点亮
#define Led0Blank() GpioDataRegs.GPASET.bit.GPIO0=1      //LED0 熄灭
#define Led1Blank() GpioDataRegs.GPASET.bit.GPIO1=1      //LED1 熄灭
#define Led2Blank() GpioDataRegs.GPASET.bit.GPIO2=1      //LED2 熄灭
#define Led3Blank() GpioDataRegs.GPASET.bit.GPIO3=1      //LED3 熄灭
Uint32 WakeCount;
Uint32 LoopCount;

void main(void)
{
    //初始化系统控制：PLL,看门狗,使能外设时钟
    InitSysCtrl();
    //禁止中断
    DINT;
    //设置 PIE 控制寄存器为默认状态
    InitPieCtrl();
    //禁止中断并清除所有中断标志位
    IER=0x0000;
    IFR=0x0000;
    //初始化 PIE 中断向量表
    InitPieVectTable();
```

```
//本例中使用的中断被重新映射到本程序中的 ISR 函数
EALLOW;
PieVectTable.WAKEINT=&wakeint_isr;
EDIS;


EALLOW;
//GPIO0~GPIO3 配置为 GPIO 引脚
GpioCtrlRegs.GPAMUX1.bit.GPIO0=0;
GpioCtrlRegs.GPAMUX1.bit.GPIO1=0;
GpioCtrlRegs.GPAMUX1.bit.GPIO2=0;
GpioCtrlRegs.GPAMUX1.bit.GPIO3=0;
//GPIO0~GPIO3 配置为输出引脚
GpioCtrlRegs.GPADIR.bit.GPIO0=1;
GpioCtrlRegs.GPADIR.bit.GPIO1=1;
GpioCtrlRegs.GPADIR.bit.GPIO2=1;
GpioCtrlRegs.GPADIR.bit.GPIO3=1;
//GPIO0~GPIO3 输出高电平
GpioDataRegs.GPASET.bit.GPIO0=1;
GpioDataRegs.GPASET.bit.GPIO1=1;
GpioDataRegs.GPASET.bit.GPIO2=1;
GpioDataRegs.GPASET.bit.GPIO3=1;
EDIS;


//清除计数器
WakeCount=0;  //中断计数
LoopCount=0;  //循环计数
//允许连接至 PIE 模块中 WAKEINT 的看门狗中断
EALLOW;
SysCtrlRegs.SCSR=BIT1;
EDIS;
//使能 PIE 模块中 WAKEINT：组 1 中断 8
PieCtrlRegs.PIECTRL.bit.ENPIE=1;        //使能 PIE 模块
PieCtrlRegs.PIEIER1.bit.INTx8=1;        //使能 PIE 模块组 1 中断 8
IER|=M_INT1;                            //使能 CPU INT1
EINT;                                   //使能总的中断


//复位看门狗计数器
ServiceDog();
//使能看门狗
```

90

```
    EALLOW;
    SysCtrlRegs.WDCR=0x0028;
    EDIS;

    for(;;)
    {
        LoopCount++;
    }
}

interrupt void wakeint_isr(void)
{
    Uint16 Temp=0;
    WakeCount++;
    Temp=WakeCount >> 4;
    if(Temp & 0x1) Led0Blink();
    else Led0Blank();
    if(Temp & 0x2) Led1Blink();
    else Led1Blank();
    if(Temp & 0x4) Led2Blink();
    else Led2Blank();
    if(Temp & 0x8) Led3Blink();
    else Led3Blank();
    //清除 PIEACK 寄存器中组 1 对应的中断响应位
    //PIEACK_GROUP1=0x0001
    PieCtrlRegs.PIEACK.all=PIEACK_GROUP1;
}
```

在此程序中，BIT1、M_INT1 及 EINT 的定义如下：

```
#define  BIT1       0x0002
#define  M_INT1      0x0001
#define  EINT        asm("clrc INTM")
```

类似的定义还有

```
#define BIT0     0x0001
#define BIT2     0x0004
#define BIT3     0x0008
#define BIT4     0x0010
#define BIT5     0x0020
#define BIT6     0x0040
#define BIT7     0x0080
```

```
#define BIT8     0x0100
#define BIT9     0x0200
#define BIT10    0x0400
#define BIT11    0x0800
#define BIT12    0x1000
#define BIT13    0x2000
#define BIT14    0x4000
#define BIT15    0x8000

#define M_INT2      0x0002
#define M_INT3      0x0004
#define M_INT4      0x0008
#define M_INT5      0x0010
#define M_INT6      0x0020
#define M_INT7      0x0040
#define M_INT8      0x0080
#define M_INT9      0x0100
#define M_INT10     0x0200
#define M_INT11     0x0400
#define M_INT12     0x0800
#define M_INT13     0x1000
#define M_INT14     0x2000
#define M_DLOG      0x4000
#define M_RTOS      0x8000

#define  DINT   asm("setc INTM")
#define  ERTM   asm("clrc DBGM")
#define  DRTM   asm("setc DBGM")
#define  EALLOW asm("EALLOW")
#define  EDIS   asm("EDIS")
#define  ESTOP0 asm("ESTOP0")
```

这样定义使程序看上去更为简洁并易于理解。

系统控制初始化函数 InitSysCtrl()主要完成禁止看门狗、时钟源的选择、PLL 模块的初始化以及外设时钟允许等，其程序如下：

```
void InitSysCtrl(void)
{
    //Disable the watchdog
    DisableDog();
```

```
//调用 ADC 和振荡器校准函数
EALLOW;
SysCtrlRegs.PCLKCR0.bit.ADCENCLK=1;            //使能 ADC 时钟
(*Device_cal)();
SysCtrlRegs.PCLKCR0.bit.ADCENCLK=0;            //返回 ADC 初始时钟状态
EDIS;


//选择内部振荡器 1 作为时钟源
IntOsc1Sel();


//设置 PLL 控制: PLLCR 和 DIVSEL
//DSP28_PLLCR 和 DSP28_DIVSEL 在 DSP2802x_Examples.h 中定义
InitPll(DSP28_PLLCR,DSP28_DIVSEL);


//初始化外设时钟
InitPeripheralClocks();
}
```

在这里, DSP28_PLLCR 和 DSP28_DIVSEL 分别给定为 12 和 2, PLL 模块输出时钟 CLKIN 的频率为 60MHz。外设时钟初始化函数 InitPeripheralClocks( )用于设定外设时钟与每个外设时钟的允许, 其程序如下:

```
void InitPeripheralClocks(void)
{
    EALLOW;

//设置 LOSPCP 预分频寄存器

    GpioCtrlRegs.GPAMUX2.bit.GPIO18=3;            //GPIO18=XCLKOUT
    SysCtrlRegs.LOSPCP.all=0x0002;

//设置 XCLKOUT 与 SYSCLKOUT 的比值. 默认情况下 XCLKOUT=1/4 SYSCLKOUT
    SysCtrlRegs.XCLK.bit.XCLKOUTDIV=2;            //设置 XCLKOUT=SYSCLKOUT/1

//使能要使用的外设时钟
//如果不使用某个外设, 该外设时钟被禁止以节能
//C2802x 芯片上不是所有的外设都是具有的, 具体要参考数据手册
    SysCtrlRegs.PCLKCR0.bit.ADCENCLK=0;           //ADC
    SysCtrlRegs.PCLKCR3.bit.COMP1ENCLK=0;         //COMP1
    SysCtrlRegs.PCLKCR3.bit.COMP2ENCLK=0;         //COMP2
    SysCtrlRegs.PCLKCR3.bit.CPUTIMER0ENCLK=1;     //CPU 定时器 0
```

93

```
SysCtrlRegs.PCLKCR3.bit.CPUTIMER1ENCLK=0;      //CPU 定时器 1
SysCtrlRegs.PCLKCR3.bit.CPUTIMER2ENCLK=0;      //CPU 定时器 2
SysCtrlRegs.PCLKCR1.bit.ECAP1ENCLK=1;          //eCAP1
SysCtrlRegs.PCLKCR1.bit.EPWM1ENCLK=1;          //ePWM1
SysCtrlRegs.PCLKCR1.bit.EPWM2ENCLK=1;          //ePWM2
SysCtrlRegs.PCLKCR1.bit.EPWM3ENCLK=1;          //ePWM3
SysCtrlRegs.PCLKCR1.bit.EPWM4ENCLK=1;          //ePWM4
SysCtrlRegs.PCLKCR3.bit.GPIOINENCLK=1;         //GPIO
SysCtrlRegs.PCLKCR0.bit.HRPWMENCLK=0;          //HRPWM
SysCtrlRegs.PCLKCR0.bit.I2CAENCLK=0;           //I2C
SysCtrlRegs.PCLKCR0.bit.SCIAENCLK=0;           //SCI-A
SysCtrlRegs.PCLKCR0.bit.SPIAENCLK=0;           //SPI-A
EDIS;
}
```

看门狗的输入时钟 WDCLK 的频率为 10MHz/512，因此 4 个发光二极管状态发生变化的间隔时间为 $0.1\mu s \times 512 \times 256 \times 16 = 209715.2\mu s$，4 个发光二极管状态按 0x0，0x1，0x2，…，0xF 依次变化，LED0 对应该十六进制数中 4 位二进制的最低位，LED1 对应该十六进制数中 4 位二进制的第 1 位，LED2 对应该十六进制数中 4 位二进制的第 2 位，LED3 对应该十六进制数中 4 位二进制的第 3 位。某位为 1 对应的发光二极管点亮，为 0 对应的发光二极管熄灭，例如 0xC 表示 LED3 和 LED2 点亮、LED1 和 LED0 熄灭。

5.6 CPU 定时器

F28027 有 3 个 32 位的 CPU 定时器，其中定时器 2 保留给 DSP/BIOS 使用。如果应用系统不使用 DSP/BIOS，这 3 个定时器均可供用户使用。CPU 定时器结构简单，工作模式单一，一旦启动将循环往复工作而不需要用户通过软件来干预，非常适合为用户程序提供基准时钟实现软件中各模块的同步。

CPU 定时器内部结构如图 5-7 所示，它主要由 16 位的分频器和 32 位的计数器构成。分频器对系统时钟 SYSCLKOUT 进行分频，分频后的时钟作为 32 位计数器的工作时钟。32 位的计数器对工作时钟进行减计数，当计数器的计数值减为 0 后向 CPU 发出中断请求信号 TINT。16 位的分频器和 32 位的计数器均由两个寄存器组成，其中一个寄存器用来装载计数常数，另一个寄存器用作减计数器。

对于 32 位的计数器，装载计数常数的寄存器为定时器周期寄存器 PRDH:PRD，用于减计数的寄存器为 32 位计数器 TIMH:TIM。当计数器被启动时，存放在 PRDH:PRD 中的周期值被装载到计数器 TIMH:TIM 中，然后计数器 TIMH:TIM 根据分频器输出的工作时钟进行减计数。当计数器 TIMH:TIM 减为零后，一方面它将发出 CPU 中断请求信号 TINT，另一方面存放在 PRDH:PRD 中的周期值将自动装载到计数器 TIMH:TIM 中，开始下一轮的计数操作。

同样，对于 16 位的分频器，寄存器 TDDRH:TDDR 用于装载分频系数，预分频计数器 PSCH:PSC 用于实现分频计数。用户将分频系数写入寄存器 TDDRH:TDDR，计数器启动时，存放在寄存器 TDDRH:TDDR 中的分频系数装载到预分频计数器 PSCH:PSC，然后预分频计数器 PSCH:PSC 将基于系统时钟 SYSCLKOUT 进行减计数。当计数器减为零后，一方面 PSCH:PSC 输出的时钟作为 32 位计数器的工作时钟，另一方面，存放在寄存器 TDDRH:TDDR 中的分频系数自动装载到 PSCH:PSC 中，开始下一轮的计数操作。

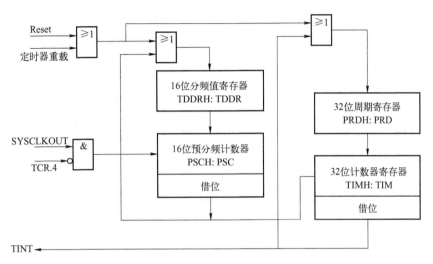

图 5-7　CPU 定时器内部结构

另外，CPU 定时器还包含一个控制寄存器 TCR，其中包含计数器启动控制位 TCR.4、中断屏蔽位 TIE 以及重装控制位 TRB。TRB 控制位可将 TDDRH:TDDR 的值强制装载到 PSCH:PSC 中，PRDH:PRD 的值强制装载到 TIMH:TIM 中。

虽然 3 个定时器的工作原理基本相同，但它们向 CPU 申请中断的途径是不同的。定时器 2 的中断请求信号直接送到 CPU 的中断控制逻辑，定时器 1 的中断请求信号要经过多路器的选择后才送到 CPU 的中断控制逻辑，而定时器 0 的中断请求信号要经过 PIE 模块的分组处理才能送到 CPU 的中断控制逻辑，定时器的中断管理结构如图 5-8 所示。

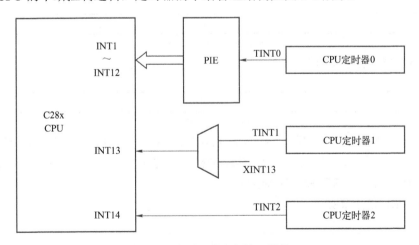

图 5-8　定时器的中断管理结构

3 个定时器的所有配置和控制寄存器见表 5-7。

表 5-7 定时器配置和控制寄存器

寄存器名	地　址	大小（×16 位）	说　明
TIMER0TIM	0x0C00	1	CPU 定时器 0，计数器寄存器
TIMER0TIMH	0x0C01	1	CPU 定时器 0，计数器高位寄存器
TIMER0PRD	0x0C02	1	CPU 定时器 0，周期寄存器
TIMER0PRDH	0x0C03	1	CPU 定时器 0，周期高位寄存器
TIMER0TCR	0x0C04	1	CPU 定时器 0，控制寄存器
TIMER0TPR	0x0C06	1	CPU 定时器 0，预分频寄存器
TIMER0TPRH	0x0C07	1	CPU 定时器 0，预分频高位寄存器
TIMER1TIM	0x0C08	1	CPU 定时器 1，计数器寄存器
TIMER1TIMH	0x0C09	1	CPU 定时器 1，计数器高位寄存器
TIMER1PRD	0x0C0A	1	CPU 定时器 1，周期寄存器
TIMER1PRDH	0x0C0B	1	CPU 定时器 1，周期高位寄存器
TIMER1TCR	0x0C0C	1	CPU 定时器 1，控制寄存器
TIMER1TPR	0x0C0E	1	CPU 定时器 1，预分频寄存器
TIMER1TPRH	0x0C0F	1	CPU 定时器 1，预分频高位寄存器
TIMER2TIM	0x0C10	1	CPU 定时器 2，计数器寄存器
TIMER2TIMH	0x0C11	1	CPU 定时器 2，计数器高位寄存器
TIMER2PRD	0x0C12	1	CPU 定时器 2，周期寄存器
TIMER2PRDH	0x0C13	1	CPU 定时器 2，周期高位寄存器
TIMER2TCR	0x0C14	1	CPU 定时器 2，控制寄存器
TIMER2TPR	0x0C16	1	CPU 定时器 2，预分频寄存器
TIMER2TPRH	0x0C17	1	CPU 定时器 2，预分频高位寄存器

TIMERxTIM 的定义如下：

15	0
TIM	

R/W-00000000000000000

TIMERxTIMH 的定义如下：

15	0
TIMH	

R/W-0000000000000000

这两个 16 位的寄存器 TIMERxTIMH 和 TIMERxTIM 一起构成一个 32 位的计数器，其中，TIMERxTIMH 为计数器的高 16 位，TIMERxTIM 为计数器的低 16 位。TIMH:TIM 的计数值每(TDDRH:TDDR)个 SYSCLKOUT 周期减 1。

TIMERxPRD 的定义如下：

15	0
PRD	

R/W-1111111111111111

TIMERxPRDH 的定义如下：

15	0
PRDH	

R/W-1111111111111111

这两个 16 位的寄存器 TIMERxPRDH 和 TIMERxPRD 一起构成一个 32 位的寄存器，其中 TIMERxPRDH 为寄存器的高 16 位，TIMERxPRD 为寄存器的低 16 位。当 TIMH:TIM 的计数值减到零时，在下一个计数器工作时钟开始时，寄存器 PRDH:PRD 的值重新装载到计数器寄存器 TIMH:TIM 中。当定时器控制寄存器（TCR）的定时器重装位 TRB 置 1 时，PRDH:PRD 的内容也被装载到 TIMH:TIM 中。

TIMERxTCR 的定义如下：

15	14	13	12	11	10	9	8
TIF	TIE	Reserved		FREE	SOFT	Reserved	
R/W-0	R/W-0	R-00		R/W-0	R/W-0	R-00	

7	6	5	4	3	0
Reserved		TRB	TSS	Reserved	
R-00		R/W-0	R/W-0	R-0000	

位 15，TIF：定时器中断标志位。为 0 时，表示 CPU 定时器还未递减到零，该位写入 0 无影响；为 1 时，表示 CPU 定时器递减到零，通过向该位写入 1 来清除相应的标志。

位 14，TIE：CPU 定时器中断使能位。为 0 时，表示 CPU 定时器中断被禁止；为 1 时，表示 CPU 定时器中断被使能。如果定时器递减到零并且 TIE 置位，定时器就发出中断请求。

位 13、12、9～6、3～0，Reserved：保留位。

位 11、10，FREE 和 SOFT：CPU 定时器仿真模式：这两位是特殊的仿真位，当在高级语言调试器中碰到断点时，使用它们来确定定时器的状态。为 00 时，在 TIMH:TIM 下次递减之后停止（称为硬停止）；为 01 时，在 TIMH:TIM 递减到零之后停止（称为软停止）；为 10 或 11 时，自由运行。

位 5，TRB：CPU 定时器重载位。TRB 位读出时总为零，写 0 无影响。当写 1 到 TRB 时，PRDH:PRD 的值装载到 TIMH:TIM 中，TDDRH:TDDR 的值装载到预分频器计数器 PSCH:PSC。

位 4，TSS：CPU 定时器停止状态位。TSS 是一个 1 位的标志，用来停止或启动 CPU 定时器。将 TSS 设置为 0 来启动或重启 CPU 定时器。复位时，TSS 被清零，CPU 定时器立刻启动。将 TSS 设置为 1 来停止 CPU 定时器。

TIMERxTPR 的定义如下：

15	8	7	0
PSC		TDDR	
R-00000000		R/W-00000000	

TIMERxTPRH 的定义如下：

15	8	7	0
PSCH		TDDRH	
R-00000000		R/W-00000000	

TIMERxTPR 寄存器包含了预分频计数器 PSCH:PSC 的低字节 PSC 和预分频值寄存器 TDDRH:TDDR 的低字节 TDDR，而 TIMERxTPRH 寄存器包含了预分频计数器 PSCH:PSC 的

高字节 PSCH 和预分频值寄存器 TDDRH:TDDR 的高字节 TDDRH。TIMERxTPR 和
TIMERxTPRH 的高 8 位组合成 16 位的预分频计数器 PSCH:PSC，低 8 位组合成 16 位的预分
频值寄存器 TDDRH:TDDR。对于 PSCH:PSC 值大于 0 的每个定时器时钟源周期，PSCH:PSC
都减 1。在 PSCH:PSC 到达 0 之后的一个定时器时钟（定时器预分频器的输出）周期，PSCH:PSC
将 TDDRH:TDDR 的值装载，并且，定时器计数器寄存器 TIMH:TIM 减 1。只要软件置位定
时器重装位 TRB，TDDRH:TDDR 的值就被重装到 PSCH:PSC。PSCH:PSC 可以通过软件读取，
但它不能直接被赋值。它必须从寄存器 TDDRH:TDDR 中装载。

在这里不再给出 3 个 CPU 定时器中每个寄存器结构体和联合体的定义，直接给出一组
CPU 定时器寄存器结构体的定义，其定义如下：

```
//CPU 定时器寄存器文件
struct CPUTIMER_REGS
{
  union TIM_GROUP    TIM;    //定时器计数寄存器
  union PRD_GROUP    PRD;    //周期寄存器
  union TCR_REG      TCR     //定时器控制寄存器
  Uint16             rsvd1;  //保留
  union TPR_REG      TPR;    //定时器预分频寄存器低字节
  union TPRH_REG     TPRH;   //定时器预分频寄存器高字节
};
```

下面的结构体给出了与定时器相关的 3 个变量寄存器，其中，InterruptCount 为定时器中
断计数器；CPUFreqInMHz 为 CPU 频率寄存器，单位为 MHz；PeriodInUSec 为 CPU 定时器
周期寄存器，单位为μs。

```
struct CPUTIMER_VARS
{
  volatile struct CPUTIMER_REGS  *RegsAddr;
  Uint32             InterruptCount;
  float              CPUFreqInMHz;
  float              PeriodInUSec;
};
```

有关实体变量的声明如下：

```
extern volatile struct CPUTIMER_REGS CpuTimer0Regs;
extern struct CPUTIMER_VARS CpuTimer0;
extern volatile struct CPUTIMER_REGS CpuTimer1Regs;
extern volatile struct CPUTIMER_REGS CpuTimer2Regs;
extern struct CPUTIMER_VARS CpuTimer1;
extern struct CPUTIMER_VARS CpuTimer2;
```

例 5.5 定时器的例程。

功能：CPU 定时器 0 每 1s 中断一次，CPU 定时器 1 每 2s 中断一次，CPU 定时器 2 每 4s
中断一次。在每个中断服务程序中，根据中断计数器最低位的高低状态控制 GPIO 引脚来点

亮熄灭外接的发光二极管，GPIO 引脚为低时发光二极管点亮，否则熄灭。在 CPU 定时器 0 中断中，控制引脚 GPIO0 来点亮熄灭外接的发光二极管 LED0，在 CPU 定时器 1 中断中，控制引脚 GPIO1 来点亮熄灭外接的发光二极管 LED1，在 CPU 定时器 2 中断中，控制引脚 GPIO2 来点亮熄灭外接的发光二极管 LED2。

```c
#include "DSP28x_Project.h"

extern Uint16 RamfuncsLoadStart;
extern Uint16 RamfuncsLoadEnd;
extern Uint16 RamfuncsRunStart;

interrupt void cpu_timer0_isr(void);
interrupt void cpu_timer1_isr(void);
interrupt void cpu_timer2_isr(void);

#define Led0Blink() GpioDataRegs.GPACLEAR.bit.GPIO0=1
#define Led1Blink() GpioDataRegs.GPACLEAR.bit.GPIO1=1
#define Led2Blink() GpioDataRegs.GPACLEAR.bit.GPIO2=1
#define Led3Blink() GpioDataRegs.GPACLEAR.bit.GPIO3=1
#define Led0Blank() GpioDataRegs.GPASET.bit.GPIO0=1
#define Led1Blank() GpioDataRegs.GPASET.bit.GPIO1=1
#define Led2Blank() GpioDataRegs.GPASET.bit.GPIO2=1
#define Led3Blank() GpioDataRegs.GPASET.bit.GPIO3=1

void main(void)
{
    //初始化系统控制：PLL，看门狗以及使能外设时钟
    InitSysCtrl();

    EALLOW;
    GpioCtrlRegs.GPAMUX1.bit.GPIO0=0;
    GpioCtrlRegs.GPAMUX1.bit.GPIO1=0;
    GpioCtrlRegs.GPAMUX1.bit.GPIO2=0;
    GpioCtrlRegs.GPAMUX1.bit.GPIO3=0;

    GpioCtrlRegs.GPADIR.bit.GPIO0=1;
    GpioCtrlRegs.GPADIR.bit.GPIO1=1;
    GpioCtrlRegs.GPADIR.bit.GPIO2=1;
    GpioCtrlRegs.GPADIR.bit.GPIO3=1;
```

99

```
GpioDataRegs.GPASET.bit.GPIO0=1;
GpioDataRegs.GPASET.bit.GPIO1=1;
GpioDataRegs.GPASET.bit.GPIO2=1;
GpioDataRegs.GPASET.bit.GPIO3=1;
EDIS;

//清除所有中断并初始化 PIE 向量表
//禁止 CPU 中断
DINT;
//初始化 PIE 控制寄存器为默认状态
InitPieCtrl();
//禁止 CPU 中断并清除所有 CPU 中断标志
IER=0x0000;
IFR=0x0000;
//初始化中断向量表
InitPieVectTable();
//本例中使用的中断被重新映射到本程序中的 ISR 函数
EALLOW;
PieVectTable.TINT0=&cpu_timer0_isr;
PieVectTable.TINT1=&cpu_timer1_isr;
PieVectTable.TINT2=&cpu_timer2_isr;
EDIS;

//初始化芯片外设
InitCpuTimers();    //初始化 CPU 定时器
//配置 CPU 定时器 0、1、2 分别每 1s、2s、4s 中断一次
ConfigCpuTimer(&CpuTimer0,60,1000000);
ConfigCpuTimer(&CpuTimer1,60,2000000);
ConfigCpuTimer(&CpuTimer2,60,4000000);
CpuTimer0Regs.TCR.bit.TSS=0;
CpuTimer1Regs.TCR.bit.TSS=0;
CpuTimer2Regs.TCR.bit.TSS=0;
MemCopy(&RamfuncsLoadStart,&RamfuncsLoadEnd,&RamfuncsRunStart);
InitFlash();

//使能中断
//允许连接到 CPU 定时 0 的 INT1 中断，允许连接到 CPU 定时 1 的 INT13 中断，允许连接到 CPU 定
时 2 的 INT14 中断//
IER|=M_INT1;
```

```
    IER|=M_INT13;
    IER|=M_INT14;
    //使能 PIE 模块中组 1 中断 7，即 TINT0
    PieCtrlRegs.PIEIER1.bit.INTx7=1;
    //使能总的中断 INTM
    EINT;
    //等待中断发生
    for(;;)
    {
    }
}

interrupt void cpu_timer0_isr(void)
{
    Uint16 Temp=0;
    CpuTimer0.InterruptCount++;
    Temp=CpuTimer0.InterruptCount;
    if(Temp & 0x1) Led0Blink();
    else Led0Blank();

    //清除 PIEACK 寄存器中组 1 对应的中断响应位
    //PIEACK_GROUP1=0x0001
    PieCtrlRegs.PIEACK.all=PIEACK_GROUP1;
}

interrupt void cpu_timer1_isr(void)
{
    Uint16 Temp=0;
    CpuTimer1.InterruptCount++;
    Temp=CpuTimer1.InterruptCount;
    if(Temp & 0x1) Led1Blink();
    else Led1Blank();
}

interrupt void cpu_timer2_isr(void)
{
    Uint16 Temp=0;
    CpuTimer2.InterruptCount++;
    Temp=CpuTimer2.InterruptCount;
```

101

```
    if(Temp & 0x1) Led2Blink();
    else Led2Blank();
}
```

定时器初始化函数 InitCpuTimers()主要完成 3 个 CPU 定时器周期寄存器、预分频寄存器以及控制寄存器的初始化，其程序如下：

```
void InitCpuTimers(void)
{
    //CPU Timer 0
    //设置每个定时器寄存器的地址指针
    CpuTimer0.RegsAddr=&CpuTimer0Regs;
    //定时器周期值设置为最大值
    CpuTimer0Regs.PRD.all=0xFFFFFFFF;
    //设置预分频计数器为0，定时器时钟则为SYSCLKOUT
    CpuTimer0Regs.TPR.all=0;
    CpuTimer0Regs.TPRH.all=0;
    //设置定时器停止
    CpuTimer0Regs.TCR.bit.TSS=1;
    //用周期值重装所有计数器寄存器
    CpuTimer0Regs.TCR.bit.TRB=1;
    //复位中断计数器
    CpuTimer0.InterruptCount=0;

//CPU定时器1和2预留用于DSP BIOS和其他RTOS
//当这两个CPU定时器不用于DSP BIOS和其他RTOS时，其使用和CPU定时器0一样
//CPU定时器1和2的初始化：
    CpuTimer1.RegsAddr=&CpuTimer1Regs;
    CpuTimer2.RegsAddr=&CpuTimer2Regs;

    CpuTimer1Regs.PRD.all=0xFFFFFFFF;
    CpuTimer2Regs.PRD.all=0xFFFFFFFF;

    CpuTimer1Regs.TPR.all=0;
    CpuTimer1Regs.TPRH.all=0;
    CpuTimer2Regs.TPR.all=0;
    CpuTimer2Regs.TPRH.all=0;

    CpuTimer1Regs.TCR.bit.TSS=1;
    CpuTimer2Regs.TCR.bit.TSS=1;
```

```
CpuTimer1Regs.TCR.bit.TRB=1;
CpuTimer2Regs.TCR.bit.TRB=1;


CpuTimer1.InterruptCount=0;
CpuTimer2.InterruptCount=0;
}
```

而寄存器配置函数 ConfigCpuTimer()主要完成定时器周期值的设定，其主要的形式参数有两个：CPU 频率 Freq（MHz）和定时周期 Period(μs)。当 CPU 定时器的计数器时钟无分频时，定时器周期寄存器的配置值应为 Freq×Period，其程序如下：

```
void ConfigCpuTimer(struct CPUTIMER_VARS *Timer,float Freq,float Period)
{
    Uint32   temp;

    //设置定时器定时周期
    Timer->CPUFreqInMHz=Freq;
    Timer->PeriodInUSec=Period;
    temp=(long) (Freq * Period);
    Timer->RegsAddr->PRD.all=temp;

    //设置预分频计数器分频系数为1，定时器时钟为SYSCLKOUT
    Timer->RegsAddr->TPR.all=0;
    Timer->RegsAddr->TPRH.all=0;

    //初始化定时器控制寄存器
    Timer->RegsAddr->TCR.bit.TSS=1;      //1=停止定时器，0=启动/重启定时器
    Timer->RegsAddr->TCR.bit.TRB=1;      //1=重装定时器
    Timer->RegsAddr->TCR.bit.SOFT=0;
    Timer->RegsAddr->TCR.bit.FREE=0;
    Timer->RegsAddr->TCR.bit.TIE=1;      //0=禁止，1=使能定时器中断

    //复位定时器中断计数器
    Timer->InterruptCount=0;
}
```

5.7　EALLOW 保护的寄存器

EALLOW 保护机制保护几个控制寄存器，防止虚假的 CPU 写入。状态寄存器 1（ST1）的 EALLOW 位指示保护的状态，见表 5-8。

103

表 5-8　EALLOW 保护寄存器的访问

EALLOW 位	CPU 写	CPU 读	JTAG 写	JTAG 读
0	忽略	允许	允许	允许
1	允许	允许	允许	允许

复位时，EALLOW 位被清除，EALLOW 保护被启用。寄存器被保护时，CPU 对受保护寄存器执行的所有写操作均被忽略，只允许对受保护寄存器执行 CPU 读、JTAG 读和 JTAG 写。如果通过执行 EALLOW 指令将 EALLOW 位置位，则允许 CPU 自由地写受保护寄存器。更改寄存器之后，通过执行 EDIS 指令将 EALLOW 位清除来再次使寄存器被保护。

下列模块中的寄存器受到 EALLOW 保护：

➢ 器件仿真寄存器

➢ Flash 寄存器

➢ CSM 寄存器

➢ PIE 向量表

➢ 系统控制寄存器

➢ GPIO MUX 寄存器

受 EALLOW 保护的寄存器见表 5-1、表 5-9～表 5-13。

表 5-9　EALLOW 保护的器件仿真寄存器

寄存器名	地　　址	大小（×16 位）	说　　明
DEVICECNF	0x0880 0x0881	2	器件配置寄存器

表 5-10　EALLOW 保护的 Flash/OTP 配置寄存器

寄存器名	地　　址	大小（×16 位）	说　　明
FOPT	0x0A80	1	Flash 选择寄存器
FPWR	0x0A82	1	Flash 功率模式寄存器
FSTATUS	0x0A83	1	状态寄存器
FSTDBYWAIT	0x0A84	1	Flash 休眠到待机等待状态寄存器
FACTIVEWAIT	0x0A85	1	Flash 待机到活动等待状态寄存器
FBANKWAIT	0x0A86	1	Flash 读访问等待状态寄存器
FOPTWAIT	0x0A87	1	OPT 读访问等待状态寄存器

表 5-11　EALLOW 保护的 CSM 模块寄存器

寄存器名	地　　址	大小（×16 位）	说　　明
KEY0	0x0AE0	1	128 位密匙寄存器的第 1 个字（低字）
KEY1	0x0AE1	1	128 位密匙寄存器的第 2 个字
KEY2	0x0AE2	1	128 位密匙寄存器的第 3 个字
KEY3	0x0AE3	1	128 位密匙寄存器的第 4 个字
KEY4	0x0AE4	1	128 位密匙寄存器的第 5 个字
KEY5	0x0AE5	1	128 位密匙寄存器的第 6 个字
KEY6	0x0AE6	1	128 位密匙寄存器的第 7 个字
KEY7	0x0AE7	1	128 位密匙寄存器的第 8 个字（高字）
CSMSCR	0x0AEF	1	CSM 的状态和控制寄存器

表 5-12　EALLOW 保护的 GPIO 寄存器

寄存器名	地　　址	大小（×16 位）	说　　明
GPACTRL	0x6F80	2	GPIOA 控制寄存器
GPAQSEL1	0x6F82	2	GPIOA 限定器选择 1 寄存器
GPAQSEL2	0x6F84	2	GPIOA 限定器选择 2 寄存器
GPAMUX1	0x6F86	2	GPIOA MUX1 寄存器
GPAMUX2	0x6F88	2	GPIOA MUX2 寄存器
GPADIR	0x6F8A	2	GPIOA 方向寄存器
GPAPUD	0x6F8C	2	GPIOA 上拉禁止寄存器
GPBCTRL	0x6F90	2	GPIOA 控制寄存器
GPBQSEL1	0x6F92	2	GPIOB 限定器选择 1 寄存器
GPBMUX1	0x6F96	2	GPIOB MUX1 寄存器
GPBMUX2	0x6F98	2	GPIOB MUX2 寄存器
GPBDIR	0x6F9A	2	GPIOB 方向寄存器
GPBPUD	0x6F9C	2	GPIOB 上拉禁止寄存器
AIOMUX1	0x6FB6	2	模拟 I/O MUX1 寄存器
AIODIR	0x6FBA	2	模拟 I/O 方向寄存器
GPIOXINT1SEL	0x6FE0	1	XINT1 源选择寄存器
GPIOXINT2SEL	0x6FE1	1	XINT2 源选择寄存器
GPIOXINT3SEL	0x6FE2	1	XINT3 源选择寄存器
GPIOLPMSEL	0x6FE8	1	低功耗唤醒源选择寄存器

表 5-13　EALLOW 保护的 EPWM 寄存器

	TZSEL	TZCTL	TZEINT	TZCLR	TZFRC	MRCNFG	大小（×16 位）
ePWM1	0x6812	0x6814	0x6815	0x6817	0x6818	0x6820	1
ePWM2	0x6852	0x6854	0x6855	0x6857	0x6858	0x6860	1
ePWM3	0x6892	0x6894	0x6895	0x6897	0x6898	0x68A0	1
ePWM4	0x68D2	0x68D4	0x68D5	0x68D7	0x68D8	0x68E0	1

例 5.6　EALLOW 和 EDIS 的定义。

```
#define  EALLOW asm("EALLOW")
#define  EDIS   asm("EDIS")
```

例 5.7　使用 EALLOW 和 EDIS 例子。

```
//GPIO: GPxMUXn,GPxDIR
EALLOW;
GpioCtrlRegs.GPAMUX1.bit.GPIO0=0;
GpioCtrlRegs.GPAMUX1.bit.GPIO1=0;
GpioCtrlRegs.GPAMUX1.bit.GPIO2=0;
GpioCtrlRegs.GPAMUX1.bit.GPIO3=0;

GpioCtrlRegs.GPADIR.bit.GPIO0=1;
```

```
GpioCtrlRegs.GPADIR.bit.GPIO1=1;
GpioCtrlRegs.GPADIR.bit.GPIO2=1;
GpioCtrlRegs.GPADIR.bit.GPIO3=1;
EDIS;
GpioDataRegs.GPASET.bit.GPIO0=1;
GpioDataRegs.GPASET.bit.GPIO1=1;
GpioDataRegs.GPASET.bit.GPIO2=1;
GpioDataRegs.GPASET.bit.GPIO3=1;

//PIE 向量
EALLOW;
PieVectTable.TINT0=&cpu_timer0_isr;
PieVectTable.TINT1=&cpu_timer1_isr;
PieVectTable.TINT2=&cpu_timer2_isr;
EDIS;
```

习　　题

1. 如何配置 CPU 时钟频率？
2. 如何配置看门狗计数频率？
3. 如何配置 CPU 定时器计数频率？
4. 看门狗的作用是什么？如何避免看门狗计数器溢出？
5. 3 个 CPU 定时器的作用分别是什么？
6. 如何设置 CPU 定时器的定时时间？
7. EALLOW 的作用是什么？

第6章 中断与中断控制

6.1 概述

中断是指能引起 C28x CPU 停止当前程序的运行而执行一个子程序的硬件或软件信号，在 C28x 上，中断可由软件触发，例如 INTR、OR IFR 或 TRAP 等指令，也可由硬件触发，例如一个引脚、片外设备或片上硬件/接口等。当同一时刻有多个中断被触发时，C28x 根据中断优先级来响应它们。

C28x 的中断控制分为三级：外设级、外设中断扩展（PIE）级和 CPU 级。外设级主要控制外设内部中断源的屏蔽与使能。PIE 级主要实现将各种使能的外设中断进行分组控制，形成 CPU 的中断请求。CPU 级主要直接向 CPU 申请的中断请求，这些中断请求分别来自 PIE 模块、外部中断引脚、片内 32 位 CPU 定时器以及软件指令等。

无论是硬件中断还是软件中断，C28x CPU 的中断分为两大类中断：可屏蔽中断和非屏蔽中断。可屏蔽中断是可以通过软件对其进行禁止或允许的中断，非屏蔽中断是不能被禁止的中断，C28x CPU 会立即响应此类中断。所有软件中断均是非屏蔽中断。

外设中断扩展模块（PIE）用于多个外设中断复用一个 CPU 中断，方便一个 CPU 中断管理多个外设中断。PIE 模块可以支持 96 个外设中断，每 8 个中断形成一个中断组。每组中断馈送到 12 个 CPU 中断（INT1～INT12）中的一个。96 个中断中的每个中断向量都被保存在专有 RAM 区域中，用户可以修改这个 RAM 区域。

6.2 CPU 中断向量与优先级

C28x DSP 支持 32 个 CPU 中断向量，其中包含复位向量。中断向量是指一个中断所对应的中断服务程序的入口地址，该地址是 22 位的，存储在两个相邻存储单元。低位地址单元存储中断向量低 16 位，高位地址单元低 6 位存储中断向量的高 6 位，其高 10 位是无效的。一旦中断被响应，22 位的中断向量被读取。

表 6-1 给出了 CPU 中断向量及其对应的存储单元，其中硬件中断的优先级以数字表示，数字越小优先级越高。表 6-1 只给出中断向量可以映射至程序空间的顶部或底部，这取决于状态寄存器 ST1 中向量映射位 VMAP 的值，但实际上中断向量可映射到存储器 4 个不同的位置，具有 4 种模式，见表 6-2。对于 C28x DSP，复位时 VMAP=1，M0 和 M1 向量模式只是一种保留模式，M0 和 M1 在 C28x DSP 中用作 SARAM。复位时，C28x 的中断向量位于程序空间底部，从地址 0x3F FFC0 开始。ENPIE 位为 PIECTRL 的第 0 位，复位时其值为 0，也就是说 PIE 被禁止。当 PIE 模块被使用时 ENPIE 要被置 1，此时中断矢量还可以映射至 0x00 0D00～0x00 0DFF。

表 6-1　中断向量及优先级

中断向量	地　　址		硬件优先级	说　　明
	VMAP=0	VMAP=1		
RESET	0x00 0000	0x3F FFC0	1（最高）	复位
INT1	0x00 0002	0x3F FFC2	5	可屏蔽中断 1
INT2	0x00 0004	0x3F FFC4	6	可屏蔽中断 2
INT3	0x00 0006	0x3F FFC6	7	可屏蔽中断 3
INT4	0x00 0008	0x3F FFC8	8	可屏蔽中断 4
INT5	0x00 000A	0x3F FFCA	9	可屏蔽中断 5
INT6	0x00 000C	0x3F FFCC	10	可屏蔽中断 6
INT7	0x00 000E	0x3F FFCE	11	可屏蔽中断 7
INT8	0x00 0010	0x3F FFD0	12	可屏蔽中断 8
INT9	0x00 0012	0x3F FFD2	13	可屏蔽中断 9
INT10	0x00 0014	0x3F FFD4	14	可屏蔽中断 10
INT11	0x00 0016	0x3F FFD6	15	可屏蔽中断 11
INT12	0x00 0018	0x3F FFD8	16	可屏蔽中断 12
INT13	0x00 001A	0x3F FFDA	17	可屏蔽中断 13
INT14	0x00 001C	0x3F FFDC	18	可屏蔽中断 14
DLOGINT	0x00 001E	0x3F FFDE	19（最低）	可屏蔽数据日志中断
RTOSINT	0x00 0020	0x3F FFE0	4	可屏蔽实时操作系统中断
Reserved	0x00 0022	0x3F FFE2	2	保留
NMI	0x00 0024	0x3F FFE4	3	非屏蔽中断
ILLEGAL	0x00 0026	0x3F FFE6		非法指令 TRAP
USER1	0x00 0028	0x3F FFE8		用户定义的软件中断
USER2	0x00 002A	0x3F FFEA		用户定义的软件中断
USER3	0x00 002C	0x3F FFEC		用户定义的软件中断
USER4	0x00 002E	0x3F FFEE		用户定义的软件中断
USER5	0x00 0030	0x3F FFF0		用户定义的软件中断
USER6	0x00 0032	0x3F FFF2		用户定义的软件中断
USER7	0x00 0034	0x3F FFF4		用户定义的软件中断
USER8	0x00 0036	0x3F FFF6		用户定义的软件中断
USER9	0x00 0038	0x3F FFF8		用户定义的软件中断
USER10	0x00 003A	0x3F FFFA		用户定义的软件中断
USER11	0x00 003C	0x3F FFFC		用户定义的软件中断
USER12	0x00 003E	0x3F FFFE		用户定义的软件中断

表 6-2　中断向量映射

向量映射	向量读取块	地址范围	VMAP	M0M1MAP	ENPIE
M1 向量	M1 SARAM	0x00 0000～0x00 003F	0	0	×
M0 向量	M0 SARAM	0x00 0000～0x00 003F	0	1	×
BROM 向量	Boot ROM	0x3F FFC0～0x3F FFFF	1	×	0
PIE 向量	PIE	0x00 0D00～0x00 0DFF	1	×	1

因此 DSP 复位后，中断向量映射模式为 Boot ROM 向量模式，PIE 向量表必须由用户代码进行初始化。一旦允许 PIE 向量表，中断向量将从 PIE 向量表读取。图 6-1 给出了中断向量表映射选择的过程。

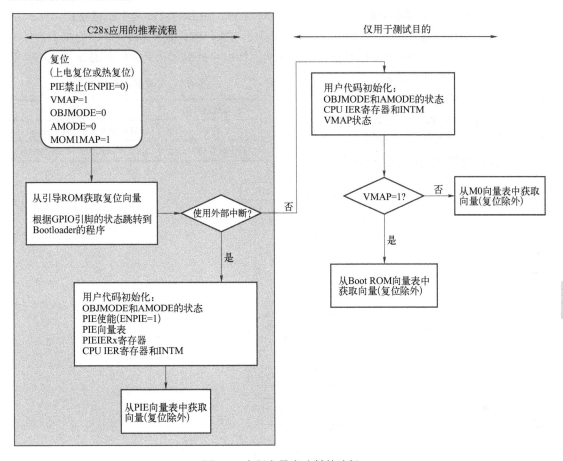

图 6-1 中断向量表映射的选择

6.3 可屏蔽中断

在表 6-1 的 32 个中断中，INT1~INT14、数据日志中断（DLOGINT）和实时操作系统中断（RTOSINT）为 16 个可屏蔽中断，INT1~INT14 为通用中断，DLOGINT 和 RTOSINT 为用于仿真的中断，这些可屏蔽中断由 3 个专用的寄存器和状态寄存器 ST1 控制，3 个专用的寄存器为 CPU 中断标志寄存器（IFR）、CPU 中断允许寄存器（IER）以及 CPU 调试中断允许寄存器（DBGIER）。

16 位的 IFR 中的每一位表示其对应的中断是否有中断请求。在每个 CPU 时钟周期，中断输入 INT1~INT14 被采样。如果一个中断信号被检测到，IFR 中对应位置 1 并被锁存。对于 DLOGINT 或 RTOSINT，由 CPU 片内分析逻辑送出的信号会引起 IFR 中对应位置 1 及锁存。用户可通过 OR   IFR 指令将 IFR 中一位或几位同时置 1。

16 位的 IER 和 DBGIER 中的每一位用来允许或禁止某一个可屏蔽中断。要在 IER 中允许某一个中断，用户可将 IER 中对应的位置 1；要在 DBGIER 中允许同一个中断，用户可将 DBGIER 中对应的位置 1。DBGIER 表示当 CPU 运行在实时仿真模式下哪个中断被允许。

状态寄存器 1 的第 0 位为中断总的屏蔽位 INTM，它用于允许或禁止所有的中断。当 INTM=0 时，所有的可屏蔽中断被允许；当 INTM=1 时，所有的可屏蔽中断被禁止。

IFR 中一个标志被锁存后，对应的中断只有满足 IER、DBGIER 和 INM 中的两个条件时才被响应，见表 6-3。从表中可以看出，对于常用的标准中断处理过程，DBGIER 被忽略；而当 C28x 工作在实时仿真模式而且 CPU 停止工作下，INTM 位被忽略。

表 6-3　可屏蔽中断允许条件

中断处理过程	中断允许条件
标准	INTM=0 & IER 中相应位为 1
实时仿真且 CPU 停止	IER 和 DBGIER 中相应位均为 1

可屏蔽中断的标准处理过程如图 6-2 所示。当同一时刻有多个中断产生请求时，C28x 根据表 6-1 给出优先级来依次响应这些中断。

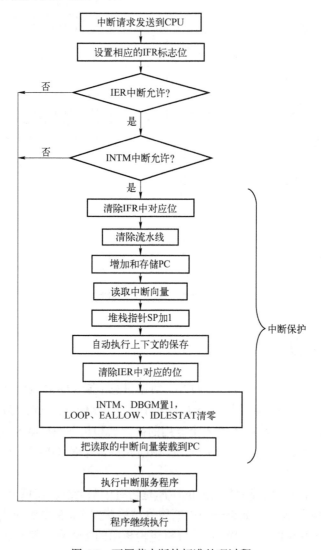

图 6-2　可屏蔽中断的标准处理过程

可屏蔽中断处理过程的主要步骤如下：

110

1）当以下事件之一发生时，中断请求送给 CPU：

① 由外部事件、外设或 PIE 中断请求产生 INT1～INT14 中一个引脚变为低电平。

② CPU 仿真逻辑向 CPU 发送 DLOGINT 或 RTOSINT 信号。

③ 采用 OR IFR 指令将 INT1～INT14、DLOGINT 和 RTOSINT 中的一个中断请求置 1。

2）当 CPU 检测到一个中断请求时，IFR 中对应的位置 1。即使 CPU 不响应该中断，该标志位也会被锁存。

3）产生中断请求的中断是否被 IER 和 INTM 允许？只有满足如下条件时 CPU 才响应该中断请求：

① IER 中对应位为 1。

② ST1 中 INTM 位为 0。一旦一个中断被允许并被响应，CPU 直到执行完该中断的中断服务程序才能响应其他的中断。

4）清除 IFR 中对应位。一旦 CPU 响应该中断后 IFR 中对应位被清除。如果该中断信号一直保持为低，IFR 中的对应位将被重新置 1，但是该中断不会立即重新被响应。在中断服务程序（ISR）开始执行之前，CPU 会阻止新的硬件中断。另外在 ISR 开始执行之前，IER 中的对应位被清除，因此来自同一中断源的中断不会影响 ISR 的执行直至 IER 中的位被 ISR 再次置 1。

5）清除流水线。CPU 执行完成任何已达到或通过流水线中 D2 阶段的指令，而没有达到该阶段的任何指令将从流水线中清除。

6）增加和存储 PC。根据当前指令的长度，程序计数器 PC 加 1 或加 2，其结果为下一条指令的地址，即返回地址，该地址会暂时保存在一个内部保持寄存器中。在进行上下文自动保存时返回地址被压入堆栈。

7）读取中断向量。PC 中填充了中断向量地址，并从该地址读取中断向量。

8）堆栈指针 SP 加 1。为准备上下文的自动保存，堆栈指针 SP 加 1。在进行上下文的自动保存时，CPU 执行偶地址对齐的 32 位访问，SP 加 1 的目的是确保 32 位的访问不会覆盖前一个堆栈值。

9）自动执行上下文的保存。大量的 CPU 寄存器自动保存到堆栈，这些寄存器成对保存，每对为一个 32 位的操作。保存一对寄存器后 SP 加 2。CPU 按如下寄存器对和顺序自动保存：ST0 与 T、AL 与 AH、PL 与 PH、AR0 与 AR1、ST1 与 DP、IER 与 DBGSTAT 以及返回地址低 16 位与高 16 位。

10）清除 IER 中对应的位。IER 被保存到堆栈后，CPU 清除 IER 中被响应中断对应的位，这可以防止同一个中断再次进入。如果希望产生中断嵌套，可在 ISR 中将 IER 中的对应位置 1。

11）INTM 和 DBGM 置 1，LOOP、EALLOW 和 IDLESTAT 清零。这些位均位于状态寄存器 ST1 中。INTM 置 1，CPU 禁止所有的中断响应，ISR 不会被中断。如果要实现中断的嵌套，ISR 应将 INTM 清零。同时 DBGM 置 1，ISR 不会被调试事件中断。如果不希望调试事件被阻止，ISR 应将 DBGM 清零。CPU 将 LOOP、EALLOW 和 IDLETAT 清零以便 ISR 在新的上下文中运行。

12）把读取的中断向量装载到 PC。PC 装载中断向量后程序转移到 ISR 运行。

13）执行中断服务程序。尽管 CPU 自动执行了上下文的保存，将一些 CPU 寄存器压入了堆栈，但在 ISR 中仍可能会使用其他的寄存器，因此仍有必要在 ISR 开始将要使用的寄存器压入堆栈，这就是所谓的保护现场。与之对应的是，在从 ISR 中返回前要将这些寄存器恢复，这就是所谓的恢复现场。一个 ISR 中保护现场和恢复现场的例子如例 6.1 所示。在 ISR 中可使用 IACK 指令告诉外设其中断请求正被处理。

14）程序继续执行。如果中断请求没有被 CPU 响应，程序继续顺序执行；如果中断请求被响应，ISR 被执行，ISR 执行完后程序从断点处继续执行。

例 6.1 中保护现场和恢复。

```
INTx:   PUSH    AR1H:   AR0H
        PUSH            XAR2
        PUSH            XAR3
        PUSH            XAR4
        PUSH            XAR5
        PUSH            XAR6
        PUSH            XAR7
        PUSH            XT
        ⋮
        POP             XT
        POP             XAR7
        POP             XAR6
        POP             XAR5
        POP             XAR4
        POP             XAR3
        POP             XAR2
        POP     AR1H:   AR0H
        IRET
```

6.4 非屏蔽中断

非屏蔽中断请求不能被任何使能位（包括 INTM、DBGM 以及在 IER、IFR 和 DBGIFR 中的使能位）所阻止，C28x 的 CPU 允许这类中断被立即响应并转移到对应的中断服务程序中。只有一个例外，就是当 C28x 当前正处于仿真停止状态，此时任何中断请求包括非屏蔽中断请求都不会被 CPU 响应。C28x 的非屏蔽中断包括四种：硬件复位中断（RESET）、硬件 NMI、软件中断（INTR 和 TRAP 指令）以及非法指令陷阱。

1. 硬件复位中断（RESET）

硬件复位中断（RESET）是 C28x DSP 中优先级最高的非屏蔽中断，其中断向量存放在 CPU 中断向量表的第一个，其内容固定为 0x3F FFC0。一旦 DSP 的复位引脚 XRS 为低电平，CPU 就进入复位状态，此时当前所有操作被取消，流水线被清除，CPU 寄存器被复位。复位后，PC=0x3F FFC0，SP=0x0400，ST1=0x080B，其他 CPU 寄存器的复位值为 0。

2. 硬件 NMI

外部输入引脚 NMI 的低电平将触发硬件 NMI，对于 C28x DSP，其中断向量的内容为 0x3F

FFE4。

3．软件中断（INTR 和 TRAP 指令）

INTR 指令用于执行一个中断服务程序，该指令直接转移到指令的参数所对应的中断服务程序，其参数及中断名称为 INT1～INT14、DLOGINT、RTOSINT 和 NMI。INTR 指令的语法如下：INTR INTx，其中 x=1～14 表示执行 INT1～INT14 的中断服务程序；INTR NMI 表示执行非屏蔽中断服务程序。INTR 指令不受中断控制位（INTM）、中断允许寄存器（IER）和调试中断允许寄存器（DBGIER）的影响，也不会将中断标志寄存器（IFR）对应位置 1。但要注意的是，当 PIE 模块被使能后，INTR 指令不能使用 INT1～INT14 作为参数。另外，INTR INT0 表示复位中断的中断服务程序。

TRAP 指令与 INTR 指令非常类似，不过它可以触发 32 个中断中任何一个中断，包括用户定义的软件中断，见表 6-1，TRAP 指令通过引用编号来调用对应的中断服务程序。TRAP指令的语法如下：TRAP #n，其中，n=0～31，为对应中断的编号。

4．非法指令陷阱

当 CPU 执行任何无效的指令，均会触发非法指令陷阱，其操作与执行指令 TRAP #19 相同，产生由 TRAP 指令引起的中断处理。非法指令陷阱将返回地址保存在堆栈中，这样可通过查询保存的值检测非法地址。

6.5 外设中断扩展（PIE）模块

PIE 模块将高达 96 个外设中断源每 8 个一组、共 12 个中断信号送给 CPU 的 INT1～INT12。每个中断源在专门的 RAM 区都有自己的中断向量，用户可以修改此向量。中断服务时，CPU 自动读取相应的中断向量，读取中断向量和保存重要的 CPU 寄存器需要花费 9 个 CPU 时钟周期。中断的优先级由软件和硬件控制，在 PIE 模块内，每个中断可以允许或禁止。

6.5.1 PIE 控制器

F2802x DSP 支持一个非屏蔽中断（NMI）和 16 个 CPU 级可屏蔽中断（INT1～INT14、DLOGINT 和 RTOSINT），但其内部包含有大量外设，每个外设都可能产生一个或多个外设级中断，由于 CPU 没有能力直接处理所有的外设中断请求，因此需要一个外设中断扩展控制器管理这些中断请求。

图 6-3 给出了采用 PIE 模块的中断管理结构框图，PIE 模块内部有 12 个 8 选 1 的多路选择器，因此能将 96 个外设中断源每 8 个编成一组，通过一个多路选择器送给一个 CPU 的中断请求 $\overline{INTx}$（x=1～12）。在图中只画出了一个多路选择器，这个多路选择器管理的外设中断源为 INTx.1～INTx.8，多路选择器产生的中断请求为 $\overline{INTx}$。

由图 6-3 可知，中断控制包括三个层次：外设级、PIE 级和 CPU 级。

1．外设级

外设级中断是指 F2802x 片上各种外设产生的中断，包括外设中断、看门狗与低功耗模式唤醒中断、外部中断（INT1～INT3）以及定时器 0 中断等。外设中触发一个中断事件的发生，该事件对应的中断标志（IF）位在寄存器中被置位。如果相应的中断使能（IE）位被置位，则外设向 PIE 控制器产生一个中断请求。如果中断在外设级未被使能，IF 就保持置位，直到被软件清除。如果中断稍后被使能，并且中断标志仍然置位，中断请求就提交到 PIE 级。外设寄存器中的中断标志必须手动清除。

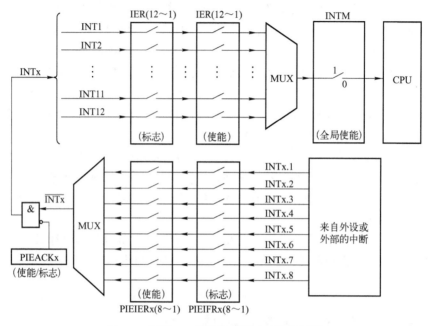

图 6-3　采用 PIE 模块的中断管理结构框图

2. PIE 级

PIE 模块将每 8 个外设中断多路复用成一个 CPU 中断，所有 96 个外设中断分成 12 组：PIE 组 1～PIE 组 12，例如，PIE 组 1 被多路复用成 CPU 中断 1（INT1），…，PIE 组 12 被复用成 CPU 中断 12（INT12）。

对于多路复用的中断源，PIE 模块中的每个中断组有一个相关的标志寄存器（PIEIFRx）和使能寄存器（PIEIERx）（x=1～12）。每个位（表示为 y）对应组内 8 个多路复用中断中的一个。这样，PIEIFRx.y 和 PIEIERx.y 对应 PIE 组 x（x=1～12）的中断 y（y=1～8）。另外，每个 PIE 中断组还有一个应答位（PIEACK），称为 PIEACKx（x=1～12）。

当外设向 PIE 模块提出中断请求时，PIE 模块内相应的 PIE 中断标志位（PIEIFRx.y）就被置 1。如果对应的 PIE 中断使能位（PIEIERx.y）也被置 1，则外设的中断请求通过多路选择器（MUX）形成一个 CPU 的中断请求 $\overline{INTx}$。但是在形成 INTx 之前，还要经过一个 PIEACKx 位的逻辑控制，PIEACKx 决定 CPU 是否准备好响应该中断。如果相应的 PIEACKx 位被清零（此位操作为写 1 清零），则外设中断请求将通过 PIE 模块形成 CPU 级中断请求 INTx；如果 PIEACKx 被置位，PIE 将等待，直到相应的 PIEACKx 位被清零。

3. CPU 级

如果 PIE 模块向 CPU 发出中断请求 INTx，INTx 就将 CPU 中断标志寄存器（IFR）中对应位置 1。每个中断请求在 CPU 中断允许寄存器（IER）中也有对应的使能位。通过软件将 IER 中屏蔽位使能，并将中断屏蔽位 INTM 允许，则 CPU 将最终接收来自外设的中断请求，并进入中断响应流程。

从外设中断请求进入 PIE 模块直到 CPU 响应中断的流程如图 6-4 所示。

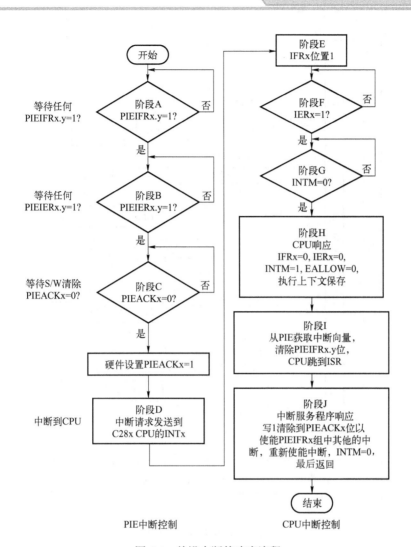

图 6-4 外设中断的响应流程

6.5.2 F2802x 的中断源

图 6-5 给出了 F2802x 的硬件中断结构及对应的中断源。

由图 6-5 可知，除了非屏蔽中断（NMI），其余的 INT1～INT14 为可屏蔽中断。PIE 模块占用了 12 个中断请求 INT1～INT12，INT13 被 CPU 定时器 1 占用，INT14 被 CPU 定时器 2 占用。

PIE 模块占用的 12 个 CPU 的可屏蔽中断请求 INT1～INT12 主要来自 F2802x 的众多片内外设，这些中断请求包括 SPI、SCI、ePWM、HRPWM、eCAP 和 ADC 模块的总共 26 个中断源。另外低功耗模式和看门狗可以产生一个唤醒中断请求 WAKEINT，PIE 模块还支持 3 个外部可屏蔽中断请求 XINT1～XINT3 以及接收来自 CPU 定时器 0 的中断请求。这样 PIE 模块所管理的全部外设中断源共有 31 个。但是 PIE 模块能够扩展的全部中断源可以达到 96 个，未用的资源被保留给后续芯片。表 6-4 给出了所有 96 个中断源在 PIE 模块中分组情况及对应的 CPU 中断请求。

115

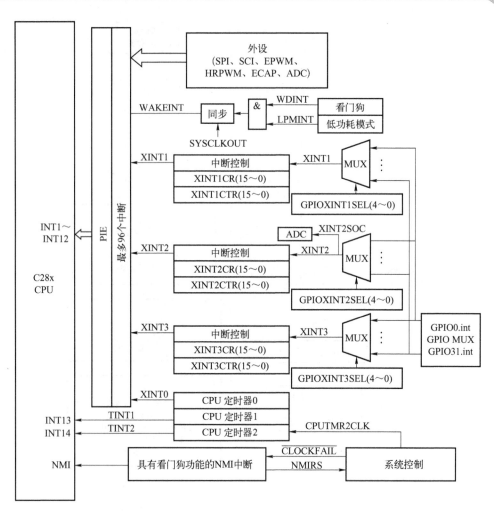

图 6-5　F2802x 的硬件中断结构

表 6-4　PIE 外设中断源

	INTx.8	INTx.7	INTx.6	INTx.5	INTx.4	INTx.3	INTx.2	INTx.1
INT1.y	WAKEINT	TINT0	ADCINT9	XINT2	XINT1	Reserved	ADCINT2	ADCINT1
INT2.y	Reserved	Reserved	Reserved	Reserved	EPWM4_TZINT	EPWM3_TZINT	EPWM2_TZINT	EPWM1_TZINT
INT3.y	Reserved	Reserved	Reserved	Reserved	EPWM4_INT	EPWM3_INT	EPWM2_INT	EPWM1_INT
INT4.y	Reserved	Reserved	Reserved	Reserved	Reserved	Reserved	Reserved	ECAP1_INT
INT5.y	Reserved	Reserved	Reserved	Reserved	Reserved	Reserved	Reserved	Reserved
INT6.y	Reserved	Reserved	Reserved	Reserved	Reserved	Reserved	SPITXINTA	SPIRXINTA
INT7.y	Reserved	Reserved	Reserved	Reserved	Reserved	Reserved	Reserved	Reserved
INT8.y	Reserved	Reserved	Reserved	Reserved	Reserved	Reserved	I2CINT2A	I2C1INT1A
INT9.y	Reserved	Reserved	Reserved	Reserved	Reserved	Reserved	SCITXINTA	SCIRXINTA
INT10.y	ADCINT8	ADCINT7	ADCINT6	ADCINT5	ADCINT4	ADCINT3	ADCINT2	ADCINT1
INT11.y	Reserved	Reserved	Reserved	Reserved	Reserved	Reserved	Reserved	Reserved
INT12.y	Reserved	Reserved	Reserved	Reserved	Reserved	Reserved	Reserved	XINT3

CPU 决定了 INT1~INT12 的中断优先级，每组 8 个中断源的优先级则由 PIE 控制。在每组中 y 值越小，中断优先权越高。例如，如果 INT1.1 和 INT8.1 同时出现，PIE 模块将两个中断 INT1 和 INT8 同时提交给 CPU，CPU 先响应 INT1.1 中断请求。如果 INT1.1 和 INT1.8 同时出现，INT1.1 先发送到 CPU，然后再发送 INT1.8 给 CPU。但要注意的是，组内中断源的优先级不同于 CPU 级的优先级，PIE 控制只是决定了同组的多个中断源同时申请中断时，CPU 响应这组中断源请求的先后次序，同一组的中断是不可嵌套的。

6.5.3　PIE 向量表

PIE 向量表由一个 256×16 位的 SRAM 块组成，如果不使用 PIE 模块，SRAM 块可以用作 RAM（只在数据区域内）。复位时 PIE 向量表的内容未定义。

当 PIE 被使能时，TRAP #1~TRAP #12 指令或 INTR INT1~INTR INT12 指令将程序控制权转给 PIE 组内第一个向量对应的中断服务程序。例如：TRAP #1 取出 INT1.1 的向量，TRAP #2 取出 INT2.1 的向量，等等。类似地，只要相应的中断标志被设置，指令 OR IFR, #16bit 可以将向量从 INTR1.1~INTR12.1 单元取出。所有其他 TRAP、INTR、OR IFR,#16bit 操作将向量从对应的向量表位置中取出。向量表受 EALLOW 保护。

当 PIE 模块被使用时 ENPIE 要被置 1，此时中断矢量映射至 0x00 0D00~0x00 0DFF。此时 PIE 向量表见表 6-5。

表 6-5　PIE 向量表

名称	向量 ID	地址	大小（×16 位）	说　明	CPU 优先级	PIE 优先级
Reset	0	0x0000 0D00	2	Reset 总是从 0x003F FFC0 读取中断矢量	1（最高）	
INT1	1	0x0000 0D02	2	未使用	5	
INT2	2	0x0000 0D04	2	未使用	6	
INT3	3	0x0000 0D06	2	未使用	7	
INT4	4	0x0000 0D08	2	未使用	8	
INT5	5	0x0000 0D0A	2	未使用	9	
INT6	6	0x0000 0D0C	2	未使用	10	
INT7	7	0x0000 0D0E	2	未使用	11	
INT8	8	0x0000 0D10	2	未使用	12	
INT9	9	0x0000 0D12	2	未使用	13	
INT10	10	0x0000 0D14	2	未使用	14	
INT11	11	0x0000 0D16	2	未使用	15	
INT12	12	0x0000 0D18	2	未使用	16	
INT13	13	0x0000 0D1A	2	外部中断 13（XINT13）或 CPU 定时器 1	17	
INT14	14	0x0000 0D1C	2	CPU 定时器 2（供 TI-RTOS 使用）	18	
DATALOG	15	0x0000 0D1E	2	CPU 数据日志中断	19（最低）	

（续）

名称	向量 ID	地址	大小（×16 位）	说　　明	CPU 优先级	PIE 优先级
RTOSINT	16	0x0000 0D20	2	CPU RTOS 中断	4	
EMUINT	17	0x0000 0D22	2	CPU 仿真中断	2	
NMI	18	0x0000 0D24	2	非屏蔽中断（NMI）	3	
ILLEGAL	19	0x0000 0D26	2	非法指令 TRAP 中断		
USER1	20	0x0000 0D28	2	用户定义软件中断		
USER2	21	0x0000 0D2A	2	用户定义软件中断		
USER3	22	0x0000 0D2C	2	用户定义软件中断		
USER4	23	0x0000 0D2E	2	用户定义软件中断		
USER5	24	0x0000 0D30	2	用户定义软件中断		
USER6	25	0x0000 0D32	2	用户定义软件中断		
USER7	26	0x0000 0D34	2	用户定义软件中断		
USER8	27	0x0000 0D36	2	用户定义软件中断		
USER9	28	0x0000 0D38	2	用户定义软件中断		
USER10	29	0x0000 0D3A	2	用户定义软件中断		
USER11	30	0x0000 0D3C	2	用户定义软件中断		
USER12	31	0x0000 0D3E	2	用户定义软件中断		
INT1.1	32	0x0000 0D40	2	ADCINT1　　　　　（ADC）	5	1（最高）
INT1.2	33	0x0000 0D42	2	ADCINT2　　　　　（ADC）	5	2
INT1.3	34	0x0000 0D44	2	保留	5	3
INT1.4	35	0x0000 0D46	2	XINT1	5	4
INT1.5	36	0x0000 0D48	2	XINT2	5	5
INT1.6	37	0x0000 0D4A	2	ADCINT9　　　　　（ADC）	5	6
INT1.7	38	0x0000 0D4C	2	TINT0　　（CPU 定时器 0）	5	7
INT1.8	39	0x0000 0D4E	2	WAKEINT　　　（LPM/WD）	5	8（最低）
INT2.1	40	0x0000 0D50	2	EPWM1_TZINT　（ePWM1）	6	1（最高）
INT2.2	41	0x0000 0D52	2	EPWM2_TZINT　（ePWM2）	6	2
INT2.3	42	0x0000 0D54	2	EPWM3_TZINT　（ePWM3）	6	3
INT2.4	43	0x0000 0D56	2	EPWM4_TZINT　（ePWM4）	6	4
INT2.5	44	0x0000 0D58	2	Reserved	6	5
INT2.6	45	0x0000 0D5A	2	Reserved	6	6
INT2.7	46	0x0000 0D5C	2	Reserved	6	7
INT2.8	47	0x0000 0D5E	2	Reserved	6	8（最低）
INT3.1	48	0x0000 0D60	2	EPWM1_INT　　（ePWM1）	7	1（最高）
INT3.2	49	0x0000 0D62	2	EPWM2_INT　　（ePWM2）	7	2
INT3.3	50	0x0000 0D64	2	EPWM3_INT　　（ePWM3）	7	3
INT3.4	51	0x0000 0D66	2	EPWM4_INT　　（ePWM4）	7	4
INT3.5	52	0x0000 0D68	2	Reserved	7	5
INT3.6	53	0x0000 0D6A	2	Reserved	7	6
INT3.7	54	0x0000 0D6C	2	Reserved	7	7
INT3.8	55	0x0000 0D6E	2	Reserved	7	8（最低）

（续）

名称	向量 ID	地址	大小（×16 位）	说　明		CPU 优先级	PIE 优先级
INT4.1	56	0x0000 0D70	2	ECAP1_INT	（eCAP1）	8	1（最高）
INT4.2	57	0x0000 0D72	2	Reserved		8	2
INT4.3	58	0x0000 0D74	2	Reserved		8	3
INT4.4	59	0x0000 0D76	2	Reserved		8	4
INT4.5	60	0x0000 0D78	2	Reserved		8	5
INT4.6	61	0x0000 0D7A	2	Reserved		8	6
INT4.7	62	0x0000 0D7C	2	Reserved		8	7
INT4.8	63	0x0000 0D7E	2	Reserved		8	8（最低）
INT5.1	64	0x0000 0D80	2	EQEP1_INT	（EQEP1）	9	1（最高）
INT5.2	65	0x0000 0D82	2	EQEP2_INT	（EQEP2）	9	2
INT5.3	66	0x0000 0D84	2	Reserved		9	3
INT5.4	67	0x0000 0D86	2	Reserved		9	4
INT5.5	68	0x0000 0D88	2	Reserved		9	5
INT5.6	69	0x0000 0D8A	2	Reserved		9	6
INT5.7	70	0x0000 0D8C	2	Reserved		9	7
INT5.8	71	0x0000 0D8E	2	Reserved		9	8（最低）
INT6.1	72	0x0000 0D90	2	SPIRXINTA	（SPI-A）	10	1（最高）
INT6.2	73	0x0000 0D92	2	SPITXINTA	（SPI-A）	10	2
INT6.3	74	0x0000 0D94	2	Reserved		10	3
INT6.4	75	0x0000 0D96	2	Reserved		10	4
INT6.5	76	0x0000 0D98	2	Reserved		10	5
INT6.6	77	0x0000 0D9A	2	Reserved		10	6
INT6.7	78	0x0000 0D9C	2	Reserved		10	7
INT6.8	79	0x0000 0D9E	2	Reserved		10	8（最低）
INT7.1	80	0x0000 0DA0	2	Reserved		11	1（最高）
INT7.2	81	0x0000 0DA2	2	Reserved		11	2
INT7.3	82	0x0000 0DA4	2	Reserved		11	3
INT7.4	83	0x0000 0DA6	2	Reserved		11	4
INT7.5	84	0x0000 0DA8	2	Reserved		11	5
INT7.6	85	0x0000 0DAA	2	Reserved		11	6
INT7.7	86	0x0000 0DAC	2	Reserved		11	7
INT7.8	87	0x0000 0DAE	2	Reserved		11	8（最低）
INT8.1	88	0x0000 0DB0	2	I2CINT1A	（I2C-A）	12	1（最高）
INT8.2	89	0x0000 0DB2	2	I2CINT2A	（I2C-A）	12	2
INT8.3	90	0x0000 0DB4	2	Reserved		12	3
INT8.4	91	0x0000 0DB6	2	Reserved		12	4
INT8.5	92	0x0000 0DB8	2	Reserved		12	5
INT8.6	93	0x0000 0DBA	2	Reserved		12	6
INT8.7	94	0x0000 0DBC	2	Reserved		12	7
INT8.8	95	0x0000 0DBE	2	Reserved		12	8（最低）

（续）

名称	向量 ID	地址	大小（×16 位）	说　　明		CPU 优先级	PIE 优先级
INT9.1	96	0x0000 0DC0	2	SCIRXINTA	（SCI-A）	13	1（最高）
INT9.2	97	0x0000 0DC2	2	SCITXINTA	（SCI-A）	13	2
INT9.3	98	0x0000 0DC4	2	Reserved		13	3
INT9.4	99	0x0000 0DC6	2	Reserved		13	4
INT9.5	100	0x0000 0DC8	2	Reserved		13	5
INT9.6	101	0x0000 0DCA	2	Reserved		13	6
INT9.7	102	0x0000 0DCC	2	Reserved		13	7
INT9.8	103	0x0000 0DCE	2	Reserved		13	8（最低）
INT10.1	104	0x0000 0DD0	2	ADCINT1	（ADC）	14	1（最高）
INT10.2	105	0x0000 0DD2	2	ADCINT2	（ADC）	14	2
INT10.3	106	0x0000 0DD4	2	ADCINT3	（ADC）	14	3
INT10.4	107	0x0000 0DD6	2	ADCINT4	（ADC）	14	4
INT10.5	108	0x0000 0DD8	2	ADCINT5	（ADC）	14	5
INT10.6	109	0x0000 0DDA	2	ADCINT6	（ADC）	14	6
INT10.7	110	0x0000 0DDC	2	ADCINT7	（ADC）	14	7
INT10.8	111	0x0000 0DDE	2	ADCINT8	（ADC）	14	8（最低）
INT11.1	112	0x0000 0DE0	2	Reserved		15	1（最高）
INT11.2	113	0x0000 0DE2	2	Reserved		15	2
INT11.3	114	0x0000 0DE4	2	Reserved		15	3
INT11.4	115	0x0000 0DE6	2	Reserved		15	4
INT11.5	116	0x0000 0DE8	2	Reserved		15	5
INT11.6	117	0x0000 0DEA	2	Reserved		15	6
INT11.7	118	0x0000 0DEC	2	Reserved		15	7
INT11.8	119	0x0000 0DEE	2	Reserved		15	8（最低）
INT12.1	120	0x0000 0DF0	2	XINT3		16	1（最高）
INT12.2	121	0x0000 0DF2	2	Reserved		16	2
INT12.3	122	0x0000 0DF4	2	Reserved		16	3
INT12.4	123	0x0000 0DF6	2	Reserved		16	4
INT12.5	124	0x0000 0DF8	2	Reserved		16	5
INT12.6	125	0x0000 0DFA	2	Reserved		16	6
INT12.7	126	0x0000 0DFC	2	Reserved		16	7
INT12.8	127	0x0000 0DFE	2	Reserved		16	8（最低）

6.6　外部中断 XINT1、XINT2 和 XINT3

F28027 支持 3 个可屏蔽的外部中断：XINT1、XINT2 和 XINT3，这些外部中断中的每一个都可被设置成上升沿触发或下降沿触发，而且也能被独立地使能或禁止，这些功能可通过其控制寄存器（XINTnCR）（n=1,2,3）的设置来实现。另外，XINT1、XINT2 和 XINT3 分别拥有一个 16 位自由运行的计数器（XINTnCTR），该计数器以 SYSCLKOUT 为工作时钟进行加计数。计数器在复位或接收到有效的中断触发沿时被清零。当外部中断被禁止时，计数器停止计数。表 6-6 给出与 3 个外部中断相关的寄存器，这些寄存器不受 EALLOW 的保护。

表 6-6　外部中断控制与计数器寄存器

寄存器名	地　　址	大小（×16 位）	说　　明
XINT1CR	0x00 7070	1	XINT1 配置寄存器
XINT2CR	0x00 7071	1	XINT2 配置寄存器
XINT3CR	0x00 7072	1	XINT3 配置寄存器
	0x00 7073～0x00 7077	5	Reserved
XINT1CTR	0x00 7078	1	XINT1 计数器寄存器
XINT2CTR	0x00 7079	1	XINT2 计数器寄存器
XINT3CTR	0x00 707A	1	XINT3 计数器寄存器
	0x00 707B～0x00 707E	5	Reserved

3 个外部中断控制寄存器 XINTnCR 的定义是相同的，其定义如下：

15			4	3	2	1	0
		Reserved			Polarity	Reserved	Enable
		R-000000000000			R/W-00	R-0	R/W-0

位 15～4、位 1，Reserved 保留位。

位 3，2，Polarity：极性位，用于确定 XINTn 引脚上有效的中断触发信号是上升沿还是下降沿。为 00 或 10 时，下降沿产生中断；为 01 时，上升沿产生中断；为 11 时，上升沿和下降沿均产生中断。

位 0，Enable：使能位，为 1 时，表示允许 XINTn 中断；为 0 时，表示禁止该中断。

外部中断计数器寄存器 XINTnCTR 为一个 16 位计数器，用于精确记录中断发生的时刻。

6.7　中断控制寄存器

6.7.1　PIE 配置寄存器

控制 PIE 模块功能的寄存器见表 6-7，表中寄存器不受 EALLOW 的保护。

表 6-7　PIE 模块寄存器

寄存器名	地　　址	大小（×16 位）	说　　明
PIECTRL	0x00 0CE0	1	PIE 控制寄存器
PIEACK	0x00 0CE1	1	PIE 响应寄存器
PIEIER1	0x00 0CE2	1	PIE-INT1 使能寄存器
PIEIFR1	0x00 0CE3	1	PIE-INT1 标志寄存器
PIEIER2	0x00 0CE4	1	PIE-INT2 使能寄存器
PIEIFR2	0x00 0CE5	1	PIE-INT2 标志寄存器
PIEIER3	0x00 0CE6	1	PIE-INT3 使能寄存器
PIEIFR3	0x00 0CE7	1	PIE-INT3 标志寄存器

（续）

寄存器名	地　址	大小（×16 位）	说　明
PIEIER4	0x00 0CE8	1	PIE-INT4 使能寄存器
PIEIFR4	0x00 0CE9	1	PIE-INT4 标志寄存器
PIEIER5	0x00 0CEA	1	PIE-INT5 使能寄存器
PIEIFR5	0x00 0CEB	1	PIE-INT5 标志寄存器
PIEIER6	0x00 0CEC	1	PIE-INT6 使能寄存器
PIEIFR6	0x00 0CED	1	PIE-INT6 标志寄存器
PIEIER7	0x00 0CEE	1	PIE-INT7 使能寄存器
PIEIFR7	0x00 0CEF	1	PIE-INT7 标志寄存器
PIEIER8	0x00 0CF0	1	PIE-INT8 使能寄存器
PIEIFR8	0x00 0CF1	1	PIE-INT8 标志寄存器
PIEIER9	0x00 0CF2	1	PIE-INT9 使能寄存器
PIEIFR9	0x00 0CF3	1	PIE-INT9 标志寄存器
PIEIER10	0x00 0CF4	1	PIE-INT10 使能寄存器
PIEIFR10	0x00 0CF5	1	PIE-INT10 标志寄存器
PIEIER11	0x00 0CF6	1	PIE-INT11 使能寄存器
PIEIFR11	0x00 0CF7	1	PIE-INT11 标志寄存器
PIEIER12	0x00 0CF8	1	PIE-INT12 使能寄存器
PIEIFR12	0x00 0CF9	1	PIE-INT12 标志寄存器

122

PIE 模块控制寄存器（PIECTRL）的定义如下：

15		1	0
PIEVECT			ENPIE
R-000000000000000			R/W-0

位 15～1，PIEVECT：这些位为只读位，反映了被 CPU 读取的中断向量在 PIE 向量表中的地址。16 位的地址只有高 15 位被给出，最低位被忽略。

位 0，ENPIE：PIE 向量表的使能位，当该位置 1 后，CPU 将从 PIE 向量表中读取中断向量。

PIE 中断响应寄存器（PIEACK）的定义如下：

15	12	11	0
Reserved		PIEACK	
R-0000		R/W1C-000000000000	

位 15～12，Reserved：保留位。

位 11～0，PIEACK：中断响应位，向该位写 1 将驱动 PIE 模块向 CPU 发出中断请求。当 CPU 响应某个中断请求，则对应的位自动置 1，以屏蔽所有来自同组的其他中断，故中断服务程序需要通过软件对该位清零，以允许下次中断请求。位 0 对应 INT1，位 1 对应 INT2，…，位 11 对应 INT12。

PIE 中断标志寄存器（PIEIFRx）（x=1～12）：12 个 PIE 标志寄存器，每个寄存器对应一个 PIE 组，每个寄存器包含了 8 个可屏蔽外设请求标志，其定义如下：

15							8
Reserved							
R-00000000							

7	6	5	4	3	2	1	0
INTx.8	INTx.7	INTx.6	INTx.5	INTx.4	INTx.3	INTx.2	INTx.1
R/W-0	R/W-0	R/W-0	R/W-0	R/W-0	R/W-0	R/W-0	R/W-0

位 15～8，Reserved：保留位。

位 7～0，INTx.y（x=1～12，y=1～8）：表示 PIE 模块中可屏蔽的外设中断请求的标志位。当该中断被响应后，该位被自动清零，也可通过软件写 0 来清除该标志位。

PIE 中断允许寄存器（PIEIERx）（x=1～12）：12 个 PIE 屏蔽寄存器，每个寄存器对应一个 PIE 组，每个寄存器包含了 8 个可屏蔽外设中断请求的屏蔽位，其定义如下：

15							8
Reserved							
R-00000000							

7	6	5	4	3	2	1	0
INTx.8	INTx.7	INTx.6	INTx.5	INTx.4	INTx.3	INTx.2	INTx.1
R/W-0	R/W-0	R/W-0	R/W-0	R/W-0	R/W-0	R/W-0	R/W-0

位 15～8，Reserved：保留位。

位 7～0，INTx.y（x=1～12，y=1～8）：表示 PIE 模块中可屏蔽的外设中断请求的使能位。该位为 1，表示对应的外设中断请求被允许；该位为 0，表示对应的外设中断请求被禁止。

6.7.2 CPU 中断控制寄存器

CPU 中断标志寄存器（IFR）是一个 16 位的 CPU 寄存器，用来识别和清除挂起的中断标志位。IFR 包含所有 CPU 级可屏蔽中断（INT1～INT14，DLOGINT 和 RTOSINT）的标志位。当 PIE 被使能时，PIE 模块复用 INT1～INT12 的 CPU 中断。当一个可屏蔽中断产生请求时，相应外设控制寄存器中的标志位被设置为 1。如果对应的屏蔽位也为 1，中断请求就发送到 CPU，设置 IFR 中的相应标志。这表明中断正在挂起或等待响应。

要识别挂起的中断，先使用 PUSH IFR 指令，然后测试堆栈上的值。使用 OR IFR 指令来设置 IFR 位，使用 AND IFR 指令来手动清除挂起的中断。所有挂起中断用 AND IFR #0 指令或通过一个硬件复位来清除。

中断标志寄存器（IFR）的定义如下：

15	14	13	12	11	10	9	8
RTOSINT	DLOGINT	INT14	INT13	INT12	INT11	INT10	INT9
R/W-0	R/W-0	R/W-0	R/W-0	R/W-0	R/W-0	R/W-0	R/W-0

7	6	5	4	3	2	1	0
INT8	INT7	INT6	INT5	INT4	INT3	INT2	INT1
R/W-0	R/W-0	R/W-0	R/W-0	R/W-0	R/W-0	R/W-0	R/W-0

位 15，RTOSINT：实时操作系统 CPU 中断请求标志位。

位 14，DLOGINT：数据日志 CPU 中断请求标志位。

位 13～0，INTx（x=1～14）：INT1～INT14 中断请求标志位。为 1，表示有中断请求；

为 0，表示无中断请求。

要注意的是，当 INTR 指令请求一个中断并且相应的 IFR 位被置位时，CPU 不会自动清除 IFR 位。如果应用要求清除 IFR 位，必须通过软件来清除。

CPU 中断使能寄存器（IER）是一个 16 位的 CPU 寄存器。IER 包含所有可屏蔽 CPU 中断级（INT1～INT14，RTOSINT 和 DLOGINT）的使能位。IER 不包含 NMI 和 XRS，因此，IER 对于这两个中断没有影响。

可以读 IER 来识别使能或禁止的中断，写 IER 来使能或禁止中断。使用 OR IER 指令将相应的 IER 位设置为 1，使用 AND IER 指令将相应的 IER 位设置为 0。当一个中断被禁止时，它不被响应，不管 INTM 位的值是什么。当一个中断被使能时，如果相应的 IFR 位为 1 且 INTM 位为 0，中断就被响应。

当一个硬件中断被响应或执行一条 INTR 指令后，相应的 IER 位被自动清除。当 TRAP 指令请求中断时，IER 位不被自动清除。在 TRAP 指令请求中断的情况下，如果需要清除 IER 位，必须由中断服务程序来完成。

CPU 中断使能寄存器（IER）的定义如下。某位为 1，表示对应的中断请求被使能；为 0，表示对应的中断请求被禁止。

15	14	13	12	11	10	9	8
RTOSINT	DLOGINT	INT14	INT13	INT12	INT11	INT10	INT9
R/W-0	R/W-0	R/W-0	R/W-0	R/W-0	R/W-0	R/W-0	R/W-0

7	6	5	4	3	2	1	0
INT8	INT7	INT6	INT5	INT4	INT3	INT2	INT1
R/W-0	R/W-0	R/W-0	R/W-0	R/W-0	R/W-0	R/W-0	R/W-0

CPU 调试中断使能寄存器（DBGIER）与 IER 的定义完全相同，只是当处于实时调试模式下使用该寄存器。当 CPU 在调试断点处停止后，只有 DBGIER 和 IER 同时被使能的中断才能得到 CPU 的响应。如果仅仅在 IER 中被使能，则中断请求不会被 CPU 响应；同样，仅仅在 DBGIER 中被使能也不能得到 CPU 响应。

关于中断控制这组寄存器的结构体定义如下：

```
//PIE 控制寄存器文件结构
struct PIE_CTRL_REGS
{
    union PIECTRL_REG PIECTRL;        //PIE 控制寄存器
    union PIEACK_REG  PIEACK;         //PIE 中断响应寄存器
    union PIEIER_REG  PIEIER1;        //PIE INT1 使能寄存器 PIEIER1
    union PIEIFR_REG  PIEIFR1;        //PIE INT1 标志寄存器 PIEIFR1
    union PIEIER_REG  PIEIER2;        //PIE INT2 使能寄存器 PIEIER2
    union PIEIFR_REG  PIEIFR2;        //PIE INT2 标志寄存器 PIEIFR2
    union PIEIER_REG  PIEIER3;        //PIE INT3 使能寄存器 PIEIER3
    union PIEIFR_REG  PIEIFR3;        //PIE INT3 标志寄存器 PIEIFR3
    union PIEIER_REG  PIEIER4;        //PIE INT4 使能寄存器 PIEIER4
    union PIEIFR_REG  PIEIFR4;        //PIE INT4 标志寄存器 PIEIFR4
```

```
    union PIEIER_REG    PIEIER5;        //PIE INT5 使能寄存器 PIEIER5
    union PIEIFR_REG    PIEIFR5;        //PIE INT5 标志寄存器 PIEIFR5
    union PIEIER_REG    PIEIER6;        //PIE INT6 使能寄存器 PIEIER6
    union PIEIFR_REG    PIEIFR6;        //PIE INT6 标志寄存器 PIEIFR6
    union PIEIER_REG    PIEIER7;        //PIE INT7 使能寄存器 PIEIER7
    union PIEIFR_REG    PIEIFR7;        //PIE INT7 标志寄存器 PIEIFR7
    union PIEIER_REG    PIEIER8;        //PIE INT8 使能寄存器 PIEIER8
    union PIEIFR_REG    PIEIFR8;        //PIE INT8 标志寄存器 PIEIFR8
    union PIEIER_REG    PIEIER9;        //PIE INT9 使能寄存器 PIEIER9
    union PIEIFR_REG    PIEIFR9;        //PIE INT9 标志寄存器 PIEIFR9
    union PIEIER_REG    PIEIER10;       //PIE INT10 使能寄存器 PIEIER10
    union PIEIFR_REG    PIEIFR10;       //PIE INT10 标志寄存器 PIEIFR10
    union PIEIER_REG    PIEIER11;       //PIE INT11 使能寄存器 PIEIER11
    union PIEIFR_REG    PIEIFR11;       //PIE INT11 标志寄存器 PIEIFR11
    union PIEIER_REG    PIEIER12;       //PIE INT12 使能寄存器 PIEIER12
    union PIEIFR_REG    PIEIFR12;       //PIE INT12 标志寄存器 PIEIFR12
};
```

在 C 编程中，用该结构声明一个实体变量 PieCtrlRegs，通过该变量可以访问该结构体中每个寄存器。

```
    extern volatile struct PIE_CTRL_REGS PieCtrlRegs;
```

中断向量的定义如下：

```
#define DSP2802x_PIE_VECT_H


//PIE 中断向量表定义
//创建一个名为 PINT 的用户类型（指向中断的指针）
typedef interrupt void(*PINT)(void);
//定义中断向量表
struct PIE_VECT_TABLE
{
//复位中断向量不从该表读取，它总是从 Boot ROM 的 0x3F FFFC 单元读取
    PINT       PIE1_RESERVED;
    PINT       PIE2_RESERVED;
    PINT       PIE3_RESERVED;
    PINT       PIE4_RESERVED;
    PINT       PIE5_RESERVED;
    PINT       PIE6_RESERVED;
    PINT       PIE7_RESERVED;
    PINT       PIE8_RESERVED;
    PINT       PIE9_RESERVED;
```

```
    PINT    PIE10_RESERVED;
    PINT    PIE11_RESERVED;
    PINT    PIE12_RESERVED;
    PINT    PIE13_RESERVED;
```
//非外设中断
```
    PINT    TINT1;                  //CPU 定时器 1
    PINT    TINT2;                  //CPU 定时器 2
    PINT    DATALOG;                //数据日志中断
    PINT    RTOSINT;                //RTOS 中断
    PINT    EMUINT;                 //仿真中断
    PINT    NMI;                    //非屏蔽中断
    PINT    ILLEGAL;                //非法指令 TRAP 中断
    PINT    USER1;                  //用户定义的软件中断 1
    PINT    USER2;                  //用户定义的软件中断 2
    PINT    USER3;                  //用户定义的软件中断 3
    PINT    USER4;                  //用户定义的软件中断 4
    PINT    USER5;                  //用户定义的软件中断 5
    PINT    USER6;                  //用户定义的软件中断 6
    PINT    USER7;                  //用户定义的软件中断 7
    PINT    USER8;                  //用户定义的软件中断 8
    PINT    USER9;                  //用户定义的软件中断 9
    PINT    USER10;                 //用户定义的软件中断 10
    PINT    USER11;                 //用户定义的软件中断 11
    PINT    USER12;                 //用户定义的软件中断 12
```
//PIE 组 1 外设中断向量
```
    PINT    ADCINT1;                //ADC1
```
//如果 PIE 组 10 ADCINT1 使能，则这里必须为 be rsvd1_1
```
    PINT    ADCINT2;                    //ADC2
```
//如果 PIE 组 10 ADCINT2 使能，则这里必须为 be rsvd1_2
```
    PINT    rsvd1_3;
    PINT    XINT1;
    PINT    XINT2;
    PINT    ADCINT9;                //ADC
    PINT    TINT0;                  //CPU 定时器 0
    PINT    WAKEINT;                //WD
        ⋮
```
//PIE 组 12 外设中断向量
```
    PINT    XINT3;
    PINT    rsvd12_2;
```

```
    PINT    rsvd12_3;
    PINT    rsvd12_4;
    PINT    rsvd12_5;
    PINT    rsvd12_6;
    PINT    rsvd12_7;
    PINT    rsvd12_8;
};
```
//PIE中断矢量表外部应用和函数声明
```
extern struct PIE_VECT_TABLE PieVectTable;
```

例6.2 中断向量初始化。
```
#include "DSP2802x_Device.h"
#include "DSP2802x_Examples.h"

const struct PIE_VECT_TABLE     PieVectTableInit
{
    PIE_RESERVED,           //0  保留空间
    PIE_RESERVED,           //1  保留空间
    PIE_RESERVED,           //2  保留空间
    PIE_RESERVED,           //3  保留空间
    PIE_RESERVED,           //4  保留空间
    PIE_RESERVED,           //5  保留空间
    PIE_RESERVED,           //6  保留空间
    PIE_RESERVED,           //7  保留空间
    PIE_RESERVED,           //8  保留空间
    PIE_RESERVED,           //9  保留空间
    PIE_RESERVED,           //10 保留空间
    PIE_RESERVED,           //11 保留空间
    PIE_RESERVED,           //12 保留空间
//非外设中断
    INT13_ISR,              //INT13 or CPU-Timer 1
    INT14_ISR,              //INT14 or CPU-Timer 2
    DATALOG_ISR,            //数据日志中断
    RTOSINT_ISR,            //RTOS中断
    EMUINT_ISR,             //仿真中断
    NMI_ISR,                //非屏蔽中断
    ILLEGAL_ISR,            //非法指令TRAP中断
    USER1_ISR,              //用户定义的软件中断1
    USER2_ISR,              //用户定义的软件中断2
    USER3_ISR,              //用户定义的软件中断3
```

```
    USER4_ISR,              //用户定义的软件中断 4
    USER5_ISR,              //用户定义的软件中断 5
    USER6_ISR,              //用户定义的软件中断 6
    USER7_ISR,              //用户定义的软件中断 7
    USER8_ISR,              //用户定义的软件中断 8
    USER9_ISR,              //用户定义的软件中断 9
    USER10_ISR,             //用户定义的软件中断 10
    USER11_ISR,             //用户定义的软件中断 11
    USER12_ISR,             //用户定义的软件中断 12
//PIE 1 组向量
    ADCINT1_ISR,            //1.1 ADC
//如果此处为 rsvd_ISR,那么 INT10.1 必须为 ADCINT1_ISR
    ADCINT2_ISR,            //1.2 ADC
//如果此处为 rsvd_ISR,那么 INT10.2 必须为 ADCINT1_ISR
    rsvd_ISR,               //1.3
    XINT1_ISR,              //1.4 外部中断 1
    XINT2_ISR,              //1.5 外部中断 2
    ADCINT9_ISR,            //1.6 ADC
    TINT0_ISR,              //1.7 定时器 0
    WAKEINT_ISR,            //1.8 WD
        ⋮
//PIE 12 组向量
    XINT3_ISR,              //12.1 外部中断 3
    rsvd_ISR,               //12.2
    rsvd_ISR,               //12.3
    rsvd_ISR,               //12.4
    rsvd_ISR,               //12.5
    rsvd_ISR,               //12.6
    rsvd_ISR,               //12.7
    rsvd_ISR,               //12.8
};


//InitPieVectTable: 初始化 PIE 向量表到一个已知状态的函数, 该函数必须在引导之后执行
void InitPieVectTable(void)
{
    int16 i;
    Uint32 *Source=(void*) &PieVectTableInit;
    Uint32 *Dest=(void*) &PieVectTable;
    //不要写前 3 个 32 位的存储单元, 这几个存储单元由 Boot ROM 用于引导初始化
```

```
Source=Source+3;
Dest=Dest+3;
EALLOW;
for(i=0;i<125;i++)  *Dest++=*Source++;
EDIS;
//使能 PIE 中断向量表
PieCtrlRegs.PIECTRL.bit.ENPIE=1;
}
```

例 6.3　外部中断应用实例。

功能：XINT1 外接一个按键，每当按键按下，就改变 CPU 定时器 0 的工作状态，由 CPU 定时器 0 计数变化为停止计数或由 CPU 定时器 0 计数停止计数变化为启动计数。当 CPU 定时器 0 计数时 4 个发光二极管开始闪烁，当 CPU 定时器 0 停止计数时，发光二极管状态不变。在此程序中 CPU 定时器 1 用于按键去抖动滤波。

```c
#include "DSP28x_Project.h"

interrupt void cpu_timer0_isr(void);    //定时器 0
interrupt void cpu_timer1_isr(void);    //定时器 1
interrupt void myXint1_isr(void);       //xint1

void LedRunning(int16 no);
#define Led0Blink() GpioDataRegs.GPACLEAR.bit.GPIO0=1
#define Led1Blink() GpioDataRegs.GPACLEAR.bit.GPIO1=1
#define Led2Blink() GpioDataRegs.GPACLEAR.bit.GPIO2=1
#define Led3Blink() GpioDataRegs.GPACLEAR.bit.GPIO3=1
#define Led0Blank() GpioDataRegs.GPASET.bit.GPIO0=1
#define Led1Blank() GpioDataRegs.GPASET.bit.GPIO1=1
#define Led2Blank() GpioDataRegs.GPASET.bit.GPIO2=1
#define Led3Blank() GpioDataRegs.GPASET.bit.GPIO3=1

extern Uint16 RamfuncsLoadStart;
extern Uint16 RamfuncsLoadEnd;
extern Uint16 RamfuncsRunStart;

int Running=0;
int KeyDLTime=0;
int LedFlashCtr;
int period,hightime;
int PWM1Prd;
int ledtmp;
```

```
int adcptr;
unsigned int ADC_GD,ADC_FK;
float ADC_GDF,ADC_FKF;

void main(void)
{
//初始化系统时钟，选择内部晶振1，10MHz，12倍频，2分频，初始化外设时钟，低速外设，4分频
    InitSysCtrl();
    DINT;                           //关总中断
    IER=0x0000;                     //关 CPU 中断使能
    IFR=0x0000;                     //清 CPU 中断标志
    InitPieCtrl();                  //关 PIE 中断
    InitPieVectTable();             //清中断向量表
    EALLOW;                         //配置中断向量表
    PieVectTable.TINT0=&cpu_timer0_isr;
    PieVectTable.TINT1=&cpu_timer1_isr;
    PieVectTable.XINT1=&myXint1_isr;
    EDIS;

    MemCopy(&RamfuncsLoadStart,&RamfuncsLoadEnd,&RamfuncsRunStart);
    InitFlash();

    InitCpuTimers();
    ConfigCpuTimer(&CpuTimer0,60,500000);
    ConfigCpuTimer(&CpuTimer1,60,10000);
    EALLOW;
    CpuTimer0Regs.TCR.bit.TSS=0;
    CpuTimer0Regs.TCR.bit.TRB=1;
    CpuTimer0.InterruptCount=0;

    CpuTimer1Regs.TCR.bit.TSS=0;
    CpuTimer1Regs.TCR.bit.TRB=1;
    CpuTimer1.InterruptCount=0;
    EDIS;

    EALLOW;
    //跑马灯运行（Horse Run）
    GpioDataRegs.GPASET.bit.GPIO0=1;
    GpioDataRegs.GPASET.bit.GPIO1=1;
```

```
    GpioDataRegs.GPASET.bit.GPIO2=1;
    GpioDataRegs.GPASET.bit.GPIO3=1;

    GpioCtrlRegs.GPAMUX1.bit.GPIO0=0;
    GpioCtrlRegs.GPAMUX1.bit.GPIO1=0;
    GpioCtrlRegs.GPAMUX1.bit.GPIO2=0;
    GpioCtrlRegs.GPAMUX1.bit.GPIO3=0;

    GpioCtrlRegs.GPADIR.bit.GPIO0=1;
    GpioCtrlRegs.GPADIR.bit.GPIO1=1;
    GpioCtrlRegs.GPADIR.bit.GPIO2=1;
    GpioCtrlRegs.GPADIR.bit.GPIO3=1;

    GpioCtrlRegs.GPAMUX1.bit.GPIO4=0;
    GpioCtrlRegs.GPADIR.bit.GPIO4=0;
    GpioCtrlRegs.GPAPUD.bit.GPIO4=0;          //GPIO 上拉使能
    GpioCtrlRegs.GPACTRL.bit.QUALPRD0=0xff;
    GpioIntRegs.GPIOXINT1SEL.bit.GPIOSEL=4;
    XIntruptRegs.XINT1CR.bit.POLARITY=0;
    XIntruptRegs.XINT1CR.bit.ENABLE=1;
    EDIS;

    PieCtrlRegs.PIEIER1.bit.INTx7=1;          //TINT0
    PieCtrlRegs.PIEIER1.bit.INTx4=1;          //XINT1
    IER|=M_INT1;
    IER|=M_INT13;
    EINT;
    ERTM;

    while(1) {}
}


interrupt void myXint1_isr(void)
{
    if((Running==0) && (KeyDLTime>20))
    {
        EALLOW;
        CpuTimer0Regs.TCR.bit.TRB=1;
        CpuTimer0Regs.TCR.bit.TSS=0;
```

```
        EDIS;
        Running=1;
        KeyDLTime=0;
    }
    else if((Running==1) && (KeyDLTime>20))
    {
        EALLOW;
        CpuTimer0Regs.TCR.bit.TSS=1;
        EDIS;

        Running=0;
        KeyDLTime=0;
    }


    PieCtrlRegs.PIEACK.all=PIEACK_GROUP1;
}
```

```
interrupt void cpu_timer0_isr(void)
{
    LedFlashCtr++;
    if(Running==1)
        LedRunning(LedFlashCtr);

    PieCtrlRegs.PIEACK.all=PIEACK_GROUP1;
}

interrupt void cpu_timer1_isr(void)
{
    KeyDLTime++;
}

void LedRunning(int16 no)
{
    if(no & 0x1) Led0Blink();
    else Led0Blank();
    if(no & 0x2) Led1Blink();
    else Led1Blank();
    if(no & 0x4) Led2Blink();
```

```
else Led2Blank();
if(no & 0x8) Led3Blink();
else Led3Blank();
}
```

习　题

1．说明一个 CPU 中断的响应条件。

2．说明一个外设中断的响应条件。

3．外设中断扩展模块的作用是什么？

4．响应中断后，CPU 如何找到中断服务程序的入口地址？

5．在 C 语言编程中如何设置一个中断的中断向量？

第7章　输入/输出

通用输入输出口（GPIO）是微处理器系统最基本的外设之一，由于现在的微处理器往往集成了较多的外设而引脚不可能太多，因此现在的微处理器中的 GPIO 往往功能复用。

掌握 GPIO 功能的选择方法、GPIO 引脚的操作方法与注意事项是本章的核心内容。

7.1　GPIO 模块概述

TMS320F28027 有 3 个 I/O 端口，分别为 Port A（由 GPIO0～GPIO31 组成）、Port B（由 GPIO32～GPIO38 组成）和模拟端口 AIO（由 AIO0～AIO15 组成）。图 7-1～图 7-3 显示了

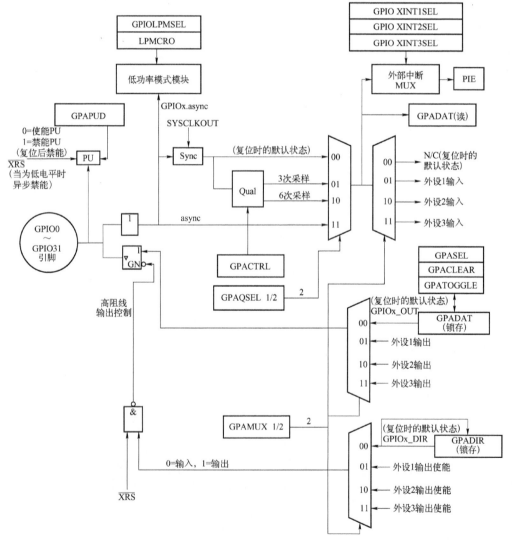

图 7-1　GPIO0～GPIO31 多路复用结构图
注：在相同的存储器位置访问 GPxDAT 锁存/读。

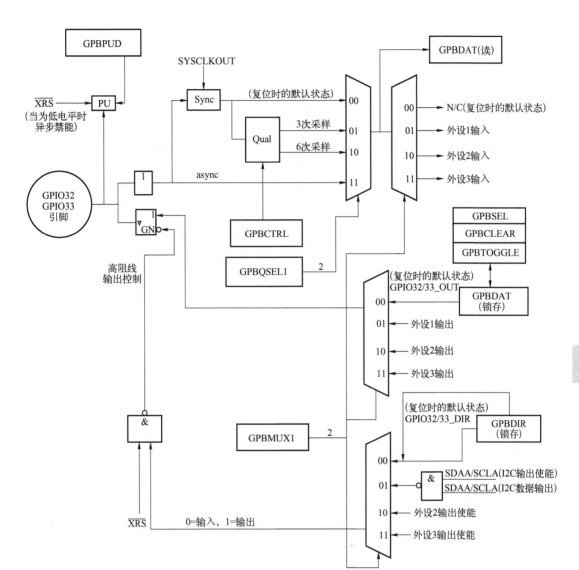

图 7-2 GPIO32、GPIO33 复用结构图

注：1. 由于引脚是双向的，PCLKCR3 寄存器的 GPIOINECLK 位不影响上面的 GPIO（I2C 引脚）。

2. 模式改变时（例如，从输出模式变为输入模式）输入鉴定电路不复位。任何状态最终都能被电路消除。

GPIO 模块操作的基本模式。每个 GPIO 引脚可以有 4 个复用功能（1 个为基本数字 IO，另外 3 个可以是独立的外设）。

如果某个引脚被选择用作数字 IO，可以使用寄存器来配置该引脚的方向、上拉，还可以对输入信号进行鉴定，以便消除不希望的噪声。

在 F2802x 器件上，JTAG 端口的引脚减少到 5 个（$\overline{\text{TRST}}$、TCK、TDI、TMS、TDO）。TCK、TDI、TMS 和 TDO 引脚也是 GPIO 引脚。$\overline{\text{TRST}}$ 信号选择引脚用作 JTAG 工作模式还是 GPIO 工作模式，如图 7-4 所示。

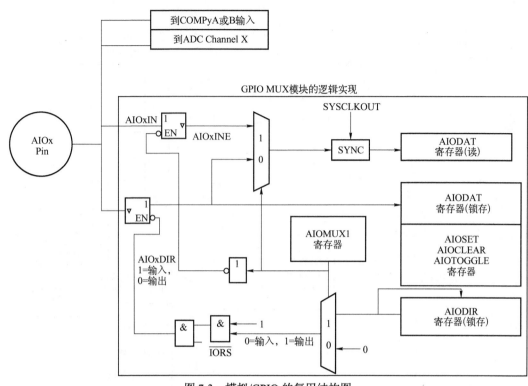

图 7-3　模拟/GPIO 的复用结构图

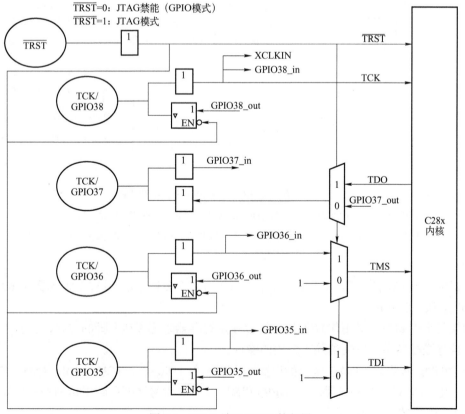

图 7-4　JTAG 端口/GPIO 的复用

7.2　GPIO 的使用方法

1．GPIO 的配置

GPIO 的配置由 GPIO 配置控制寄存器（表 7-1 寄存器受 EALLOW 保护）控制。

表 7-1　GPIO 控制寄存器

名　　称	地址	大小（x16 位）	寄存器描述
GPACTRL	0x6F80	2	GPIO Port A 控制寄存器（GPIO0～GPIO31）
GPAQSEL1	0x6F82	2	GPIO Port A 限定器选择 1 寄存器（GPIO0～GPIO15）
GPAQSEL2	0x6F84	2	GPIO Port A 限定器选择 2 寄存器（GPIO16～GPIO31）
GPAMUX1	0x6F86	2	GPIO Port A MUX1 寄存器（GPIO0～GPIO15）
GPAMUX2	0x6F88	2	GPIO Port A MUX2 寄存器（GPIO16～GPIO31）
GPADIR	0x6F8A	2	GPIO Port A 方向寄存器（GPIO0～GPIO31）
GPAPUD	0x6F8C	2	GPIO Port A 上拉禁能寄存器（GPIO0～GPIO31）
GPBCTRL	0x6F90	2	GPIO Port B 控制寄存器（GPIO32～GPIO38）
GPBQSEL1	0x6F92	2	GPIO Port B 限定器选择 1 寄存器（GPIO32～GPIO38）
GPBMUX1	0x6F96	2	GPIO Port B MUX1 寄存器（GPIO32～GPIO38）
GPBDIR	0x6F9A	2	GPIO Port B 方向寄存器（GPIO32～GPIO38）
GPBPUD	0x6F9C	2	GPIO Port B 上拉禁能寄存器（GPIO32～GPIO38）
AIOMUX1	0x6FB6	2	模拟，I/O MUX1 寄存器（AIO0～AIO15）
AIODIR	0x6FBA	2	模拟，I/O 方向寄存器（AIO0～AIO15）
GPIOXINT1SEL	0x6FE0	1	XINT1 源选择寄存器（GPIO0～GPIO31）
GPIOXINT2SEL	0x6FE1	1	XINT2 源选择寄存器（GPIO0～GPIO31）
GPIOXINT3SEL	0x6FE2	1	XINT3 源选择寄存器（GPIO0～GPIO31）
GPIOLPMSEL	0x6FE8	1	LPM 唤醒源选择寄存器（GPIO0～GPIO31）

GPIO 模块的配置需要考虑以下步骤：

步骤 1：安排器件引脚输出

通过引脚多路复用机制，可以灵活地给 GPIO 引脚指定功能（引脚是用作一个 GPIO，还是用作 3 种外设功能当中的哪一种）。

步骤 2：使能或禁能内部上拉电阻

要使能或禁能内部上拉电阻，只需要向 GPIO 上拉禁能寄存器（GPAPUD 和 GPBPUD）中相应的位写入 1 或 0（对于可以用作 ePWM 输出的引脚，默认内部上拉电阻禁能，所有其他 GPIO 引脚默认使能内部上拉）。AIOx 引脚没有内部上拉电阻。

步骤 3：选择输入鉴定

如果引脚将用作输入可指定所需的输入鉴定以消除引脚噪声影响。本功能通过 GPACTRL、GPBCTRL、GPAQSEL1、GPAQSEL2、GPBQSEL1 和 GPBQSEL2 等寄存器设置。默认所有输入信号都只与 SYSCLKOUT 同步。

步骤 4：选择引脚功能

配置 GPxMUXn 或 AIOMUXn 寄存器，使引脚用作一个 GPIO 引脚，或者用作外设功能。默认复位时所有具有 GPIO 功能的引脚都配置用作通用输入引脚。

步骤 5：为数字通用 I/O 选择引脚的方向

如果引脚被配置用作 GPIO，在 GPADIR、GPBDIR 或 AIODIR 寄存器中指定引脚的方向是输入还是输出。由于复位时默认 GPIO 引脚是输入引脚，因此如果要将引脚的方向从输入变为输出，首先要过将合适的值写入 GPxCLEAR、GPxSET 或 GPxTOGGLE（或 AIOCLEAR、AIOSET 或 AIOTOGGLE）寄存器（详见表 7-2），把要输出的值装入到输出锁存器，然后可以通过 GPxDIR 寄存器来将引脚方向从输入变为输出。所有引脚的输出锁存器在复位时被清除。

步骤 6：选择低功率模式唤醒源

指定哪些引脚（如果需要）能将器件从停机或待机低功率模式唤醒。在 GPIOLPMSEL 寄存器中指定这些引脚。

步骤 7：选择外部中断源

指定 XINT1～XINT3 中断的中断源。可以指定一个 Port A 信号作为一个中断的中断源。中断源在 GPIOXINTnSEL 寄存器中设定。中断的极性可以在 XINTnCR 寄存器中配置。

需要注意的是，从写配置寄存器（例如，写 GPxMUXn 和 GPxQSELn）到动作发生有效之间有两个 SYSCLKOUT 周期的延迟。

2. 数字通用 I/O 操作

对于配置为 GPIO 的引脚，可以使用 GPIO 数据寄存器（见表 7-2）来改变引脚的值。具体如下：

表 7-2　GPIO 数据寄存器

名　称	地址	大小（x16 位）	寄存器描述
GPADAT	0x6FC0	2	GPIO Port A 数据寄存器（GPIO0～GPIO31）
GPASET	0x6FC2	2	GPIO Port A 设置寄存器（GPIO0～GPIO31）
GPACLEAR	0x6FC4	2	GPIO Port A 清除寄存器（GPIO0～GPIO31）
GPATOGGLE	0x6FC6	2	GPIO Port A 翻转寄存器（GPIO0～GPIO31）
GPBDAT	0x6FC8	2	GPIO Port B 数据寄存器（GPIO32～GPIO44）
GPBSET	0x6FCA	2	GPIO Port B 设置寄存器（GPIO32～GPIO44）
GPBCLEAR	0x6FCC	2	GPIO Port B 清除寄存器（GPIO32～GPIO44）
GPBTOGGLE	0x6FCE	2	GPIO Port B 翻转寄存器（GPIO32～GPIO44）
AIODAT	0x6FD8	2	模拟 I/O 数据寄存器（AIO0～AIO15）
AIOSET	0x6FDA	2	模拟 I/O 设置寄存器（AIO0～AIO15）
AIOCLEAR	0x6FDC	2	模拟 I/O 清除寄存器（AIO0～AIO15）
AIOTOGGLE	0x6FDE	2	模拟 I/O 翻转寄存器（AIO0～AIO15）

（1）GPxDAT/AIODAT 寄存器（x=A,B）　每个 I/O 端口有一个数据寄存器，该寄存器的每一位对应一个 GPIO 引脚。不管引脚如何配置（配置成 GPIO 或外设功能）数据寄存器中相应的位都反映了鉴定后引脚的当前状态（不包括 AIOx 引脚）。写 GPxDATA/AIODAT 寄存器将清除或设置相应的输出锁存器：如果引脚使能用作一个通用输出（GPIO 输出），引脚也

将被驱动为高或低；如果引脚配置成外设功能，那么值将被锁存但引脚将不被驱动，只要引脚稍后会配置用作一个 GPIO 输出时，锁存的值才能驱动到引脚上。

不建议使用 GPxDAT 寄存器来改变一个引脚的输出，因为很容易一不小心将其他引脚的电平改变了。要改变一个引脚的输出，建议使用下面的设置、清除和翻转寄存器。

（2）GPxSET/AIOSET 寄存器（x=A,B）　设置寄存器用来将指定的 GPIO 引脚驱动为高，且不干扰其他引脚。每个 I/O 口有一个设置寄存器位，每个位对应一个 GPIO 引脚。设置寄存器总是读回 0，如果对应的引脚配置用作一个输出，则向设置寄存器的相应位写 1，把输出锁存器设置为高，对应的引脚也被驱动为高。如果引脚不配置用作一个 GPIO 输出，则值将被锁存，但不驱动引脚，若稍后被配置用作一个 GPIO 输出时，锁存的值才被驱动到引脚上。设置寄存器的任何位写 0，将不产生任何影响。

（3）GPxCLEAR/AIOCLEAR 寄存器（x=A,B）　清除寄存器用来将指定的 GPIO 引脚驱动为低，不干扰其他引脚。每个 I/O 口有一个清除寄存器位，清除寄存器总是读回 0。如果对应的引脚配置用作一个通用输出，则向清除寄存器的相应位写 1 清除输出锁存器，对应的引脚将被驱动为低。如果引脚不配置用作一个 GPIO 输出，则值将被锁存，但不驱动引脚。只有引脚稍后将配置用作一个 GPIO 输出时，锁存的值才被驱动到引脚上。清除寄存器的任何位写 0，将不产生任何影响。

（4）GPxTOGGLE/AIOTOGGLE 寄存器（x=A,B）　翻转寄存器用来将指定的 GPIO 引脚驱动为相反的电平，不干扰其他引脚。每个 I/O 口有一个翻转寄存器位，翻转寄存器总是读回 0。如果对应的引脚配置用作一个输出，则向翻转寄存器的相应位写 1 将翻转输出锁存器，对应的引脚将被驱动为相反的方向。如果引脚不配置用作一个 GPIO 输出，则翻转后的值将被锁存，但不驱动引脚。只有引脚稍后将配置用作一个 GPIO 输出时，锁存的值才被驱动到引脚上。翻转寄存器的任何位写 0，将不产生任何影响。

3．输入鉴定

输入鉴定机制设计得非常灵活，主要是用来消除不希望的噪声。图 7-5 为输入鉴定的工作框图，GPAQSEL1、GPAQSEL2、GPBQSEL1 和 GPBQSEL2 寄存器为每个 GPIO 引脚选择输入鉴定的类型，GPxCTRL 寄存器定义了相邻两次采样之间的时间（采样周期）。

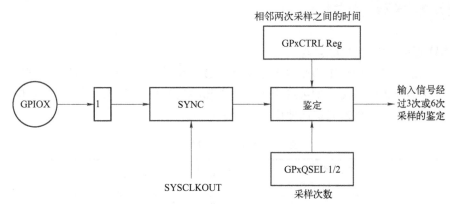

图 7-5　输入鉴定的工作框图

信号首先与系统时钟（SYSCLKOUT）同步，然后经过指定数量的周期鉴定（包括采样周期即信号多久被采样一次和采样次数）得到被采纳的输入状态，如图 7-6 所示，图中限定器输出值为被采纳的 GPIO 输入状态。

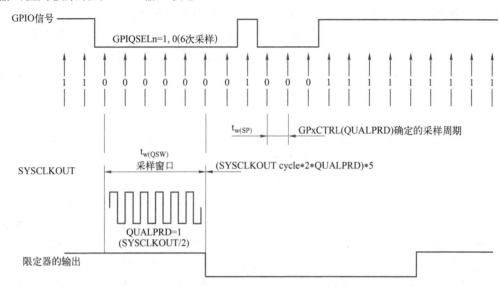

图 7-6　输入鉴定举例：采样次数为 6，采样周期为 2

GPIO 输入输出也可以是异步的，这个模式用于不要求输入同步的外设或自己执行同步的外设。类似的例子包括串口 SCI、SPI 和 I2C。如果引脚用作一个通用数字输入引脚（GPIO），异步选项就无效。如果引脚配置用作一个 GPIO 输入并且选择异步选项，则鉴定默认为与 SYSCLKOUT 同步。

4. 低功率模式唤醒

可以选择 GPIOA 的一个或者多个 GPIO 引脚将器件从停机和待机低功率模式中唤醒。低功率模式唤醒选择寄存器（GPIOLPMSEL）的第 0～31 位分别对应为 GPIO0～GPIO31，如果某位被清零，相应引脚上的信号将对停机和待机低功率模式没有影响；如果某位被设置为 1，相应引脚上的信号就能将器件从停机和待机低功率模式中唤醒。

7.3　相关寄存器说明

1. 多路复用（MUX）寄存器

表 7-3～表 7-5 分别为 GPIOA、GPIOB 和 AIO 的位定义，表中"保留"一词的意思是没有给这个寄存器位指定外设。如果选择了它，引脚的状态将不确定，引脚可能被驱动。这个选择是一种保留配置，供未来扩展使用。

表 7-3　2802x GPIOA MUX

GPAMUX1 寄存器位	复位时为默认状态 基本的 I/O 功能 （GPAMUX1 位 =00）	外设选择 1 （GPAMUX1 位 =01）	外设选择 2 （GPAMUX1 位 =10）	外设选择 3 （GPAMUX1 位 =11）
1，0	GPIO0	EPWM1A(O)	保留	保留
3，2	GPIO1	EPWM1B(O)	保留	COMP1OUT(O)

（续）

GPAMUX1 寄存器 位	复位时为默认状态 基本的 I/O 功能 (GPAMUX1 位 =00)	外设选择 1 (GPAMUX1 位 =01)	外设选择 2 (GPAMUX1 位 =10)	外设选择 3 (GPAMUX1 位 =11)
5，4	GPIO2	EPWM2A(O)	保留	保留
7，6	GPIO3	EPWM2B(O)	保留	COMP2OUT(O)
9，8	GPIO4	EPWM3A(O)	保留	保留
11，10	GPIO5	EPWM3B(O)	保留	ECAP1(I/O)
13，12	GPIO6	EPWM4A(O)	EPWMSYNCI(I)	EPWMSYNCO(O)
15，14	GPIO7	EPWM4B(O)	SCIRXDA(I)	保留
17，16	保留	保留	保留	保留
19，18	保留	保留	保留	保留
21，20	保留	保留	保留	保留
23，22	保留	保留	保留	保留
25，24	GPIO12	$\overline{TZ1}$(I)	SCITXDA(O)	保留
27，26	保留	保留	保留	保留
29，28	保留	保留	保留	保留
31，30	保留	保留	保留	保留
GPAMUX2 寄存器 位	(GPAMUX2 位 =00)	(GPAMUX2 位 =01)	(GPAMUX2 位 =10)	(GPAMUX2 位 =11)
1，0	GPIO16	SPISIMOA(I/O)	保留	$\overline{TZ2}$(I)
3，2	GPIO17	SPISOMIA(I/O)	保留	$\overline{TZ3}$(I)
5，4	GPIO18	SPICLKA(I/O)	SCITXDA(O)	XCLKOUT(O)
7，6	GPIO19/XCLKIN	$\overline{SPISTEA}$(I/O)	SCIRXDA(I)	ECAP1(I/O)
9，8	保留	保留	保留	保留
11，10	保留	保留	保留	保留
13，12	保留	保留	保留	保留
15，14	保留	保留	保留	保留
17，16	保留	保留	保留	保留
19，18	保留	保留	保留	保留
21，20	保留	保留	保留	保留
23，22	保留	保留	保留	保留
25，24	GPIO28	SCIRXDA(I)	SDAA(I/O)	$\overline{TZ2}$(O)
27，26	GPIO29	SCITXDA(O)	SCLA(I/O)	$\overline{TZ3}$(O)
29，28	保留	保留	保留	保留
31，30	保留	保留	保留	保留

表 7-4　2802x GPIOB MUX

GPBMUX1 寄存器位	复位时为默认状态 基本的 I/O 功能 (GPBMUX1 位 =00)	外设选择 1 (GPBMUX1 位 =01)	外设选择 2 (GPBMUX1 位 =10)	外设选择 3 (GPBMUX1 位 =11)
1，0	GPIO32	SDAA(I/O)	EPWMSYNCI(I)	$\overline{ADCSOCAC}$(O)
3，2	GPIO33	SCLA(I/O)	EPWMSYNCO(O)	$\overline{ADCSOCBC}$(O)
5，4	GPIO34	COMP2OUT(O)	保留	保留
7，6	GPIO35(TDI)	保留	保留	保留
9，8	GPIO36(TMS)	保留	保留	保留
11，10	GPIO37(TDO)	保留	保留	保留
13，12	GPIO38/XCLKIN(TCK)	保留	保留	保留
15，14	保留	保留	保留	保留
17，16	保留	保留	保留	保留
19，18	保留	保留	保留	保留
21，20	保留	保留	保留	保留
23，22	保留	保留	保留	保留
25，24	保留	保留	保留	保留
27，26	保留	保留	保留	保留
29，28	保留	保留	保留	保留
31，30	保留	保留	保留	保留

表 7-5　2802x 模拟 MUX

AIOMUX1 寄存器位	AIOx 和外设选择 1 AIOMUX1 位=0×	复位时为默认状态 外设选择 2 和外设选择 3 AIOMUX1 位=1×
1，0	A0(I)	A0(I)
3，2	A1(I)	A1(I)
5，4	AIO2(I/O)	A2(I),COMPA1(I)
7，6	A3(I)	A3(I)
9，8	AIO4(I/O)	A4(I),COMPA2(I)
11，10	A5(I)	A5(I)
13，12	AIO6(I/O)	A6(I)
15，14	A7(I)	A7(I)
17，16	B0(I)	B0(I)
19，18	B1(I)	B1(I)
21，20	AIO10(I/O)	B2(I),COMPB1(I)
23，22	B3(I)	B3(I)
25，24	AIO12(I/O)	B4(I),COMPB2(I)
27，26	B5(I)	B5(I)
29，28	AIO14(I/O)	B6(I)
31，30	B7(I)	B7(I)

2. 方向寄存器

当引脚在相应的 MUX 寄存器中被配置用作一个 GPIO 时，GPADIR、GPBDIR 和 AIODIR 寄存器控制着引脚的方向。方向寄存器对配置用作外设功能的引脚没有影响。这些方向寄存器如图 7-7～图 7-9 所示。

31	30	29	28	27	26	25	24
GPIO31	GPIO30	GPIO29	GPIO28	GPIO27	GPIO26	GPIO25	GPIO24
R/W-0	R/W-0	R/W-0	R/W-0	R/W-0	R/W-0	R/W-0	R/W-0

23	22	21	20	19	18	17	16
GPIO23	GPIO22	GPIO21	GPIO20	GPIO19	GPIO18	GPIO17	GPIO16
R/W-0	R/W-0	R/W-0	R/W-0	R/W-0	R/W-0	R/W-0	R/W-0

15	14	13	12	11	10	9	8
GPIO15	GPIO14	GPIO13	GPIO12	GPIO11	GPIO10	GPIO9	GPIO8
R/W-0	R/W-0	R/W-0	R/W-0	R/W-0	R/W-0	R/W-0	R/W-0

7	6	5	4	3	2	1	0
GPIO7	GPIO6	GPIO5	GPIO4	GPIO3	GPIO2	GPIO1	GPIO0
R/W-0	R/W-0	R/W-0	R/W-0	R/W-0	R/W-0	R/W-0	R/W-0

图 7-7　GPIO Port A 方向寄存器（GPADIR）

注：R/W=读/写，R=只读，-n=复位后的值。

31							8
保留							
R-000000000000000000000000							

7	6	5	4	3	2	1	0
	GPIO38	GPIO37	GPIO36	GPIO35	GPIO34	GPIO33	GPIO32
R-0	R/W-0	R/W-0	R/W-0	R/W-0	R/W-0	R/W-0	R/W-0

图 7-8　GPIO Port B 方向寄存器（GPBDIR）

注：R/W=读/写，R=只读，-n=复位后的值。

31							16
保留							
R-0000000000000000							

15	14	13	12	11	10	9	8
保留	AIO14	保留	AIO12	保留	AIO10	保留	
R-0	R/W-x	R-0	R/W-x	R-0	R/W-x	R-00	

7	6	5	4	3	2	1	0
保留	AIO6	保留	AIO4	保留	AIO2	保留	
R-0	R/W-x	R-0	R/W-x	R-0	R/W-x	R-00	

图 7-9　模拟 I/O DIR 寄存器（AIODIR）

注：R/W=读/写，R=只读，-n=复位后的值。

当指定的引脚在相应的 MUX 寄存器中被配置用作一个 GPIO 时，这个域的值就控制着 GPIO 引脚的方向。清零表示将 GPIO 引脚配置作为输入（默认），置 1 表示将 GPIO 引脚配置作为输出。

3. 上拉禁能寄存器（GPxPUD）

上拉禁能寄存器（GPxPUD）允许用户指定哪些引脚应该让内部上拉电阻使能。当外部复位信号（$\overline{XRS}$）为低时，可以配置用作 ePWM 输出的引脚（GPIO0～GPIO11）的内部上拉全部被先后禁能。所有其他引脚的内部上拉复位时被使能。当复位结束后，上拉保持在默认状态，直到通过写该寄存器在软件中选择性地将它们使能或禁能。上拉配置既适用于配置用作 I/O 的引脚，也适用于配置用作外设功能的引脚。各上拉禁能寄存器如图 7-10 和图 7-11 所示和见表 7-6 和表 7-7。

31	30	29	28	27	26	25	24
GPIO31	GPIO30	GPIO29	GPIO28	GPIO27	GPIO26	GPIO25	GPIO24
R/W-0	R/W-0	R/W-0	R/W-0	R/W-0	R/W-0	R/W-0	R/W-0

23	22	21	20	19	18	17	16
GPIO23	GPIO22	GPIO21	GPIO20	GPIO19	GPIO18	GPIO17	GPIO16
R/W-0	R/W-0	R/W-0	R/W-0	R/W-0	R/W-0	R/W-0	R/W-0

15	14	13	12	11	10	9	8
GPIO15	GPIO14	GPIO13	GPIO12	GPIO11	GPIO10	GPIO9	GPIO8
R/W-1	R/W-1	R/W-1	R/W-1	R/W-1	R/W-1	R/W-1	R/W-1

7	6	5	4	3	2	1	0
GPIO7	GPIO6	GPIO5	GPIO4	GPIO3	GPIO2	GPIO1	GPIO0
R/W-1	R/W-1	R/W-1	R/W-1	R/W-1	R/W-1	R/W-1	R/W-1

图 7-10　GPIO Port A 上拉禁能寄存器（GPAPUD）

注：R/W=读/写，R=只读，-n=复位后的值。

表 7-6　GPIO Port A 内部上拉禁能寄存器（GPAPUD）的域描述

位	域	值	描　述
31～0	GPIO31～GPIO0		配置所选 GPIO Port A 引脚上的内部上拉电阻。每个 GPIO 引脚对应该寄存器中的一个位
		0	使能指定引脚上的内部上拉。（GPIO12～GPIO31 的默认状态）
		1	禁能指定引脚上的内部上拉。（GPIO0～GPIO11 的默认状态）

31	8
保留	
R-00000000000000000000000	

7	6	5	4	3	2	1	0
保留	GPIO38	GPIO37	GPIO36	GPIO35	GPIO34	GPIO33	GPIO32
R-0	R/W-0	R/W-0	R/W-0	R/W-0	R/W-0	R/W-0	R/W-0

图 7-11　GPIO Port B 上拉禁能寄存器（GPBPUD）

注：R/W=读/写，R=只读，-n=复位后的值。

表 7-7 GPIO Port B 内部上拉禁能寄存器（GPBPUD）的域描述

位	域	值	描 述
31-7	保留		
6～0	GPIO38～GPIO32	0 1	配置所选 GPIO Port B 引脚上的内部上拉电阻。每个 GPIO 引脚对应该寄存器中的一个位 使能指定引脚上的内部上拉（默认） 禁能指定引脚上的内部上拉

4. 数据寄存器

GPIO 数据寄存器的描述和使用见 7.3 节数字通用 I/O 操作。各数据寄存器如图 7-12～图 7-17 所示。

31	30	29	28	27	26	25	24
GPIO31	GPIO30	GPIO29	GPIO28	GPIO27	GPIO26	GPIO25	GPIO24
R/W-x	R/W-x	R/W-x	R/W-x	R/W-x	R/W-x	R/W-x	R/W-x
23	22	21	20	19	18	17	16
GPIO23	GPIO22	GPIO21	GPIO20	GPIO19	GPIO18	GPIO17	GPIO16
R/W-x	R/W-x	R/W-x	R/W-x	R/W-x	R/W-x	R/W-x	R/W-x
15	14	13	12	11	10	9	8
GPIO15	GPIO14	GPIO13	GPIO12	GPIO11	GPIO10	GPIO9	GPIO8
R/W-x	R/W-x	R/W-x	R/W-x	R/W-x	R/W-x	R/W-x	R/W-x
7	6	5	4	3	2	1	0
GPIO7	GPIO6	GPIO5	GPIO4	GPIO3	GPIO2	GPIO1	GPIO0
R/W-x	R/W-x	R/W-x	R/W-x	R/W-x	R/W-x	R/W-x	R/W-x

图 7-12 GPDATA 位定义

注：R/W=读/写，x=复位后 GPADAT 寄存器的状态不可知，它取决于复位后引脚的电平。

31							8
保留							
R-0000000000000000000000000							
7	6	5	4	3	2	1	0
保留	GPIO38	GPIO37	GPIO36	GPIO35	GPIO34	GPIO33	GPIO32
R/W-x	R/W-x	R/W-x	R/W-x	R/W-x	R/W-x	R/W-x	R/W-x

图 7-13 GPIO Port B 数据寄存器（GPBDAT）

注：R/W=读/写，-n=复位后的值，x=复位后 GPADAT 寄存器的状态不可知，它取决于复位后引脚的电平。

31							16
保留							
R-0000000000000000							
15	14	13	12	11	10	9	8
保留	AIO14	保留	AIO12	保留	AIO10	保留	
R-0	R/W-x	R-0	R/W-x	R-0	R/W-x	R-00	
7	6	5	4	3	2	1	0
保留	AIO6	保留	AIO4	保留	AIO2	保留	
R-0	R/W-x	R-0	R/W-x	R-0	R/W-x	R-00	

图 7-14 模拟 I/O 数据寄存器（AIODAT）

注：R/W=读/写，R=只读，-n=复位后的值。

31	30	29	28	27	26	25	24
GPIO31	GPIO30	GPIO29	GPIO28	GPIO27	GPIO26	GPIO25	GPIO24
R/W-0	R/W-0	R/W-0	R/W-0	R/W-0	R/W-0	R/W-0	R/W-0
23	22	21	20	19	18	17	16
GPIO23	GPIO22	GPIO21	GPIO20	GPIO19	GPIO18	GPIO17	GPIO16
R/W-0	R/W-0	R/W-0	R/W-0	R/W-0	R/W-0	R/W-0	R/W-0
15	14	13	12	11	10	9	8
GPIO15	GPIO14	GPIO13	GPIO12	GPIO11	GPIO10	GPIO9	GPIO8
R/W-0	R/W-0	R/W-0	R/W-0	R/W-0	R/W-0	R/W-0	R/W-0
7	6	5	4	3	2	1	0
GPIO7	GPIO6	GPIO5	GPIO4	GPIO3	GPIO2	GPIO1	GPIO0
R/W-0	R/W-0	R/W-0	R/W-0	R/W-0	R/W-0	R/W-0	R/W-0

图 7-15　GPIO Port A 设置、清除和翻转寄存器（GPASET、GPACLEAR、GPATOGGLE）

注：R/W=读/写，R=只读，-n=复位后的值。

31							8
保留							
R-0000000000000000000000000							
7	6	5	4	3	2	1	0
保留	GPIO38	GPIO37	GPIO36	GPIO35	GPIO34	GPIO33	GPIO32
R/W-x	R/W-x	R/W-x	R/W-x	R/W-x	R/W-x	R/W-x	R/W-x

图 7-16　GPIO Port B 设置、清除和翻转寄存器（GPBSET、GPBCLEAR、GPBTOGGLE）

注：R/W=读/写，R=只读，-n=复位后的值。

31							16
保留							
R-0000000000000000							
15	14	13	12	11	10	9	8
保留	AIO14	保留	AIO12	保留	AIO10	保留	
R-0	R/W-x	R-0	R/W-x	R-0	R/W-x	R-00	
7	6	5	4	3	2	1	0
保留	AIO6	保留	AIO4	保留	AIO2	保留	
R-0	R/W-x	R-0	R/W-x	R-0	R/W-x	R-00	

图 7-17　模拟 I/O 翻转寄存器（AIOSET、AIOCLEAR、AIOTOGGLE）

注：R/W=读/写，R=只读，-n=复位后的值。

5. XINTn 中断选择寄存器（GPIOXINTnSEL）

XINTn 中断选择寄存器（GPIOXINTnSEL）EALLOW 保护，其中 n=1、2 或 3。其定义如图 7-18 所示。

15		5	4	0
保留			GPIOXINTnSEL	
R=00000000000			R/W=00000	

图 7-18　GPIO XINTn 中断选择寄存器（GPIOXINTnSEL）

注：R/W=读/写，R=只读，-n=复位后的值。

该寄存器选择哪个 GPIO 引脚用作 XINT1、XINT2 或 XINT3 的中断源，GPIOXINTnSEL 为 GPIO 引脚号（0～31）。需要说明 3 点：①可选作中断源的只能是 GPIO Port A（GPIO0～GPIO31）；②XINT1、XINT2 或 XINT3 中断在 XINT1CR、XINT2CR 或 XINT3CR 寄存器中进行配置；③如果要将 XINT2 用作 ADC 转换的启动信号，要在 ADCSOCxCTL 寄存器（见第 10 章）中使能它。$\overline{\text{ADCSOC}}$ 信号（见第 10 章）总是上升沿有效。

6. 输入寄存器

输入寄存器包括 GPIO Port A 控制寄存器（GPACTRL）、GPIO Port B 控制寄存器（GPBCTRL）、Port A 选择 1 寄存器（GPAQSEL1）、GPIO Port A 选择 2 寄存器（GPAQSEL2）、Port B 选择 1 寄存器（GPBQSEL1）。当不使用这个功能时，采用复位时的默认值即可。

（1）控制寄存器　用于指定引脚的采样周期。其定义如图 7-19 和图 7-20 所示。

31	24	23	16
QUALPRD3		QUALPRD2	
R/W-00000000		R/W-00000000	

15	8	7	0
QUALPRD1		QUALPRD0	
R/W-00000000		R/W-00000000	

图 7-19　GPIO Port A 鉴定控制（GPACTRL）寄存器

注：R/W=读/写，R=只读，-n=复位后的值。

图 7-19 为 GPIO Port A 控制（GPACTRL）寄存器的位定义，QUALPRD0 指定 GPIO0～GPIO7 的采样周期为 QUALPRD0*2 $T_{\text{SYSCLKOUT}}$，QUALPRD1 指定 GPIO8～GPIO15 的采样周期为 QUALPRD1*2 $T_{\text{SYSCLKOUT}}$，QUALPRD2、QUALPRD3 分别指定的是 GPIO16～GPIO23、GPIO24～GPIO31 的采样周期。

31			16
保留			
R-0000000000000000			

15	8	7	0
保留		QUALPRD0	
R-00000000		R/W-00000000	

图 7-20　GPIO Port B 控制寄存器（GPBCTRL）

注：R/W=读/写，R=只读，-n=复位后的值。

图 7-20 为 Port B 鉴定控制（GPBCTRL）寄存器的位定义，QUALPRD0 指定 GPIO32～GPIO38 的采样周期为 QUALPRD0*2 $T_{\text{SYSCLKOUT}}$。

147

（2）鉴定选择寄存器　用于指定引脚的采样次数。其定义如图 7-21～图 7-23 所示。

31　30	29　28	27　26	25　24	23　22	21　20	19　18	17　16
GPIO15	GPIO14	GPIO13	GPIO12	GPIO11	GPIO10	GPIO9	GPIO8
R/W-00	R/W-00	R/W-00	R/W-00	R/W-00	R/W-00	R/W-00	R/W-00
15　14	13　12	11　10	9　8	7　6	5　4	3　2	1　0
GPIO7	GPIO6	GPIO5	GPIO4	GPIO3	GPIO2	GPIO1	GPIO0
R/W-00	R/W-00	R/W-00	R/W-00	R/W-00	R/W-00	R/W-00	R/W-00

图 7-21　GPIO Port A 选择 1 寄存器（GPAQSEL1）

注：R/W=读/写，-n=复位后的值。

31　30	29　28	27　26	25　24	23　22	21　20	19　18	17　16
GPIO31	GPIO30	GPIO29	GPIO28	GPIO27	GPIO26	GPIO25	GPIO24
R/W-00	R/W-00	R/W-00	R/W-00	R/W-00	R/W-00	R/W-00	R/W-00
15　14	13　12	11　10	9　8	7　6	5　4	3　2	1　0
GPIO23	GPIO22	GPIO21	GPIO20	GPIO19	GPIO18	GPIO17	GPIO16
R/W-00	R/W-00	R/W-00	R/W-00	R/W-00	R/W-00	R/W-00	R/W-00

图 7-22　GPIO Port A 选择 2 寄存器（GPAQSEL2）

注：R/W=读/写，-n=复位后的值。

31							16
保留							
R-0000000000000000							
15　14	13　12	11　10	9　8	7　6	5　4	3　2	1　0
GPIO7	GPIO6	GPIO5	GPIO4	GPIO3	GPIO2	GPIO1	GPIO0
R/W-00	R/W-00	R/W-00	R/W-00	R/W-00	R/W-00	R/W-00	R/W-00

图 7-23　GPIO Port B 选择 1 寄存器（GPBQSEL1）

注：R/W=读/写，-n=复位后的值。

图 7-21～图 7-23 指定的是 GPIO0～GPIO38 采样次数，采样次数用 2bit 表示，可以有 4 种选择，规定如下：

0：只与 SYSCLKOUT 同步，对于外设和 GPIO 引脚都有效。

1：采样 3 次，对配置用作 GPIO 或一个外设功能的引脚有效。

2：采样 6 次，对配置用作 GPIO 或一个外设功能的引脚有效。

3：异步，这个选项适用于只配置用作外设的引脚；如果引脚配置用作一个 GPIO 输入，这个选项就和前面的 0 选项相同，与 SYSCLKOUT 同步。

7. GPIO 头文件中寄存器结构体说明

头文件中包括 3 个寄存器结构体：控制寄存器结构体 GPIO_CTRL_REGS、数据寄存器结构体 GPIO_DATA_REGS 和外部中断相关寄存器结构体 GPIO_INT_REGS。这些寄存器结构体中的位定义与前面介绍的寄存器位定义相同。

GPIO 寄存器结构体定义如下：

```
struct GPIO_CTRL_REGS {
    union GPACTRL_REG  GPACTRL;        //GPIO Port A 控制寄存器(GPIO0~GPIO31)
    union GPA1_REG  GPAQSEL1;          //GPIO A 限定器选择 1 寄存器(GPIO0~GPIO15)
    union GPA2_REG  GPAQSEL2;          //GPIO A 限定器选择 2 寄存器(GPIO16~GPIO31)
    union GPA1_REG    GPAMUX1;         //GPIO A 功能配置寄存器 1(GPIO0~GPIO15)
    union GPA2_REG    GPAMUX2;         //GPIO A 功能配置寄存器 2(GPIO16~GPIO31)
    union GPADAT_REG   GPADIR;         //GPIO A 方向寄存器(GPIO0~GPIO31)
    union GPADAT_REG   GPAPUD;         //GPIO A 上拉禁能寄存器(GPIO0~GPIO31)
    Uint32 rsvd1;                      //保留
    union GPBCTRL_REG  GPBCTRL;        //GPIO Port B 控制寄存器(GPIO32~GPIO38)
    union GPB1_REG    GPBQSEL1;        //GPIO B 限定器选择 1 寄存器(GPIO32~GPIO38)
    Uint32 rsvd2;                      //保留
    union GPB1_REG    GPBMUX1;         //GPIO Port B MUX1 寄存器(GPIO32~GPIO38)
    Uint32 rsvd3;                      //保留
    union GPBDAT_REG   GPBDIR;         //GPIO Port B 方向寄存器(GPIO32~GPIO38)
    union GPBDAT_REG   GPBPUD;         //GPIO Port B 上拉禁能寄存器(GPIO32~GPIO38)
    Uint16 rsvd4[24];                  //保留
    union AIO_REG    AIOMUX1;          //模拟, I/O MUX1 寄存器(AIO0~AIO15)
    Uint32 rsvd5;                      //保留
    union AIODAT_REG  AIODIR;          //模拟, I/O 方向寄存器(AIO0~AIO15)
    Uint16 rsvd6[5];                   //保留
};


struct GPIO_DATA_REGS {
    union GPADAT_REG     GPADAT;       //GPIO Port A 数据寄存器(GPIO0~GPIO31)
    union GPADAT_REG     GPASET;       //GPIO Port A 设置寄存器(GPIO0~GPIO31)
    union GPADAT_REG     GPACLEAR;     //GPIO Port A 清除寄存器(GPIO0~GPIO31)
    union GPADAT_REG     GPATOGGLE;    //GPIO Port A 反转寄存器(GPIO0~GPIO31)
    union GPBDAT_REG     GPBDAT;       //GPIO Port B 数据寄存器(GPIO32~GPIO38)
    union GPBDAT_REG     GPBSET;       //GPIO Port B 设置寄存器(GPIO32~GPIO38)
    union GPBDAT_REG     GPBCLEAR;     //GPIO Port B 清除寄存器(GPIO32~GPIO38)
    union GPBDAT_REG     GPBTOGGLE;    //GPIO Port B 反转寄存器(GPIO32~GPIO38)
    Uint16 rsvd1[8];                   //保留
    union AIODAT_REG     AIODAT;       //模拟, I/O 数据寄存器(AIO0~AIO15)
    Uint16 rsvd2;                      //保留
    union AIODAT_REG     AIOSET;       //模拟, I/O 设置寄存器(AIO0~AIO15)
    Uint16 rsvd3;                      //保留
    union AIODAT_REG     AIOCLEAR;     //模拟, I/O 清除寄存器(AIO0~AIO15)
    Uint16 rsvd4;
```

```
    union  AIODAT_REG   AIOTOGGLE;     //模拟，I/O 反转寄存器(AIO0～AIO15)
    Uint16 rsvd5;
};

struct  GPIO_INT_REGS{
    union  GPIOXINT_REG   GPIOXINT1SEL;   //XINT1 GPIO 引脚输入选择
    union  GPIOXINT_REG   GPIOXINT2SEL;   //XINT2 GPIO 引脚输入选择
    union  GPIOXINT_REG   GPIOXINT3SEL;   //XINT3 GPIO 引脚输入选择
    Uint16 rsvd1[5];
    union  GPADAT_REG     GPIOLPMSEL;      //低功耗模式 GPIO 输入选择
};

volatile struct GPIO_CTRL_REGS GpioCtrlRegs;
volatile struct GPIO_DATA_REGS GpioDataRegs;
volatile struct GPIO_INT_REGS GpioIntRegs;
```

7.4 应用举例

1）GPIO 的基本读写

```
EALLOW;
GpioCtrlRegs.GPAMUX1.bit.GPIO2=0;              //GPIO2 作为基本输入 I/O
GpioCtrlRegs.GPADIR.bit.GPIO2=1;               //GPIO2 引脚方向为输出
EDIS;
GpioDataRegs.GPACLEAR.bit.GPIO2=1;             //GPIO2 引脚置为低电平
GpioDataRegs.GPASET.bit.GPIO2=1;               //GPIO2 引脚置为高电平
GpioDataRegs.GPATOGGLE.bit.GPIO2=1;            //GPIO2 引脚电平反转
```

2）将 GPIO0 和 GPIO1 配置成 PWM1A 和 PWM1B，GPIO5 配置成 eCAP1，GPIO12 配置成 XINT1 的输入。

```
EALLOW;
GpioCtrlRegs.GPAPUD.bit.GPIO0=1;               //GPIO0 禁用上拉(EPWM1A)
GpioCtrlRegs.GPAPUD.bit.GPIO1=1;               //GPIO1 禁用上拉(EPWM1B)
GpioCtrlRegs.GPAMUX1.bit.GPIO0=1;              //配置 GPIO0 为 EPWM1A
GpioCtrlRegs.GPAMUX1.bit.GPIO1=1;              //配置 GPIO1 为 EPWM1B
GpioCtrlRegs.GPAPUD.bit.GPIO5=0;               //GPIO5 使能上拉(ECAP1)
GpioCtrlRegs.GPAMUX1.bit.GPIO5=3;              //配置 GPIO5 为 ECAP1
GpioCtrlRegs.GPAMUX1.bit.GPIO12=0;             //GPIO12 作为基本输入 I/O
GpioCtrlRegs.GPADIR.bit.GPIO12=0;              //GPIO12 引脚方向为输入
GpioCtrlRegs.GPAPUD.bit.GPIO12=0;              //GPIO12 使能上拉
GpioIntRegs.GPIOXINT1SEL.bit.GPIOSEL=12;       //GPIO12 作为 XINT1 中断引脚
EDIS;
```

习　题

1．将 AIO2、AIO4、AIO6 配置成输出引脚，且输出低电平。

2．将 GPIO0～GPIO7 配置成 PWM 功能输出。

3．将 GPIO0～GPIO7 配置成一个 8 位输出端口，编写一个函数 void ByteOutput（unsigned char out），将 out 的低 8 位在 GPIO0～GPIO7 上输出。

4．编写一个外部中断的初始化函数，要求：使用 XINT2 和 GPIO28，有效极性为低电平，中断服务程序名为 Xint2IntISR。

5．下载安装 CCS，完成第 11 章的实验二。

第8章 增强型捕获（eCAP）模块

捕获（CAP）模块是对外部事件进行捕捉（精确定时）的模块，并记录此事件发生的时刻。CAP 和外部中断一样都是对外部事件处理，但是 CAP 记录功能更强，更加灵活，包括更多样的事件的定义、多级缓冲和更丰富的中断设置。

由于捕获（CAP）模块可以对外部事件精确定时，因此 CAP 使用场合包括旋转机械的速度测量、位置传感器脉冲间的时间测量、脉冲群信号的周期和占空比测量等。可以说 CAP 是非常重要的脉冲测量模块。

TMS320F2802x 的增强型捕获（eCAP）模块包括下列特性：

➢ 4 个事件的时间戳寄存器（每个 32 位）。

➢ 多达 4 个顺序时间戳捕获事件的边沿极性选择。

➢ 任一事件（共 4 个事件）均可产生中断。

➢ 多达 4 个事件时间戳的单触发捕获。

➢ 时间戳的连续模式捕获，循环缓冲区的深度为 4。

➢ 绝对时间戳捕获和差分（Delta）模式时间戳捕获。

另外，由于该芯片的外部中断具备简单的捕获功能而 PWM 又非常重要，如果需要更多的 PWM 通道，可将 eCAP 模块可配置为单通道 PWM 输出。本章不讲述 eCAP 用作 PWM 的情况。

8.1 eCAP 的捕获模式

图 8-1 为 eCAP 的捕获功能框图，包括事件预分频、极性选择、事件限定器、触发捕获控制、时间戳寄存器、同步与相位控制和中断控制等。

8.1.1 事件捕获

1. 事件的定义

对输入捕获信号进行 n 预分频（n=2～62，2 的倍数），也可以旁路预分频器（当选择预分频值为 1（即 ECCTL1[13～9]=00000）时，输入捕获信号完全旁路预分频器）。这对当高频信号用作输入时该操作是十分有用的。图 8-2 所示为功能框图和预分频波形。

极性选择用于定义每个事件的极性（上升沿/下降沿），4 个事件可独立设置。

2. 事件的捕获

限定器对事件进行记录（包括是否装载时间戳到 CAP 寄存器和时间戳类型），得到边沿限定的事件（CEVT1～CEVT4）。

边沿限定的事件触发 Mod4（2 位）计数器递增，除非停止，Mod4 计数器将连续地计数（0→1→2→3→0）和循环。

连续/单触发捕获控制逻辑可通过单触发类型的操作来控制 Mod4 计数器的开始/停止和

复位功能，该单触发类型操作可通过比较器的停止值触发以及通过软件控制重新产生（RE-ARM）。

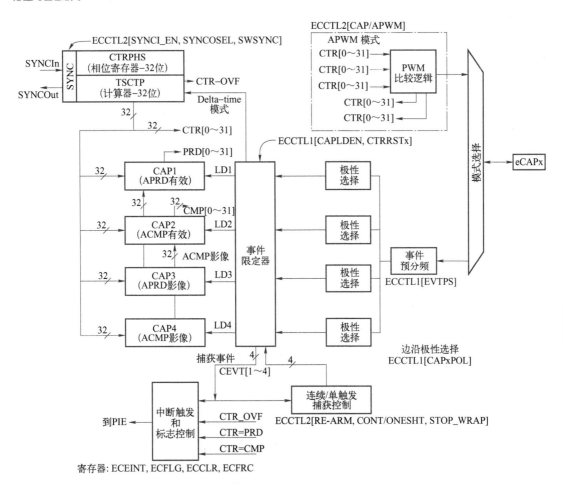

图 8-1　捕获功能框图

在连续模式中，Mod4 计数器连续运行（0→1→2→3→0），单触发操作被忽略，捕获值在循环缓冲区序列中继续被写入 CAP1～CAP4。

单触发模式中，1 个 2 位的停止寄存器用于比较 Mod4 计数器输出，当相等时停止 Mod4 计数器并禁止进一步装载 CAP1～CAP4 寄存器，中止（Freezing）Mod4 计数器。单触发模式可通过 "RE-ARM" 位的设置清除（至零）Mod4 计数器，将并允许再次装载 CAP1～CAP4 寄存器，此时假设 CAPLDEN 位置位。

32 位计数器 TSCTR 提供了事件捕获的时基，该计数器由系统时钟来驱动。在装载 4 个事件中的任一事件时，可选择复位 32 位计数器，这对时间差捕获很有用。

32 位相位寄存器 CTRPHS 可通过硬件和软件强制的同步来实现与其他计数器的同步；当在模块之间需要相位偏移时，这个寄存器在 APWM 模式中十分有用。

CAP1～CAP4 寄存器是 32 位时间戳寄存器，通过 32 位计数器定时器总线（CTR[0～31]）

提供并且当它们各自的 LD 输入选通时被装载（即捕获一个时间戳）。可通过控制位 CAPLDEN 禁止装载捕获寄存器。在单触发操作中，当停止条件出现时该位自动清零（装载被禁止）。

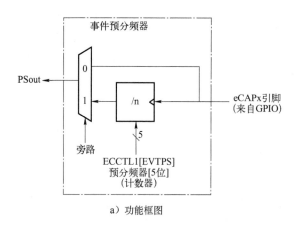

a）功能框图

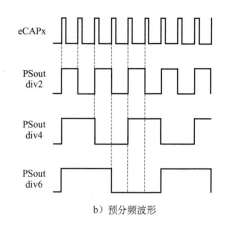

b）预分频波形

图 8-2 事件预分频控制

8.1.2 中断控制

eCAP 可产生 7 个中断事件。在出现捕获事件（CEVT1～CEVT4）或 APWM 事件时可产生中断，计数器溢出事件（FFFFFFFF→00000000）也可用作中断源（CTROVF）。可选择这些事件中的任一事件作为中断源（来自 eCAPx 模块）进入 PIE，eCAP 模块的中断结构如图 8-3 所示。

中断使能寄存器（ECEINT）用来使能/禁能各个中断事件源。中断标志寄存器（ECFLG）指示中断事件是否已锁存且含有全局中断标志位（INT）。仅当任一中断事件使能、标志位为 1 且 INT 标志位为 0 时向 PIE 产生中断脉冲。在产生其他中断脉冲之前，中断服务程序必须通过中断清零寄存器（ECCLR）清除全局中断标志位和服务事件。中断强制寄存器（ECFRC）可强制执行一个中断事件，对于测试来说这是很有用的。

CEVT1～CEVT4 标志仅在捕获模式（ECCTL2[CAP/APWM]=0）中有效。CTR=PRD，CTR=CMP 标志仅在 APWM 模式中有效。CNTOVF 标志在这两种模式中都有效。

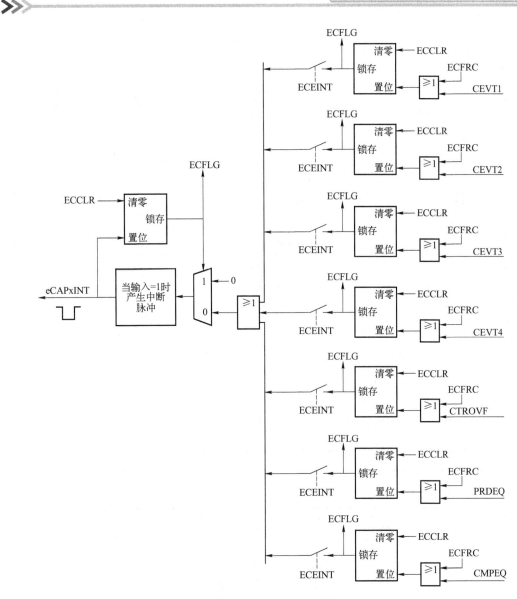

图 8-3 eCAP 模块的中断

8.2 eCAP 重要寄存器

eCAP 相关寄存器见表 8-1。

1. 时间戳计数器寄存器（TSCTR）

TSCTR 为 32 位计数器寄存器，用作捕获时基。该寄存器可读可修改，复位时取值为 0。

2. 计数器相位控制寄存器（CTRPHS）

CTRPHS 用于相位滞后/超前。该寄存器在发生 SYNCI 事件或通过软件控制位 SWSYNC 强制装载到 TSCTR，用于实现与其他 eCAP 和 ePWM 时基相关位同步控制。该寄存器可读可修改，复位时取值为 0。

表 8-1 eCAP 相关寄存器

名　称	偏移量	大小（×16 位）	描　述
TSCTR	0x0000	2	时间戳计数器：用作捕获时基
CTRPHS	0x0002	2	计数器相位偏移值寄存器：用于 SYNCI 事件或通过控制位进行软件强制同步
CAP1	0x0004	2	捕获 1 寄存器
CAP2	0x0006	2	捕获 2 寄存器
CAP3	0x0008	2	捕获 3 寄存器
CAP4	0x000A	2	捕获 4 寄存器
ECCTL1	0x0014	1	eCAP 控制寄存器 1
ECCTL2	0x0015	1	eCAP 控制寄存器 2
ECEINT	0x0016	1	eCAP 中断使能寄存器
ECFLG	0x0017	1	eCAP 中断标志寄存器
ECCLR	0x0018	1	eCAP 中断清除寄存器
ECFRC	0x0019	1	eCAP 中断强制寄存器

3. 捕获寄存器（CAP1~CAP4）

CAP1~CAP4 用于捕获事件过程的时间戳（即 TSCTR 计数器值）；可软件写入，以用作测试和初始化。该寄存器可读可修改，复位时取值为 0。

4. eCAP 控制寄存器 1（ECCTL1）

ECCTL1 用于 eCAP 的预分频和事件限定，其定义如图 8-4 所示和见表 8-2。

15	14	13	12	11	10	9	8
FREE/SOFT		PRESCALE					CAPLDEN
R/W-00		R/W-00000					R/W-0

7	6	5	4	3	2	1	0
CTRRST4	CAP4POL	CTRRST3	CAP3POL	CTRRST2	CAP2POL	CTRRST1	CAP1POL
R/W-0	R/W-0	R/W-0	R/W-0	R/W-0	R/W-0	R/W-0	R/W-0

图 8-4 eCAP 控制寄存器 1（ECCTL1）

注：R/W=读/写，-n=复位后的值。

表 8-2 eCAP 控制寄存器 1（ECCTL1）字段描述

位	字段	值	描　述
15,14	FREE/SOFT	00	在仿真中止时，TSCTR 计数器立即停止
		01	TSCTR 计数器运行直到 0
		1×	TSCTR 计数器不受仿真中止的影响（自由运行）
13~9	PRESCALE	00000 ⋯ 11111	事件过滤器预分频选择 00000：1 分频（即，无预分频、旁路预分频器），其他，2*PRESACLE 分频
8	CAPLDEN		在出现捕获事件时，使能装载 CAP1~CAP4 寄存器
		0	在捕获事件时禁止装载 CAP1~CAP4 寄存器
		1	在捕获事件时使能装载 CAP1~CAP4 寄存器
7,5,3,1	CTRRSTx		在出现捕获事件 x 时，计数器复位（x=4~1）
		0	在捕获事件 x 出现时不复位计数器（绝对时间戳操作）
		1	在捕获事件 x 时间戳已被捕获后复位计数器（用于差分模式操作）

（续）

位	字段	值	描　述
6,4,2,0	CAPxPOL	0	捕获事件 x 极性选择（x=4～1） 在上升沿（RE）上触发捕获事件 x
		1	在下降沿（FE）上触发捕获事件 x

5．eCAP 控制寄存器 2（ECCTL2）

ECCTL2 用于 eCAP 的运行控制，包括工作模式、同步等，其定义如图 8-5 所示和见表 8-3。

15					11	10	9	8
Reserved						APWMPOL	CAP/APWM	SWSYNC
R/W-00000						R/W-0	R/W-0	R/W-0

7	6	5	4	3	2	1	0
SYNCO_SEL		SYNCI_EN	TSCTRSTOP	REARM	STOP_WRAP		CONT/ONESHT
R/W-00		R/W-0	R/W-0	R/W-0	R/W-00		R/W-0

图 8-5　eCAP 控制寄存器 2（ECCTL2）

表 8-3　eCAP 控制寄存器 2（ECCTL2）字段描述

位	字段		描　述
15～11	Reserved		保留
10	APWMPOL		APWM 输出极性选择。这仅可用于 APWM 操作模式
9	CAP/APWM	0	CAP/APWM 操作模式选择 捕获模式下，CAPx/APWMx 引脚用作捕获输入
		1	APWM 模式，CAPx/APWMx 引脚用作 APWM 输出
8	SWSYNC	0	软件强制计数器（TSCTR）同步 写 0 没有影响。读总是返回 0
		1	假设 SYNCO_SEL 位为 00，则写 1 强制当前 ECAP 模块和任何 ECAP 模块下行（Down-stream）的 TSCTR 映像装载。在写 1 后，该位返回 0
7,6	SYNCO_SEL	00	同步输出选择 把同步输入事件选为同步输出信号（直接通过）
		01	把 CTR=PRD 事件选为同步输出信号
		10	禁止同步输出信号
		11	禁止同步输出信号
5	SYNCI_EN	0	计数器（TSCTR）同步输入选择模式 禁止同步输入选项
		1	在出现 SYNCI 信号或软件强制事件时使能计数器（TSCTR）从 CTRPHS 寄存器中装载
4	TSCTRSTOP	0	时间戳（TSCTR）计数器停止（冻结）控制 TSCTR 停止
		1	TSCTR 自由运行
3	RE-ARM	0	单触发重新产生（Re-arming）控制，也就是等待停止触发[①] 没有影响（读总是返回 0） 产生单触发的顺序如下：1）将 Mod4 计数器复位为 0，2）恢复 Mod4 计数
		1	器，3）使能捕获寄存器装载

157

（续）

位	字段		描　述
2,1	STOP_WRAP		单触发模式的停止值。这是在 CAP1～CAP4 寄存器冻结（即捕获序列停止）之前允许出现的捕获数（1～4） 连续模式的循环值。这是在循环缓冲区中不断循环的捕获寄存器的数（1～4）
		00	在单触发模式中捕获事件 1 后停止 在连续模式中捕获事件 1 后循环
		01	在单触发模式中捕获事件 2 后停止 在连续模式中捕获事件 2 后循环
		10	在单触发模式中捕获事件 3 后停止 在连续模式中捕获事件 3 后循环
		11	在单触发模式中捕获事件 4 后停止 在连续模式中捕获事件 4 后循环[2] 在单触发模式中阻止更多的中断事件直至重新产生中断事件
0	CONT/ONESHT		连续或单触发模式控制（仅在捕获模式中可以应用）
		0	在连续模式中操作
		1	在单触发模式中操作

①重新产生功能在单触发模式或连续模式中均有效。

②STOP_WRAP 与 Mod4 计数器相比较，当相等时，出现两种操作：Mod4 计数器停止（冻结）；禁止捕获寄存器装载。

6. 中断相关寄存器

中断相关寄存器包括 eCAP 中断使能寄存器（ECEINT）、eCAP 中断标志寄存器（ECFLAG）、eCAP 中断清零寄存器（ECCLR）和中断强制寄存器（ECFRC）。位定义介绍如图 8-6～图 8-9 所示和见表 8-4～表 8-7。

（1）eCAP 中断使能寄存器（ECEINT）

15							8
Reserved							
R/W-00000000							

7	6	5	4	3	2	1	0
CTR=CMP	CTR=PRD	CTROVF	CEVT4	CEVT3	CEVT2	CEVT1	Reserved
R/W	R/W	R/W	R/W	R/W	R/W		

图 8-6　eCAP 中断使能寄存器（ECEINT）

表 8-4　eCAP 中断使能寄存器（ECEINT）字段描述

位	字段	值	描　述
15～8	Reserved		
7	CTR=CMP		计数器相等比较中断使能
		0	禁止比较相等事件作为中断源
		1	使能比较相等事件作为中断源
6	CTR=PRD		计数器相等周期中断使能
		0	禁止周期相等事件作为中断源
		1	使能周期相等事件作为中断源
5	CTROVF		计数器溢出中断使能
		0	禁止计数器溢出事件作为中断源
		1	使能计数器溢出事件作为中断源

（续）

位	字段	值	描　　述
4	CEVT4		捕获事件 4 中断使能
		0	禁止捕获事件 4 作为中断源
		1	使能捕获事件 4 作为中断源
3	CEVT3		捕获事件 3 中断使能
		0	禁止捕获事件 3 作为中断源
		1	使能捕获事件 3 作为中断源
2	CEVT2		捕获事件 2 中断使能
		0	禁止捕获事件 2 作为中断源
		1	使能捕获事件 2 作为中断源
1	CEVT1		捕获事件 1 中断使能
		0	禁止捕获事件 1 作为中断源
		1	使能捕获事件 1 作为中断源
0	Reserved		

中断使能位（CEVT1,…）阻止所选择的事件产生中断。事件将仍被锁存到标志位（ECFLAG 寄存器）并可通过 ECFRC/ECCLR 寄存器强制/清除操作。

（2）eCAP 中断标志寄存器（ECFLAG）

15							8
			Reserved				
			R-00000000				

7	6	5	4	3	2	1	0
CTR=CMP	CTR=PRD	CTROVF	CEVT4	CEVT3	CEVT2	CEVT1	INT
R-0	R-0	R-0	R-0	R-0	R-0	R-0	R-0

图 8-7　eCAP 中断标志寄存器（ECFLAG）

表 8-5　eCAP 中断标志寄存器（ECFLAG）字段描述

位	字段	值	描　　述
15~8	Reserved		
7	CTR=CMP		计数器相等比较状态标志。该标志仅在 APWM 模式中有效
		0	表示没有出现事件
		1	表示计数器（TSCTR）到达比较寄存器值（ACMP）
6	CTR=PRD		计数器相等周期状态标志。该标志仅在 APWM 模式中有效
		0	表示没有出现事件
		1	表示计数器（TSCTR）到达周期寄存器值（APRD）并复位
5	CTROVF		计数器溢出状态标志。该标志在 CAP 和 APWM 模式中有效
		0	表示没有出现事件
		1	表示计数器（TSCTR）从 FFFF FFFF 跳变为 0000 0000
4	CEVT4		捕获事件 4 状态标志。该标志仅在 CAP 模式中有效
		0	表示没有出现事件
		1	表示第 4 个事件在 ECAPx 引脚出现
3	CEVT3		捕获事件 3 状态标志。该标志仅在 CAP 模式中有效
		0	表示没有出现事件
		1	表示第 3 个事件在 ECAPx 引脚出现

（续）

位	字段	值	描　　　述
2	CEVT2		捕获事件 2 状态标志。该标志仅在 CAP 模式中有效
		0	表示没有出现事件
		1	表示第 2 个事件在 ECAPx 引脚出现
1	CEVT1		捕获事件 1 状态标志。该标志仅在 CAP 模式中有效
		0	表示没有出现事件
		1	表示第 1 个事件在 ECAPx 引脚出现
0	INT		全局中断状态标志
		0	表示没有产生中断
		1	表示已产生一个中断

（3）eCAP 中断清零寄存器（ECCLR）

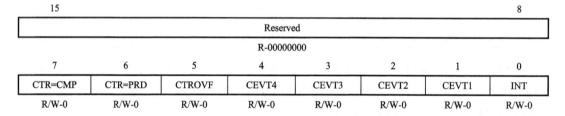

图 8-8　eCAP 中断清零寄存器（ECCLR）

表 8-6　eCAP 中断清零寄存器（ECCLR）字段描述

位	字段	值	描　　　述
15～8	Reserved		
7	CTR=CMP		计数器相等比较状态标志
		0	写 0 没有影响，总是读回 0
		1	写 1 清除 CTR=CMP 状态标志
6	CTR=PRD		计数器相等周期状态标志
		0	写 0 没有影响，总是读回 0
		1	写 1 清除 CTR=PRD 状态标志
5	CTROVF		计数器溢出状态标志
		0	写 0 没有影响，总是读回 0
		1	写 1 清除 CTROVF 状态标志
4	CEVT4		捕获事件 4 状态标志
		0	写 0 没有影响，总是读回 0
		1	写 1 清除 CEVT4 状态标志
3	CEVT3		捕获事件 3 状态标志
		0	写 0 没有影响，总是读回 0
		1	写 1 清除 CEVT3 状态标志
2	CEVT2		捕获事件 2 状态标志
		0	写 0 没有影响，总是读回 0
		1	写 1 清除 CEVT2 状态标志
1	CEVT1		捕获事件 1 状态标志
		0	写 0 没有影响，总是读回 0
		1	写 1 清除 CEVT1 状态标志
0	INT		全局中断清除标志
		0	写 0 没有影响，总是读回 0
		1	写 1 清除 INT 状态标志，如果任何事件标志设为 1 则使能产生更多的中断

（4）eCAP 中断强制寄存器（ECFRC）

15							8
Reserved							
R-00000000							

7	6	5	4	3	2	1	0
CTR=CMP	CTR=PRD	CTROVF	CEVT4	CEVT3	CEVT2	CEVT1	INT
R/W-0	R/W-0	R/W-0	R/W-0	R/W-0	R/W-0	R/W-0	R/W-0

图 8-9 eCAP 中断强制寄存器（ECFRC）

表 8-7 eCAP 中断强制寄存器（ECFRC）字段描述

位	字段	值	描 述
15～8	Reserved	0	
7	CTR=CMP	0	强制计数器相等比较中断
			没有影响，总是读回 0
		1	写 1，置位 CTR=CMP 标志位
6	CTR=PRD	0	强制计数器相等周期中断
			没有影响，总是读回 0
		1	写 1，置位 CTR=PRD 标志位
5	CTROVF	0	强制计数器溢出中断
			没有影响，总是读回 0
		1	写 1，置位 CTROVF 标志位
4	CEVT4	0	强制捕获事件 4
			没有影响，总是读回 0
		1	写 1，置位 CEVT4 标志位
3	CEVT3	0	强制捕获事件 3
			没有影响，总是读回 0
		1	写 1，置位 CEVT3 标志位
2	CEVT2	0	强制捕获事件 2
			没有影响，总是读回 0
		1	写 1，置位 CEVT2 标志位
1	CEVT1	0	强制捕获事件 1
			没有影响，总是读回 0
		1	写 1，置位 CEVT1 标志位
0	Reserved	0	

7. eCAP 头文件中寄存器结构体说明

头文件中包括一个寄存器结构体 ECAP_REGS，寄存器结构体中的位定义与前面介绍的寄存器位定义相同。

寄存器结构体定义如下：

```
struct ECAP_REGS {
    Uint32    TSCTR;             //时间戳计数器寄存器
    Uint32    CTRPHS;            //计数器相位控制寄存器
    Uint32    CAP1;              //捕获 1 寄存器
    Uint32    CAP2;              //捕获 2 寄存器
    Uint32    CAP3;              //捕获 3 寄存器
```

```
    Uint32      CAP4;               //捕获 4 寄存器
    Uint16      rsvd1[8];           //保留
    union   ECCTL1_REG ECCTL1;      //eCAP 控制寄存器 1
    union   ECCTL2_REG ECCTL2;      //eCAP 控制寄存器 2
    union   ECEINT_REG ECEINT;      //eCAP 中断使能寄存器
    union   ECFLG_REG   ECFLG;      //eCAP 中断标志寄存器
    union   ECFLG_REG   ECCLR;      //eCAP 中断清零寄存器
    union   ECEINT_REG ECFRC;       //eCAP 中断强制寄存器
    Uint16      rsvd2[6];           //保留
};
volatile struct ECAP_REGS ECap1Regs;
```

8.3　eCAP 模块的应用举例

8.3.1　eCAP 的使用

eCAP 的应用程序一般包含两部分，第一部分为初始化部分，对 eCAP 进行合理配置，第二部分为中断服务程序部分，读取 CAP1～CAP4 寄存器，并进行处理。

1. 初始化程序

初始化程序包括配置外设模式和中断初始化，初始化正确步骤如下：

➢ 配置外设寄存器，选择 eCAP 模式。

➢ 禁止全局中断。

➢ 禁止 eCAP 中断。

➢ 配置中断向量。

➢ 使能 eCAP 中断。

➢ 使能全局中断。

2. 中断服务程序

中断服务程序完成测量功能，主要包括：

➢ 相关 CAP 的读取或溢出次数的累加。

➢ 所读取 CAP 的处理应用。

➢ 中断现场恢复，PIEACK 的处理。

8.3.2　eCAP 的应用举例

本节将提供应用示例和代码片段来展示如何配置和操作 eCAP 模块。为了清晰和便于使用，示例使用 eCAP "C" 头文件，下面是用定义（#define）来有助于理解示例。

```
//ECCTL1 (eCAP 控制寄存器 1)
//============================
//CAPxPOL 位
#define EC_RISING 0x0
```

162

```
#define EC_FALLING 0x1
//CTRRSTx 位
#define EC_ABS_MODE   0x0
#define EC_DELTA_MODE 0x1
//PRESCALE 位
#define EC_BYPASS 0x0
#define EC_DIV1 0x0
//ECCTL2 (eCAP 控制寄存器 2)
//=========================
//CONT/ONESHOT 位
#define EC_CONTINUOUS 0x0
#define EC_ONESHOT 0x1
//STOPVALUE 位
#define EC_EVENT1 0x0
#define EC_EVENT2 0x1
#define EC_EVENT3 0x2
#define EC_EVENT4 0x3
//RE-ARM 位
#define EC_ARM 0x1
//TSCTRSTOP 位
#define EC_FREEZE 0x0
#define EC_RUN 0x1
//SYNCO_SEL 位
#define EC_SYNCIN 0x0
#define EC_CTR_PRD 0x1
#define EC_SYNCO_DIS 0x2
//CAP/APWM 模式位
#define EC_CAP_MODE 0x0
#define EC_APWM_MODE 0x1
//APWMPOL 位
#define EC_ACTV_HI 0x0
#define EC_ACTV_LO 0x1
//通用
#define EC_DISABLE 0x0
#define EC_ENABLE 0x1
#define EC_FORCE 0x1
```

1. GPIO 初始化程序

以下选择 GPIO5 用作 eCAP1，初始化如下：

```
void InitCAPGpio()
```

```
{
    EALLOW;
    GpioCtrlRegs.GPAPUD.bit.GPIO5=0;              //GPIO5(eCAP1)上拉使能
    GpioCtrlRegs.GPAMUX1.bit.GPIO5=3;             //配置 GPIO5 用作 eCAP1
    EDIS;
}
```

2．eCAP 中断初始化程序

```
void InitCAPIntr()
{
    DINT;                                         //关总中断
    EALLOW;
    PieVectTable.ECAP1_INT=&Ecap1Int_isr;         //配置中断向量表
    EDIS;
    PieCtrlRegs.PIEIER4.bit.INTx1=1;              //eCAP1_INT
    IER|=M_INT4;                                  //使能 CPU 中断
    EINT;
}
```

164

例 8.1 绝对时间戳操作，上升沿触发。

图 8-10 所示为连续捕获操作的示例（Mod4 计数器循环）。在该图中，TSCTR 向上计数而没有复位，捕获事件仅在上升沿被限定，这里给出了周期（和频率）信息。

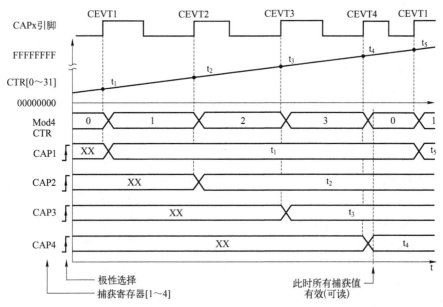

图 8-10　绝对时间戳的捕获序列和上升沿检测

出现事件时，TSCTR 内容首先被捕获，然后 Mod4 计数器递增到下一个阶段。当 TSCTR 到达最大值 FFFF FFFF 时，它循环返回到 0000 0000（图 8-10 中没有显示），如果发生这种情况，CTROVF（计数器溢出）标志置位，且出现中断（如果使能）。捕获的时间戳在图中指示的点有效，即在第 4 个事件后。因此事件 CEVT4 可方便地用来触发中断并且 CPU 可从 CAPx 寄存器中读数据。

针对图 8-10，对应的 eCAP1 初始化程序如下：

```
void IniteCAP1Config()
{
  //CAP 模式绝对时间的代码片断，上升沿触发
  //初始化时间
  ECap1Regs.ECCTL1.bit.CAP1POL=EC_RISING;
  ECap1Regs.ECCTL1.bit.CAP2POL=EC_RISING;
  ECap1Regs.ECCTL1.bit.CAP3POL=EC_RISING;
  ECap1Regs.ECCTL1.bit.CAP4POL=EC_RISING;
  ECap1Regs.ECCTL1.bit.CTRRST1=EC_ABS_MODE;
  ECap1Regs.ECCTL1.bit.CTRRST2=EC_ABS_MODE;
  ECap1Regs.ECCTL1.bit.CTRRST3=EC_ABS_MODE;
  ECap1Regs.ECCTL1.bit.CTRRST4=EC_ABS_MODE;
  ECap1Regs.ECCTL1.bit.CAPLDEN=EC_ENABLE;
  ECap1Regs.ECCTL1.bit.PRESCALE=EC_DIV1;
  ECap1Regs.ECCTL2.bit.CAP_APWM=EC_CAP_MODE;
  ECap1Regs.ECCTL2.bit.CONT_ONESHT=EC_CONTINUOUS;
  ECap1Regs.ECCTL2.bit.SYNCO_SEL=EC_SYNCO_DIS;
  ECap1Regs.ECCTL2.bit.SYNCI_EN=EC_DISABLE;
  ECap1Regs.ECCTL2.bit.TSCTRSTOP=EC_RUN;      //允许 TSCTR 运行
  ECap1Regs.ECEINT.bit.CEVT4=1;               //CEVT4
}
//而对应的中断服务程序如下（CEVT4 触发的 ISR 调用）
interrupt void Ecap1Int_isr(void)
{
  t1=ECap1Regs.CAP1;                          //t1 为时间戳 1
  t2=ECap1Regs.CAP2;                          //t2 为时间戳 2
  t3=ECap1Regs.CAP3;                          //t3 为时间戳 3
  t4=ECap1Regs.CAP4;                          //t4 为时间戳 4
  Period1=t2-t1;                              //计算第 1 个周期
  Period2=t3-t2;                              //计算第 2 个周期
  Period3=t4-t3;                              //计算第 3 个周期
  PieCtrlRegs.PIEACK.all=PIEACK_GROUP4;
  EINT;
}
```

例 8.2　绝对时间戳操作，上升沿和下降沿触发。

在图 8-11 中，除了捕获事件在上升沿或下降沿均触发外，eCAP 操作模式与前面的内容

几乎相同。这里给出了周期和占空比信息，即 Period $1=t_3-t_1$，Period $2=t_5-t_3$，…。Duty Cycle1(On-time%)$=(t_2-t_1)$/Period1$\times100\%$，Duty Cycle 1(Off-time%)$=(t_3-t_2)$/Period1$\times100\%$，…。

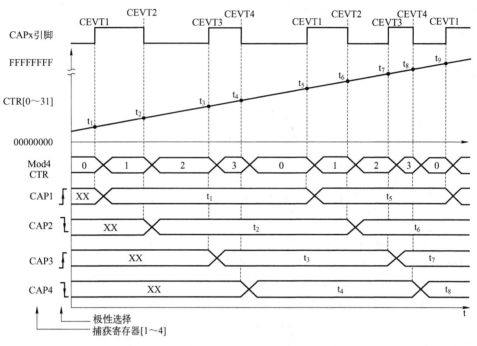

图 8-11　绝对时间戳的捕获序列，上升沿和下降沿检测

针对图 8-11，对应的 eCAP1 初始化程序如下：

```
void IniteCAP1Config()
{
//CAP 模式绝对时间的代码片断，上升沿和下降沿触发
//初始化时间
//========================
//eCAP 模块 1 配置
ECap1Regs.ECCTL1.bit.CAP1POL=EC_RISING;
ECap1Regs.ECCTL1.bit.CAP2POL=EC_FALLING;
ECap1Regs.ECCTL1.bit.CAP3POL=EC_RISING;
ECap1Regs.ECCTL1.bit.CAP4POL=EC_FALLING;
ECap1Regs.ECCTL1.bit.CTRRST1=EC_ABS_MODE;
ECap1Regs.ECCTL1.bit.CTRRST2=EC_ABS_MODE;
ECap1Regs.ECCTL1.bit.CTRRST3=EC_ABS_MODE;
ECap1Regs.ECCTL1.bit.CTRRST4=EC_ABS_MODE;
ECap1Regs.ECCTL1.bit.CAPLDEN=EC_ENABLE;
ECap1Regs.ECCTL1.bit.PRESCALE=EC_DIV1;
ECap1Regs.ECCTL2.bit.CAP_APWM=EC_CAP_MODE;
ECap1Regs.ECCTL2.bit.CONT_ONESHT=EC_CONTINUOUS;
```

```
ECap1Regs.ECCTL2.bit.SYNCO_SEL=EC_SYNCO_DIS;
ECap1Regs.ECCTL2.bit.SYNCI_EN=EC_DISABLE;
ECap1Regs.ECCTL2.bit.TSCTRSTOP=EC_RUN;    //允许 TSCTR 运行
ECap1Regs.ECEINT.bit.CEVT4=1;             //CEVT4
}
//而对应的中断服务程序如下（CEVT4 触发的 ISR 调用）
interrupt void Ecap1Int_isr(void)
{
  t1=ECap1Regs.CAP1;                      //t1 为时间戳 1
  t2=ECap1Regs.CAP2;
  t3=ECap1Regs.CAP3;
  t4=ECap1Regs.CAP4;
  Period1=t3-t1;                          //计算第 1 个周期
  DutyOnTime1=t2-t1;                      //计算导通时间
  DutyOffTime1=t3-t2;                     //计算断开时间
  PieCtrlRegs.PIEACK.all=PIEACK_GROUP4;
  EINT;
}
```

例 8.3 时间差（Delta）操作，上升沿触发。

图 8-12 展示了如何使用 eCAP 模块从脉冲群波形中收集间隔时间（Delta time）数据。这里使用连续捕获模式（TSCTR 向上计数而没有复位，Mod4 计数器循环）。在 Delta-time 模式

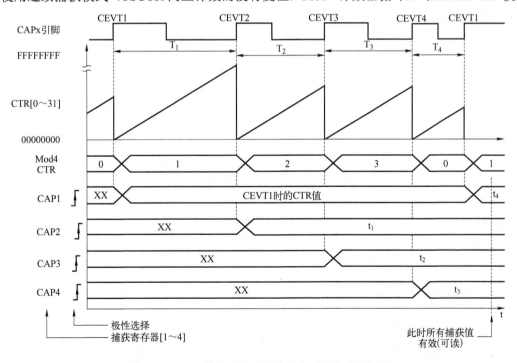

图 8-12 Delta 模式时间戳的捕获序列和上升沿检测

中，TSCTR 在出现每个有效事件时复位为 0。这里的捕获事件仅为上升沿触发。出现一个事件时，TSCTR 内容（即时间戳）首先被捕获，然后 TSCTR 复位为 0。接着 Mod4 计数器递增到下一个阶段。如果 TSCTR 在下一个事件之前到达 FFFF FFFF（即最大值），则它循环返回到 0000 0000 并继续，CNTOVF（计数器溢出）标志位置位且出现中断（如果使能）。Delta-time 模式的优点是 CAPx 内容直接给出时间数据而无须进行 CPU 计算，即 Period $1=T_1$，Period $2=T_2$，…。如图 8-12 所示，CEVT1 事件是读时序数据的一个良好触发点，这里的 T_1、T_2、T_3、T_4 全部有效。

针对图 8-12，对应的 eCAP1 初始化程序如下：

```
void IniteCAP1Config()
{
//CAP 模式间隔时间的代码片断, 上升沿触发
//初始化时间
//=======================
//eCAP 模块 1 配置
ECap1Regs.ECCTL1.bit.CAP1POL=EC_RISING;
ECap1Regs.ECCTL1.bit.CAP2POL=EC_RISING;
ECap1Regs.ECCTL1.bit.CAP3POL=EC_RISING;
ECap1Regs.ECCTL1.bit.CAP4POL=EC_RISING;
ECap1Regs.ECCTL1.bit.CTRRST1=EC_DELTA_MODE;
ECap1Regs.ECCTL1.bit.CTRRST2=EC_DELTA_MODE;
ECap1Regs.ECCTL1.bit.CTRRST3=EC_DELTA_MODE;
ECap1Regs.ECCTL1.bit.CTRRST4=EC_DELTA_MODE;
ECap1Regs.ECCTL1.bit.CAPLDEN=EC_ENABLE;
ECap1Regs.ECCTL1.bit.PRESCALE=EC_DIV1;
ECap1Regs.ECCTL2.bit.CAP_APWM=EC_CAP_MODE;
ECap1Regs.ECCTL2.bit.CONT_ONESHT=EC_CONTINUOUS;
ECap1Regs.ECCTL2.bit.SYNCO_SEL=EC_SYNCO_DIS;
ECap1Regs.ECCTL2.bit.SYNCI_EN=EC_DISABLE;
ECap1Regs.ECCTL2.bit.TSCTRSTOP=EC_RUN;      //允许 TSCTR 运行
ECap1Regs.ECEINT.bit.CEVT4=1;               //CEVT4
}
    //而对应的中断服务程序如下（CEVT4 触发的 ISR 调用）
interrupt void Ecap1Int_isr(void)
    {
    T4=ECap1Regs.CAP1;
    T1=ECap1Regs.CAP2;
    T2=ECap1Regs.CAP3;
    T3=ECap1Regs.CAP4;
    PieCtrlRegs.PIEACK.all=PIEACK_GROUP4;
```

```
    EINT;
    }
```

例 8.4　时间差（Delta）操作，上升沿和下降沿触发。

在图 8-13 中，除了捕获事件在上升沿或下降沿均触发外，eCAP 操作模式与前面的内容几乎相同。这里给出了周期和占空比信息，即 Period 1=T_1+T_2，Period 2=T_3+T_4，…。

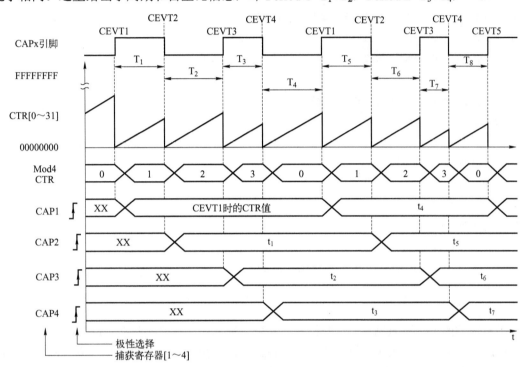

图 8-13　Delta 模式时间戳的捕获序列，上升沿和下降沿检测

针对图 8-13，对应的 eCAP1 初始化程序如下：

```
void IniteCAP1Config()
{
//CAP 模式间隔时间的代码片断，上升沿和下降沿触发
//初始化时间
//========================
//eCAP 模块 1 配置
ECap1Regs.ECCTL1.bit.CAP1POL=EC_RISING;

ECap1Regs.ECCTL1.bit.CAP2POL=EC_FALLING;

ECap1Regs.ECCTL1.bit.CAP3POL=EC_RISING;

ECap1Regs.ECCTL1.bit.CAP4POL=EC_FALLING;

ECap1Regs.ECCTL1.bit.CTRRST1=EC_DELTA_MODE;

ECap1Regs.ECCTL1.bit.CTRRST2=EC_DELTA_MODE;

ECap1Regs.ECCTL1.bit.CTRRST3=EC_DELTA_MODE;

ECap1Regs.ECCTL1.bit.CTRRST4=EC_DELTA_MODE;
```

```
ECap1Regs.ECCTL1.bit.CAPLDEN=EC_ENABLE;
ECap1Regs.ECCTL1.bit.PRESCALE=EC_DIV1;
ECap1Regs.ECCTL2.bit.CAP_APWM=EC_CAP_MODE;
ECap1Regs.ECCTL2.bit.CONT_ONESHT=EC_CONTINUOUS;
ECap1Regs.ECCTL2.bit.SYNCO_SEL=EC_SYNCO_DIS;
ECap1Regs.ECCTL2.bit.SYNCI_EN=EC_DISABLE;
ECap1Regs.ECCTL2.bit.TSCTRSTOP=EC_RUN;        //允许 TSCTR 运行
ECap1Regs.ECEINT.bit.CEVT4=1;                 //CEVT4
}
  //而对应的中断服务程序如下（CEVT4 触发的 ISR 调用）
interrupt void Ecap1Int_isr(void)
  {
    T1=eCap1Regs.CAP3;
    T2=eCap1Regs.CAP4;
    DutyOnTime=T2;
    DutyOffTime=T1;
    Period=T1+T2;
    PieCtrlRegs.PIEACK.all=PIEACK_GROUP4;
    EINT;
  }
```

需要强调的是，当 eCAP 用作低频脉冲信号测量时，往往需要允许 CTROVF（计数器溢出）中断，周期、占空比的计算需要考虑计数器溢出的次数；当 eCAP 用作高频脉冲信号测量时，为了提高测量的精度可以应用事件预分频的功能。

习　　题

编写方波的频率和波形对称性检测的程序。包括：

1）将 eCAP1 配置成：双跳沿捕获，1 分频，绝对模式，每次捕获都中断。

2）变量初始化。

3）中断服务程序的编写。

4）被测量的计算。

第9章 增强型脉宽调制器（ePWM）

脉宽调制器（PWM）外设是控制许多商业和工业设备的电力电子系统的一个重要组件，这些系统包括数字电机控制系统、开关电源控制系统、不间断电源设备（UPS）系统和其他形式的电源转换系统。PWM 外设还可实现数/模转换功能（占空比等效于 DAC 模拟值），有时称为电源 DAC（Power DAC）。PWM 基本上成为目前高性能微处理器标配的外设模块，一个有效的 PWM 外设必须能够保证在 CPU 开销最少的前提下产生复杂的脉宽波形，它必须高度可编程与高度灵活，同时还要容易理解与使用。

TMS320F2802x 配置了增强型 PWM（ePWM）模块。ePWM 单元通过为每个 PWM 通道分配所有必需的时序和控制资源，完全满足这些需求，ePWM 由带单独资源的小型单通道模块构成，并且这些资源在构成一个系统时可以一起工作，从而避免了资源交叉耦合或共享的问题，这种组合方法使得 ePWM 变为正交结构。

9.1 ePWM 总体结构

9.1.1 子模块概述

在本章中，信号或模块名称中的字母 x 用于表示它属于器件上哪个 ePWM 事件单元。例如，输出信号 EPWMxA 和 EPWMxB 指的是来自 ePWMx 事件单元的输出信号。因此，EPWM1A 和 EPWM1B 属于 ePWM1 事件单元，类似地，EPWM4A 和 EPWM4B 则属于 ePWM4 事件单元。ePWM 模块描述了一条由 EPWMxA 和 EPWMxB 两个 PWM 输出组成的完整的 PWM 通道。

每个 ePWM 模块包含以下功能部件和特性：

➢ 专用的 16 位时基计数器，可控制自己那对 PWM 输出的频率或周期。

➢ 两个 PWM 输出（EPWMxA 和 EPWMxB），它们可以配置成：两个独立的、单边沿操作的 PWM 输出；两个独立的、双边沿对称操作的 PWM 输出或者一个独立的、双边沿非对称操作的 PWM 输出。

➢ 可编程的相位控制，配置相对于其他 ePWM 模块的相位（超前或滞后多少）。

➢ 周期性地硬件锁定（同步）相位关系。

➢ 死区发生器，带独立的上升沿延迟和下降沿延迟控制。

➢ 触发区配置可编程，可配置成在出现故障时周期性触发或单次触发。

➢ 产生故障触发条件后（Trip Condition）可将 PWM 输出强制变为高电平、低电平或高阻状态。

➢ 比较器模块输出和触发区输入可以产生事件、滤波（Filtered）事件或故障触发条件。

➢ 所有事件都可以触发 CPU 中断和启动 ADC 开始转换（SOC）。

➢ 事件预分频因子（Prescaling）可编程，使得中断时 CPU 开销最少。

> PWM 被高频载波信号斩波，这对于脉冲变压器门极驱动非常有用。

每个 ePWM 模块由 8 个子模块组成，且在系统内通过图 9-1 所示的信号连接起来，图 9-2 为子模块结构图。

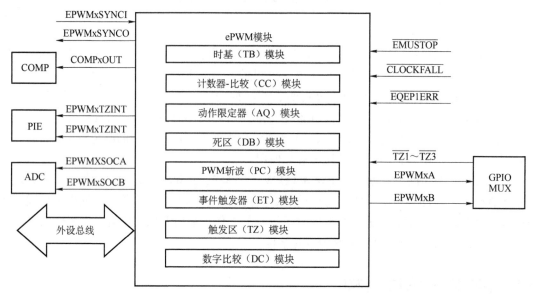

图 9-1　ePWM 模块其子模块和信号的连接情况

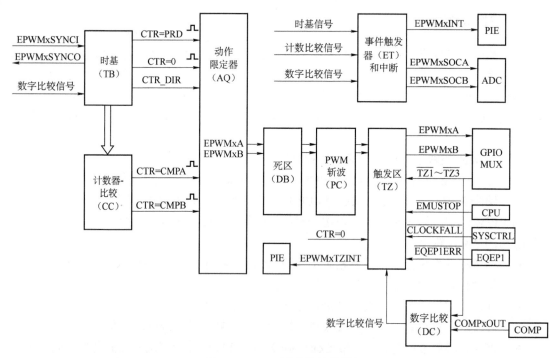

图 9-2　ePWM 子模块结构图

由于 ePWM 模块的功能比较全面和强大，本章只讲述其中的时基（TB）模块、计数器-比较（CC）模块、动作限定器（AQ）模块、死区（DB）模块和事件触发器（ET）模块，而 PWM 斩波（PC）模块、触发区（TZ）模块和数字比较（DC）模块由于篇幅关系本章不讲述。

本章学习重点掌握如何配置 PWM 的周期、如何产生 PWM 波形输出、如何配置互补 PWM 死区以及如何用 PWM 启动 ADC 模块，当然还有中断如何使用。

9.1.2　寄存器映射

由于 ePWM 模块的子模块功能讲述会涉及寄存器，所以在讲述子模块之前先了解一下 ePWM 模块的寄存器。ePWM 模块所有的控制寄存器和状态寄存器按照子模块分组，部分模块的寄存器定义见表 9-1。每个 ePWM 模块的寄存器组都是完全相同的。

表 9-1　按照子模块分组的 ePWM 模块控制寄存器和状态寄存器集

名　称	偏移量	大小（×16 位）	映射	EALLOW	描　述
时基子模块寄存器					
TBCTL	0x0000	1	否		时基控制寄存器
TBSTS	0x0001	1	否		时基状态寄存器
TBPHS	0x0003	1	否		时基相位寄存器
TBCTR	0x0004	1	否		时基计数器寄存器
TBPRD	0x0005	1	是		时基周期寄存器
计数器-比较子模块寄存器					
CMPCTL	0x0007	1	否		计数器-比较控制寄存器
CMPA	0x0009	1	是		计数器-比较 A 寄存器
CMPB	0x000A	1	是		计数器-比较 B 寄存器
动作限定器子模块寄存器					
AQCTLA	0x000B	1	否		输出 A（EPWMxA）动作限定器控制寄存器
AQCTLB	0x000C	1	否		输出 B（EPWMxB）动作限定器控制寄存器
AQSFRC	0x000D	1	否		动作限定器软件强制寄存器
AQCSFRC	0x000E	1	是		动作限定器连续 S/W 强制寄存器组
死区发生器子模块寄存器					
DBCTL	0x000F	1	否		死区发生器控制寄存器
DBRED	0x0010	1	否		死区发生器上升沿延迟计数寄存器
DBFED	0x0011	1	否		死区发生器下降沿延迟计数寄存器
事件触发器子模块寄存器					
ETSEL	0x0019	1			事件触发器选择寄存器
ETPS	0x001A	1			事件触发器预分频寄存器
ETFLG	0x001B	1			事件触发器标志寄存器
ETCLR	0x001C	1			事件触发器清零寄存器
ETFRC	0x001D	1			事件触发器强制寄存器
触发区子模块寄存器（略）					
PWM 斩波子模块寄存器（略）					
数字比较事件寄存器（略）					

9.2 ePWM 子模块

9.2.1 时基（TB）模块

每个 ePWM 模块都有自己的时基子模块，它决定 ePWM 模块所有事件的时序。内置的同步逻辑电路使得几个 ePWM 模块可以当作一个系统一起工作。

1. 时基子模块的用途

图 9-3 为时基子模块功能框图，表 9-2 为图中主要时基信号的描述。

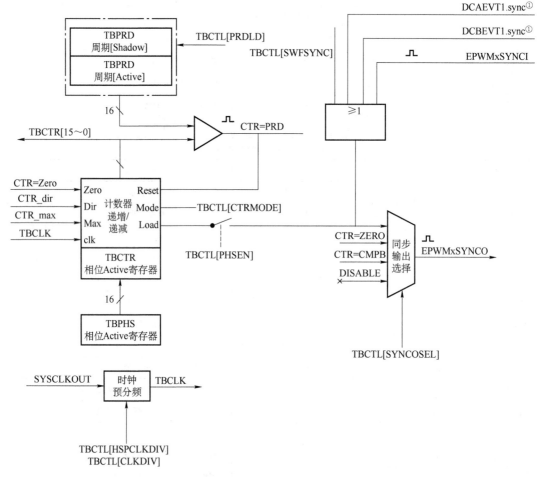

图 9-3　时基子模块功能框图

①—这些信号由数字比较（DC）子模块产生。

从框图可以看出，时基子模块能够配置成以下用途：

➢ 指定 ePWM 时基计数器（TBCTR）的频率或周期，以控制事件发生的频率。

➢ 管理与其他 ePWM 模块之间的时基同步，维持与其他 ePWM 模块之间的相位关系。

➢ 将时基计数器设置成递增、递减或者"先递增后递减"计数模式。

➢ 产生以下事件：

表 9-2　主要时基信号

信　号	描　述
EPWMxSYNCI	时基同步输入 该输入脉冲用于同步时基计数器与稍早位于同步链的 ePWM 模块的计数器。ePWM 外设可以配置成使用或忽略这个信号，对于第一个 ePWM 模块（ePWM1）而言，该信号来自器件引脚，而对其他 ePWM 模块，该信号是从另外一个 ePWM 模块传输过来的。例如，EPWM2SYNCI 由 ePWM1 外设产生，EPWM3SYNCI 由 ePWM2 产生，依此类推
EPWMxSYNCO	时基同步输出 该输出脉冲用于同步后继同步链中 ePWM 模块的计数器。ePWM 模块在出现以下其中一种事件时产生该信号： 1. EPWMxSYNCI（同步输入脉冲） 2. CTR=0：时基计数器的计数值等于 0（TBCTR=0x0000） 3. CTR=CMPB：时基计数器的计数值等于计数器比较 B 寄存器值
CTR=PRD	时基计数器等于指定周期 每当计数器值等于活动周期寄存器值时便产生该信号，即 TBCTR=TBPRD 时
CTR=Zero	时基计数器等于 0 每当计数器值等于零时便产生该信号，即 TBCTR 等于 0x0000 时
CTR_dir	时基计数器计数方向 用于指示 ePWM 时基计数器的当前方向。计数器递增时该信号为高电平，计数器递减时信号为低电平
CTR_max	时基计数器等于最大值（TBCTR=0xFFFF） TBCTR 值到达其最大值时产生的事件。该信号仅被用作状态标志位
TBCLK	时基时钟 这是系统时钟（SYSCLKOUT）经过预分频得到的值，供 ePWM 内的所有子模块使用。该时钟决定时基计数器递增或递减的速率

① CTR=PRD：时基计数器的计数值等于指定周期（TBCTR=TBPRD）。

② CTR=0：时基计数器的计数值等于 0（TBCTR=0x0000）。

➤　配置时基时钟的速率，CPU 系统时钟（SYSCLKOUT）经过预分频得到的值。时基计数器从而能够以较慢的速率递增/递减。

简而言之：TB 模块决定 PWM 的时钟、计数器工作模式、计数器周期（PWM 周期），产生计数值等于 PWM 周期和计数值等于 0 两个事件，并实现 PWM 单元间的同步。

2. 计算 PWM 周期和频率

PWM 事件的频率由时基周期（TBPRD）寄存器和时基计数器的计数模式控制。图 9-4 显示了当周期为 4（TBPRD=4）时，递增、递减以及"先递增后递减"计数模式下 PWM 周期（T_{pwm}）和频率（F_{pwm}）之间的关系。每一步递增的时间量由经过系统时钟（SYSCLKOUT）预分频得到的时基时钟（TBCLK）定义。

时基计数器具有 3 种工作模式，由时基控制寄存器（TBCTL）选择：

（1）"先递增后递减"模式　在"先递增后递减"模式中，时基计数器从零开始递增计数直到达到周期值（TBPRD），然后在达到周期值时，时基计数器又开始递减直到为 0，然后计数器重复这种模式又开始递增。

（2）递增模式　在该模式中，时基计数器从 0 开始递增计数直到达到周期寄存器（TBPRD）中的值。当达到周期值时，时基计数器复位到 0 并再次开始递增计数。

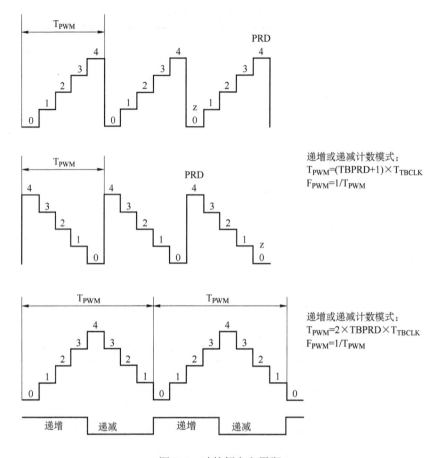

递增或递减计数模式：
$T_{PWM}=(TBPRD+1)\times T_{TBCLK}$
$F_{PWM}=1/T_{PWM}$

递增或递减计数模式：
$T_{PWM}=2\times TBPRD\times T_{TBCLK}$
$F_{PWM}=1/T_{PWM}$

图 9-4　时基频率和周期

（3）递减模式　在递减模式中，时基计数器从周期（TBPRD）值开始递减计数直到为 0。当它到达 0 时，时基计数器复位到周期值并再次开始递减计数。

3. 时基周期的映射（Shadow）寄存器

时基周期寄存器（TBPRD）包含一个映射寄存器。映射寄存器使得寄存器的更新与硬件同步。以下定义用于描述 ePWM 模块中的所有映射寄存器：

（1）有效（Active）寄存器　有效寄存器控制硬件，并且负责由硬件导致或引发的动作。

（2）映射（Shadow）寄存器　映射寄存器缓冲或暂时保存有效寄存器的存储单元，它不直接影响任意控制硬件。在特定的时刻，映射寄存器的内容会被转移到有效寄存器，这样做可以避免因寄存器被软件异步修改而发生的错误或虚假操作。

映射周期寄存器的存储器地址与有效寄存器相同。哪个寄存器被写或被读由 TBCTL[PRDLD]位决定。这个位采用如下几种模式使能或禁用 TBPRD 映射寄存器：

（1）时基周期映射模式　TBPRD 映射寄存器在 TBCTL[PRDLD]=0 时使能。向 TBPRD 存储器地址执行读写操作便可以进入映射寄存器。当时基计数器等于 0（TBCTR=0x0000）时，映射寄存器的内容被转移到有效寄存器（TBPRD（有效）←TBPRD（映射））。默认情况下，TBPRD 映射寄存器是使能的。

（2）时基周期立即装载模式　如果选中立即装载模式（TBCTL[PRDLD]=1），那么向

TBPRD 存储器地址执行读或写操作都可以直接进入有效寄存器。

4．时基计数器的同步机制

时基同步机制连接了器件上的所有 ePWM 模块。每个 ePWM 模块都包含一个同步输入信号（EPWMxSYNCI）和一个同步输出信号（EPWMxSYNCO）。

9.2.2　计数器–比较（CC）子模块

图 9-5 显示了计数器-比较子模块的基本结构。计数器-比较子模块将时基计数器的值逐个与计数器-比较 A（CMPA）和计数器-比较 B（CMPB）的值进行比较，当时基计数器等于其中一个比较寄存器的值时，计数器-比较单元会产生一个适当的事件：

➢　使用寄存器 CMPA 和 CMPB 根据可编程的时间戳产生事件。

—　CTR=CMPA：时基计数器的值等于计数器-比较 A 寄存器的值（TBCTR=CMPA）。

—　CTR=CMPB：时基计数器的值等于计数器-比较 B 寄存器的值（TBCTR=CMPB）。

➢　如果正确配置动作限定器子模块，可用于控制 PWM 占空比。

➢　映射寄存器保存新的比较值，以阻止在有效的 PWM 周期期间出现错误或窄脉冲。

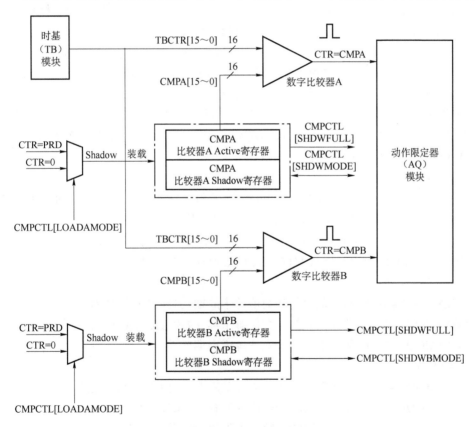

图 9-5　计数器-比较子模块的细节图

计数器-比较子模块主要的相关信号见表 9-3。

1．计数器-比较子模块的工作要点

计数器-比较子模块负责根据两个比较寄存器产生两个独立的比较事件：

1）CTR=CMPA：时基计数器的值等于计数器-比较 A 寄存器的值（TBCTR=CMPA）。

2）CTR=CMPB：时基计数器的值等于计数器-比较 B 寄存器的值（TBCTR=CMPB）。

表 9-3　计数器-比较子模块的主要信号

信　号	事件描述	寄存器比较
CTR=CMPA	时基计数器的计数值等于计数器-比较 A 有效寄存器的值	TBCTR=CMPA
CTR=CMPB	时基计数器的计数值等于计数器-比较 B 有效寄存器的值	TBCTR=CMPB
CTR=PRD	时基计数器的计数值等于有效周期 用于从映射寄存器那里装载有效计数器-比较 A 和 B 寄存器	TBCTR=TBPRD
CTR=ZERO	时基计数器的计数值等于 0 用于从映射寄存器那里装载有效计数器-比较 A 和 B 寄存器	TBCTR=0x0000

如果为递增或递减模式，每个事件每个周期仅发生一次。如果为"先递增后递减"模式且比较值在 0x0000～TBPRD 之间，则每个事件每个周期发生两次，若比较值等于 0x0000 或等于 TBPRD，则每个事件每个周期发生一次。这些事件被馈送到动作限定器子模块，在那里，它们受计数器方向的限制并在使能时被转换成各种动作。

计数器-比较寄存器 CMPA 和 CMPB 都包含相关的映射寄存器。映射寄存器使得寄存器的更新与硬件同步。当使用了映射寄存器时，有效寄存器只在特定的时刻进行更新，这样可以避免因寄存器的软件异步修改而发生的错误或虚假操作。

有效寄存器的存储器地址与映射寄存器相同，至于哪个寄存器被写或被读，这由 CMPCTL[SHDWAMODE]位和 CMPCTL[SHDWBMODE]位决定，这些位可以分别使能和禁用 CMPA 和 CMPB 的映射寄存器。具体如下：

（1）映射模式

映射模式使能：CMPCTL[SHDWAMODE]清零和 CMPCTL[SHDWBMODE]位清零可以使能映射模式。复位时，CMPA 和 CMPB 的默认映射模式是使能的。

有效寄存器装载：如果映射模式被使能，映射寄存器转移到有效寄存器的触发事件就分别由 CMPCTL[LOADAMODE]和 CMPCTL[LOADBMODE]位确定：

对于 CMPA：

LOADAMODE=0：时基计数器的计数值等于周期（TBCTR=TBPRD）。

LOADAMODE=1：时基计数器的计数值等于零（TBCTR=0x0000）。

LOADAMODE=2：时基计数器的计数值等于周期或零。

对于 CMPB：

LOADBMODE=0：时基计数器的计数值等于周期（TBCTR=TBPRD）。

LOADBMODE=1：时基计数器的计数值等于零（TBCTR=0x0000）。

LOADBMODE=2：时基计数器的计数值等于周期或零。

计数器-比较子模块只对有效寄存器的内容进行比较。

（2）立即装载模式

立即装载模式选择：TBCTL[SHADWAMODE]=1 或 TBCTL[SHADWBMODE]=1。

有效寄存器装载：相对应的寄存器 CMPA 或 CMPB 操作都会直接操作有效寄存器。

2．计数模式的时序波形

计数器-比较模块在以下 3 种计数模式下都会产生比较事件：

1）递增计数模式：用来产生一个非对称的 PWM 波形。

2）递减计数模式：用来产生一个非对称的 PWM 波形。

3）"先递增后递减"模式：用来产生一个对称的 PWM 波形。

一般情况下，比较值不能设置为比周期大，如果比较值设置为比周期大可能会发生不会产生比较动作的情况。

图 9-6～图 9-8 分别说明了 3 种计数器模式下，CC 事件何时产生以及 EPWMxSYNCI 信号如何互相作用。一个 EPWMxSYNCI 外部同步事件会造成 TBCTR 计数序列不连续，也可能会导致比较事件被遗漏，这种遗漏被认为是正常操作。

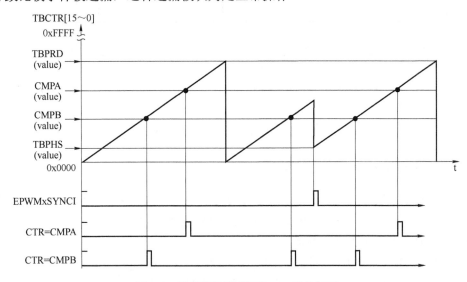

图 9-6 递增计数模式下的 CC 事件波形

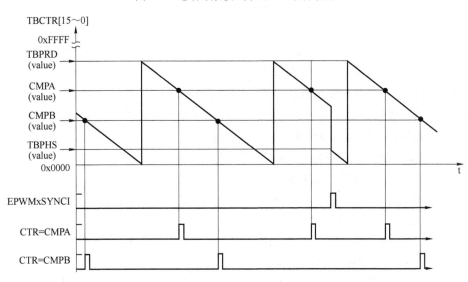

图 9-7 递减计数模式下的 CC 事件波形

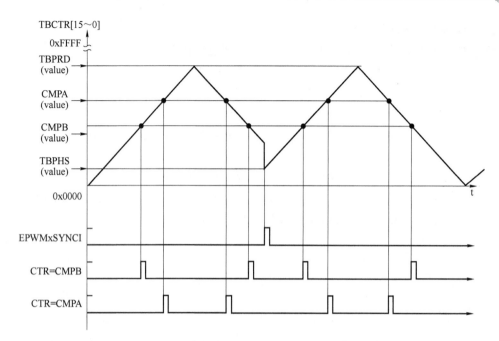

图 9-8 "先递增后递减"计数模式下的 CC 事件波形

9.2.3 动作限定器（AQ）子模块

动作限定器子模块在构造波形以及产生 PWM 方面扮演着重要的角色，它决定将哪些事件转换成哪种动作，从而在 EPWMxA 和 EPWMxB 输出上产生所需的开关波形。

动作限定器子模块负责以下事情：

1）根据以下事件限定并产生动作（置位、清零、切换（Toggle））：

CTR=PRD：时基计数器的计数值等于周期（TBCTR=TBPRD）。

CTR=Zero：时基计数器的计数值等于零（TBCTR=0x0000）。

CTR=CMPA：时基计数器的计数值等于计数器-比较 A 寄存器（TBCTR=CMPA）的值。

CTR=CMPB：时基计数器的计数值等于计数器-比较 B 寄存器（TBCTR=CMPB）的值。

2）在这些事件同时发生时，管理优先级。

3）在时基计数器递增和递减时，单独控制这些事件。

动作限定器子模块控制在发生某一特定事件时 EPWMxA 和 EPWMxB 两个输出信号的行为，此外动作限定器子模块的事件输出还受计数器方向（递增还是递减）的限制，不管在递增阶段还是递减阶段都可以单独控制输出上的动作。

施加到 EPWMxA 和 EPWMxB 输出信号上的动作可能是：

1）置 1（高电平）：将 EPWMxA 或 EPWMxB 输出信号设置成高电平。

2）清零（低电平）：将 EPWMxA 或 EPWMxB 输出信号设为低电平。

3）高低电平切换（Toggle）：如果当前 EPWMxA 或 EPWMxB 被拉高，则将输出拉低；如果当前 EPWMxA 或 EPWMxB 被拉低，则将输出拉高。

4）Do Nothing（不采取任何动作）：EPWMxA 或 EPWMxB 输出信号保持为当前设置状态。尽管"Do Nothing"选项使得在 EPWMxA 和 EPWMxB 输出信号上不可以采取动作，但该事件仍然可以触发中断和 ADC 启动转换。

　　每个输出信号（EPWMxA 或 EPWMxB）都被单独指定了动作，所有事件都可以配置成在某个特定输出上产生动作。例如，CTR=CMPA 和 CTR=CMPB 都可以在 EPWMxA 输出上产生动作。

　　动作限定器事件的优先级：当 ePWM 动作限定器一次同时可以接收一个以上的事件，这时，硬件会给这些事件分配一个优先级。通常的规则是事件越后发生其优先级越高，且软件强制的事件优先级最高。

　　使用"先递增后递减"计数模式产生一个对称的 PWM：使用"先递增后递减"计数模式，并且一个周期内只允许一次装载 CMPA/CMPB，可以产生一个对称的 PWM 波形输出，如图 9-9 所示，当计数器递增时，比较匹配会将 PWM 信号拉高，当计数器递减时，比较匹配会将 PWM 信号拉低。

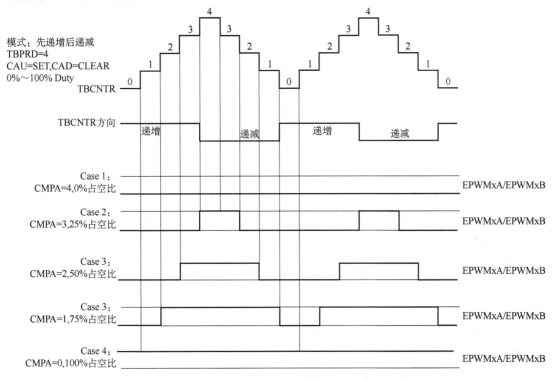

图 9-9　"先递增后递减"计数模式的对称波形

　　图 9-9 还给出了 PWM 占空比的变化图示，0%～100%的占空比通过改变 CMPA 的值来实现，特别是当 CMPA=TBPRD 时，PWM 信号在整个周期都为低，得到占空比为 0%的波形，当 CMPA=0 时，PWM 信号为高，得到占空比为 100%的波形。

　　现实中使用这种配置时，如果在计数值等于 0 时装载 CMPA/CMPB，那么使用大于或等于 1 的 CMPA/CMPB 值；如果在计数值等于周期时装载 CMPA/CMPB，那么使用小于或等于"TBPRD-1"的 CMPA/CMPB 值。这就意味着，一个 PWM 周期中会一直有一个长度至少为一个 TBCLK 周期的脉冲，当它非常短时，系统可将其忽略。

　　类似地，可以使用递减计数模式或使用递增模式产生一个非对称的 PWM。图 9-10 是一个典型的递增计数模式下产生非对称 PWM 的示例，其中：

1）PWM 的周期=（TBPRD+1）×T_{TBCLK}。

2）EPWMXA 的高电平占空比由 CMPA 设定，CTR=0 时置 1，CTR=CMPA 时清零。

3）EPWMXB 的高电平占空比由 CMPB 设定，CTR=0 时置 1，CTR=CMPB 时清零。

4）在 CTR=0 和 CTR=PRD 上的动作看起来是同时发生的，但实际上差一个 TBCLK，由于一般情况下 TBPRD 比较大，所以看起来是几乎同时发生。

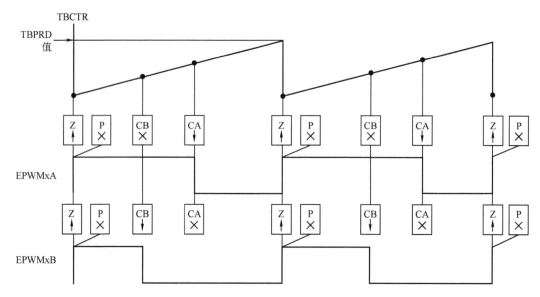

图 9-10   递增、单边沿非对称波形

9.2.4   死区发生器（DB）子模块

死区子模块的主要功能如下：

➢   产生具有死区的信号对（EPWMxA 和 EPWMxB），可从单个 EPWMxA 输入得到。

➢   将信号对编程为：高电平有效（AH）、低电平有效（AL）、高电平有效互补（AHC）和低电平有效互补（ALC）。

➢   在上升沿添加可编程延迟（RED）。

➢   在下降沿添加可编程延迟（FED）。

➢   在信号通道可完全旁路。

死区子模块的操作受以下寄存器控制，见表 9-4。

表 9-4   死区子模块的控制寄存器

寄存器名称	地址偏移量	是否有映射寄存器	描 述
DBCTL	0x000F	否	死区控制寄存器
DBRED	0x0010	否	死区上升沿延迟计数寄存器
DBFED	0x0011	否	死区下降沿延迟计数寄存器

死区子模块的使用要点如下：

死区子模块的配置如图 9-11 所示：包括输入源选择、半周期计时设置、输出模式控制和极性控制。

182

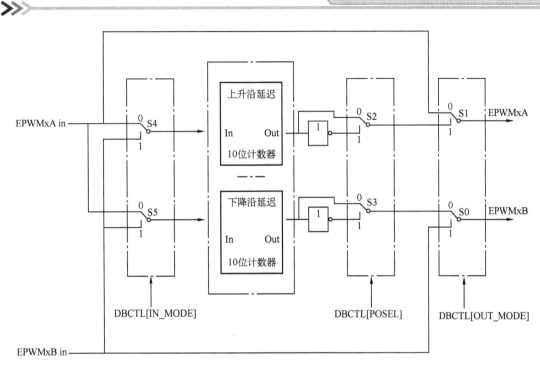

图 9-11　死区子模块的配置选项

1．输入源选择

选择死区模块的输入信号：通过使用 DBCTL[IN_MODE]控制位，可以为每个延迟（下降沿或上升沿）选择信号源：

—　EPWMxA in 是下降沿延迟和上升沿延迟的信号源。这是默认模式。

—　EPWMxA in 是下降沿延迟的信号源，EPWMxB in 是上升沿延迟的信号源。

—　EPWMxA in 是上升沿延迟的信号源，EPWMxB in 是下降沿延迟的信号源。

—　EPWMxB in 是下降沿延迟和上升沿延迟的信号源。

2．半周期计时

死区子模块可以用半周期计时方式来计时，以便分辨率翻倍（即计数器以"2×TBCLK"计时）

3．输出模式控制

输出模式由 DBCTL[OUT_MODE]位配置，决定输入信号是添加了下降沿延迟，还是上升沿延迟或者是下降沿与上升沿两种延迟，亦或两种延迟都没有添加。

4．极性控制

极性控制 DBCTL[POLSEL]位让用户可以确定上升沿延迟信号和/或下降沿延迟信号在从死区子模块发送出去之前是否被反相。

表 9-5 为几种典型的死区工作模式，图 9-12 为典型死区波形图。

死区子模块支持独立的上升沿延迟（RED）和下降沿延迟（FED），延迟时间可由 DBRED 和 DBFED 寄存器编程设置。这两个寄存器都是 10 位寄存器，它们的值代表一个信号边沿被延迟的时基时钟 TBCLK 周期数。例如，计算下降沿延迟和上升沿延迟的公式为

$$FED = DBFED \times T_{TBCLK}$$

$$RED = DBRED \times T_{TBCLK}$$

表 9-5 死区典型的工作模式

模式	模式描述	DBCTL[POLSEL]		DBCTL[OUT_MODE]	
		S3	S2	S1	S0
1	EPWMxA 和 EPWMxB 直通（无延迟）	×	×	0	0
2	高电平有效互补（AHC）	1	0	1	1
3	低电平有效互补（ALC）	0	1	1	1
4	高电平有效（AH）	0	0	1	1
5	低电平有效（AL）	1	1	1	1
6	EPWMxA out=无延迟的 EPWMxA in	0 或 1	0 或 1	0	1
	EPWMxB out=带下降沿延迟的 EPWMxA in				
7	EPWMxA out=带上升沿延迟的 ePWMxA in	0 或 1	0 或 1	1	0
	EPWMxB out=无延迟的 ePWMxB in				

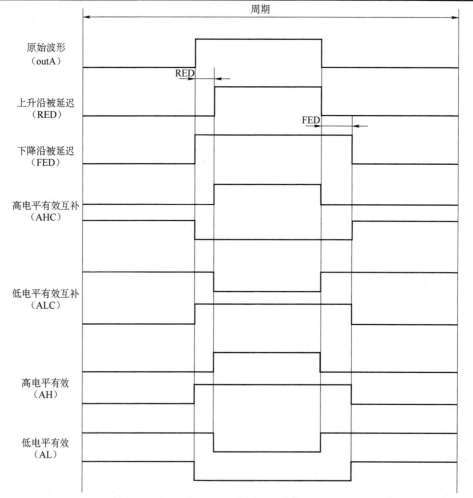

图 9-12 典型事件的死区波形（0%＜占空比＜100%）

此处，T_{TBCLK} 是 TBCLK 的周期，由 SYSCLKOUT 经过预分频得到。

如果使能了半周期计时，那么计算下降沿延迟和上升沿延迟的公式变为

$$FED=DBFED \times T_{TBCLK}/2$$

$$RED=DBRED\times T_{TBCLK}/2$$

9.2.5 事件触发器（ET）子模块

事件触发器子模块管理由时基子模块、计数器-比较子模块和数字比较子模块产生的事件，并在发生所选事件时产生 CPU 中断和/或产生 ADC "开始转换" 脉冲。事件触发器子模块的操作要点如下：

每个 ePWM 模块包含一条中断请求线和两个 "开始转换" 信号，其中中断请求线与 PIE 连接，"开始转换" 信号与 ADC 模块相连。如图 9-13 所示，所有 ePWM 模块的 "ADC 开始转换" 信号与 ADC 的一个 ADC 触发器输入相连，因此几个模块可以同时通过 ADC 触发器输入启动 ADC 开始转换。

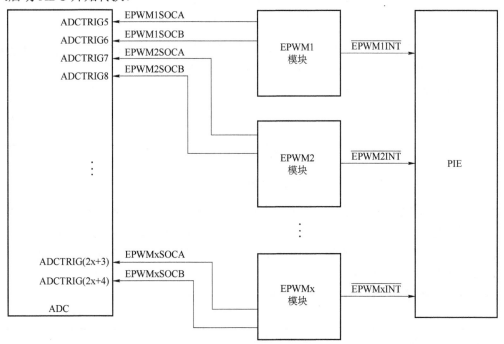

图 9-13 事件触发器子模块其 ADC 开始转换信号和中断信号的连接情况

事件触发器子模块监控各种事件状态，并且可以配置为在发出中断请求或 ADC 开始转换之前先预分频这些事件。事件触发器的预分频逻辑电路发出中断请求和 ADC 开始转换的速率是：每个事件、每两个事件（每隔一个事件）和每三个事件（每隔两个事件）。

事件触发器子模块的主要寄存器见表 9-6。

表 9-6 事件触发器子模块的主要寄存器

寄存器名称	地址偏移量	是否有映射寄存器	描　述
ETSEL	0x0019	否	事件触发器选择寄存器
ETPS	0x001A	否	事件触发器预分频寄存器
ETFLG	0x001B	否	事件触发器标志寄存器
ETCLR	0x001C	否	事件触发器清零寄存器
ETFRC	0x001D	否	事件触发器强制寄存器

9.3 ePWM 寄存器介绍

9.3.1 时基子模块的寄存器

（1）时基周期寄存器（TBPRD） 其定义如图 9-14 所示。

15	0
TBPRD	

R/W-0000000000000000

图 9-14 时基周期寄存器（TBPRD）

注：R/W=读/写，-n=复位后的值。

时基计数器的周期，用于设置 PWM 波频率。该寄存器的映射寄存器通过 TBCTL[PRDLD] 位使能和禁用。默认情况下，该寄存器的映射寄存器是使能的。

（2）时基相位寄存器（TBPHS） 其定义如图 9-15 所示。

15	0
TBPHS	

R/W-0000000000000000

图 9-15 时基相位寄存器（TBPHS）

设置所选 ePWM 相对于时基（提供同步输入信号）的相位。如果 TBCTL[PHSEN]=0，那么同步事件将被忽略且时基计数器不会装载相位寄存器的值；如果 TBCTL[PHSEN]=1，那么当同步事件发生时，时基计数器（TBCTR）将会装载相位寄存器（TBPHS）的值。同步事件可以由同步输入信号（EPWMxSYNCI）发起或通过"软件强制同步"启动。

（3）时基计数器寄存器（TBCTR） 其定义如图 9-16 所示。

15	0
TBCTR	

R/W-0000000000000000

图 9-16 时基计数器寄存器（TBCTR）

读该寄存器可以得到时基计数器的当前值；写操作可以设置当前时基计数器的值，一但进行写操作后就进行更新，写操作与时基时钟（TBCLK）不同步，且该寄存器无映射寄存器。

（4）时基控制寄存器（TBCTL） 其定义如图 9-17 所示和见表 9-7。

15	14	13	12	11	10	9	8
FREE,SOFT		PHSDIR	CLKDIV			HSPCLKDIV	
R/W-00		R/W-0	R/W-000			R/W-001	

6		5	4	3	2	1	0
SWFSYNC		SYNCOSEL		PRDLD	PHSEN	CTRMODE	
R/W-0		R/W-00		R/W-0	R/W-0	R/W-11	

图 9-17 时基控制寄存器（TBCTL）

表 9-7　时基控制寄存器（TBCTL）字段描述

位	名称	值	描　述
15,14	FREE, SOFT		仿真模式位。这些位选择 ePWM 时基计数器在仿真期间的行为
13	PHSDIR		相位方向位 这个位仅在时基计数器被配置为"先递增后递减"计数模式时才使用。PHSDIR 位用于指示在发生同步事件后时基计数器（TBCTR）采用何种计数方式计数并从相位寄存器（TBPHS）装载新相位值。这与同步事件发生之前计数器的方向无关。在递增和递减计数模式中都不需要这个位
		0	在同步事件后递减计数
		1	在同步事件后递增计数
12～10	CLKDIV		时基时钟预分频位：这些位决定时基时钟的预分频的值 TBCLK=SYSCLKOUT / (HSPCLKDIV×CLKDIV)
		000	/1（复位时的默认值）
		001	/2
		010	/4
		011	/8
		100	/16
		101	/32
		110	/64
		111	/128
9～7	HSPCLKDIV		高速时基时钟预分频位，这些位决定部分时基时钟预分频的值 TBCLK=SYSCLKOUT / (HSPCLKDIV×CLKDIV)
		000	/1
		001	/2（复位时的默认值）
		010	/4
		011	/6
		100	/8
		101	/10
		110	/12
		111	/14
6	SWFSYNC		软件强制同步脉冲
		0	写 0 无影响，读取时返回 0
		1	写 1 强制产生一次（One-time）同步脉冲 该事件与 ePWM 模块的 EPWMxSYNCI 输入相或 SWFSYNC 仅在 EPWMxSYNCI 被 SYNCOSEL=00 选中时有效（工作）
5,4	SYNCOSEL		同步信号输出选择。这些位选择 EPWMxSYNCO 信号的源
		00	EPWMxSYNCI
		01	CTR=0：时基计数器等于 0（TBCTR=0x0000）
		10	CTR=CMPB：时基计数器等于计数器比较 B（TBCTR=CMPB）
		11	禁用 EPWMxSYNCO 信号
3	PRDLD		有效周期寄存器是否从映射寄存器装载的选择位
		0	当时基计数器（TBCTR）等于 0 时，周期寄存器（TBPRD）从映射寄存器那里装载 立即装载 TBPRD，无须使用映射寄存器
		1	对 TBPRD 执行写或读操作直接访问有效寄存器
2	PHSEN		计数器寄存器从相位寄存器装载的使能位
		0	不从时基相位寄存器（TBPHS）那里装载时基计数器（TBCTR）
		1	当 EPWMxSYNCI 输入信号出现或者 SWFSYNC 位被强制进行软件同步，抑或发生数字比较同步事件时，时基计数器从相位寄存器那里装载
1	CTRMODE		计数模式 时基计数模式一般只配置一次且在正常工作期间不发生改变。若改变了计数模式，这一改变将会在下一个 TBCLK 的边沿生效且当前计数值会从模式改变之前的值开始递增或递减 这些位将时基计数器的工作模式设置成
		00	递增计数模式
		01	递减计数模式
		10	先递增后递减
		11	停止模式（复位时的默认值）

（5）时基状态寄存器（TBSTS） 其定义如图 9-18 所示和见表 9-8。

15		8
	Reserved	
	R-00000000	

7		3	2	1	0
	Reserved		CTRMAX	SYNCI	CTRDIR
	R-00000		R/W1C-0	R/W1C-0	R-1

图 9-18 时基状态寄存器（TBSTS）

表 9-8 时基状态寄存器（TBSTS）字段描述

名称	值	描 述
Reserved		保留
CTRMAX	0	时基计数器最大值锁存状态位 为 0 时，表示时基计数器从没到达过最大值。向该位写 0 没有作用
	1	为 1 时，表示时基计数器达到最大值 0xFFFF。向该位写 1 会清除此标志位
SYNCI	0	同步输入锁存状态位 向该位写 0 没有作用。当为 0 时，表示没有发生外部同步事件
	1	当为 1 时，表示发生了一个外部同步事件（EPWMxSYNCI）。向该位写 1 会清除此标志位
CTRDIR		时基计数器方向状态位。复位时，该计数器停止工作；因此，这个位没有意义。要该位有意义，必须通过 TBCTL[CTRMODE]设置正确的计数模式
	0	时基计数器当前正在递减
	1	时基计数器当前正在递增

9.3.2 计数器–比较子模块的寄存器

1. 计数器-比较 A 寄存器（CMPA）

CMPA 是一个 16 位的寄存器，可读可写，复位时值为 0。有效寄存器 CMPA 的值与时基计数器（TBCTR）连续进行比较。当两者的值相同时，计数器-比较模块产生一个"时基计数器等于计数器-比较 A"事件。该寄存器的映射寄存器由 CMPCTL[SHDWAMODE]位使能和禁用。默认情况下，该寄存器的映射寄存器是使能的。

2. 计数器-比较 B 寄存器（CMPB）

CMPB 是一个 16 位的寄存器，可读可写，复位时值为 0。有效寄存器 CMPB 的值与时基计数器（TBCTR）连续进行比较。当两者的值相同时，计数器-比较模块产生一个"时基计数器等于计数器-比较 B"事件。该寄存器的映射寄存器由 CMPCTL[SHDWBMODE]位使能和禁用。默认情况下，该寄存器的映射寄存器是使能的。

3. 计数器-比较控制寄存器（CMPCTL）

计数器-比较控制寄存器（CMPCTL）如图 9-19 所示和见表 9-9。

15		10	9	8
	Reserved		SHDWBFULL	SHDWAFULL
	R-000000		R-0	R-0

7	6	5	4	3	2	1	0
Reserved	SHDWBMODE	Reserved	SHDWAMODE	LOADBMODE		LOADAMODE	
R-0	R/W-0	R-0	R/W-0	R/W-0		R/W-0	

图 9-19 计数器-比较控制寄存器（CMPCTL）

表 9-9　计数器-比较控制寄存器（CMPCTL）字段描述

位	名称	值	描　　述
15～10	Reserved		保留
9	SHDWBFULL		计数器-比较 B（CMPB）映射寄存器满状态标志位
			一旦发生装载选通，这个位会自己清零
		0	CMPB 映射缓冲寄存器 FIFO 还未满
		1	表示 CMPB 映射缓冲寄存器 FIFO 满了；CPU 写操作会覆盖当前映射值
8	SHDWAFULL		计数器-比较 A（CMPA）映射寄存器满状态标志位
			该标志在向寄存器 CMPA:CMPAHR 执行 32 位写操作时置位，或在向 CMPA 执行 16 位操作时置位。向寄存器 CMPAHR 执行 16 位写操作不会影响这个标志位
			一旦发生装载选通，这个位就会自己清零
		0	CMPA 映射缓冲寄存器 FIFO 还未满
		1	表示 CMPA 映射缓冲寄存器 FIFO 满了；CPU 写操作会覆盖当前映射值
7	Reserved		保留
6	SHDWBMODE		计数器-比较 B 寄存器（CMPB）工作模式
		0	映射模式。像一个双缓冲器一样工作。所有通过 CPU 的写操作都可以访问映射寄存器
		1	立即模式。只使用映射比较 B 寄存器。为执行立即比较动作，所有写操作和读操作都直接访问映射寄存器
5	Reserved		保留
4	SHDWAMODE		计数器-比较 A 寄存器（CMPA）工作模式
		0	映射模式。像一个双缓冲器一样工作。所有通过 CPU 的写操作都可以访问映射寄存器
		1	立即模式。只使用有效比较 A 寄存器。为执行立即比较动作，所有写操作和读操作都直接访问有效寄存器
3,2	LOADBMODE		有效计数器-比较 B（CMPB）映射装载模式选择位
			这个位不影响立即模式（CMPCTL[SHDWBMODE]=1）
		00	在 CTR=0 时装载：时基计数器等于 0（TBCTR=0x0000）
		01	在 CTR=PRD 时装载：时基计数器等于周期（TBCTR=TBPRD）
		10	在 CTR=0 或 CTR=PRD 时装载
		11	停顿（不装载）
1,0:	LOADAMODE		有效计数器-比较 A（CMPA）映射装载模式选择位
			这个位不影响立即模式（CMPCTL[SHDWAMODE]=1）
		00	在 CTR=0 时装载：时基计数器等于 0（TBCTR=0x0000）
		01	在 CTR=PRD 时装载：时基计数器等于周期（TBCTR=TBPRD）
		10	在 CTR=0 或 CTR=PRD 时装载
		11	停顿（不装载）

9.3.3　动作限定器子模块的寄存器

（1）动作限定器输出 A 控制寄存器（AQCTLA）　其定义如图 9-20 所示和见表 9-10。

15			12	11		10	9		8
	Reserved				CBD			CBU	
	R-0000				R/W-00			R/W-00	

7		6	5		4	3		2	1		0
	CAD			CAU			PRD			ZRO	
	R/W-00			R/W-00			R/W-00			R/W-00	

图 9-20　动作限定器输出 A 控制寄存器（AQCTLA）

表 9-10　动作限定器输出 A 控制寄存器（AQCTLA）字段描述

位	名称	值	描　　述
15～12	Reserved		保留
11,10	CBD		当时基计数器的值等于有效 CMPB 寄存器的值且计数器在递减时的动作
		00	什么也不做（不采取动作）
		01	清零：将 EPWMxA 输出强制变低
		10	置位：将 EPWMxA 输出强制变高
		11	切换：将 EPWMxA 输出从低强制变为高，或从高强制变为低
9,8	CBU		当时基计数器的值等于有效 CMPB 寄存器的值且计数器在递增时的动作
		00	什么也不做（不采取动作）
		01	清零：将 EPWMxA 输出强制变低
		10	置位：将 EPWMxA 输出强制变高
		11	切换：将 EPWMxA 输出从低强制变为高，或从高强制变为低
7,6	CAD		当时基计数器的值等于有效 CMPA 寄存器的值且计数器在递减时的动作
		00	什么也不做（不采取动作）
		01	清零：将 EPWMxA 输出强制变低
		10	置位：将 EPWMxA 输出强制变高
		11	切换：将 EPWMxA 输出从低强制变为高，或从高强制变为低
5,4	CAU		当时基计数器的值等于有效 CMPA 寄存器的值且计数器在递增时的动作
		00	什么也不做（不采取动作）
		01	清零：将 EPWMxA 输出强制变低
		10	置位：将 EPWMxA 输出强制变高
		11	切换：将 EPWMxA 输出从低强制变为高，或从高强制变为低
3,2	PRD		当时基计数器的值等于周期寄存器的值时的动作 通过定义，在"先递增后递减"计数模式中，当时基计数器的值等于周期寄存器的值时，计数方向被定义成 0 或递减
		00	什么也不做（不采取动作）
		01	清零：将 EPWMxA 输出强制变低
		10	置位：将 EPWMxA 输出强制变高
		11	切换：将 EPWMxA 输出从低强制变为高，或从高强制变为低
1,0	ZRO		当时基计数器等于 0 时的动作 通过定义，在"先递减后递增"计数模式中，当时基计数器等于 0 时，计数方向被定义成 1 或递增
		00	什么也不做（不采取动作）
		01	清零：将 EPWMxA 输出强制变低
		10	置位：将 EPWMxA 输出强制变高
		11	切换：将 EPWMxA 输出从低强制变为高，或从高强制变为低

（2）动作限定器输出 B 控制寄存器（AQCTLB）　其定义如图 9-21 所示。

15			12	11		10	9		8
Reserved				CBD			CBU		
R-0000				R/W-00			R/W-00		

7		6	5		4	3		2	1		0
CAD			CAU			PRD			ZRO		
R/W-00			R/W-00			R/W-00			R/W-00		

图 9-21　动作限定器输出 B 控制寄存器（AQCTLB）

位定义和 AQCTLA 一样，只是动作的引脚为 EPWMxB。

（3）动作限定器软件强制寄存器（AQSFRC）和动作限定器连续软件强制寄存器（AQCSFRC）　其定义如图 9-22 和图 9-23 所示和见表 9-11 和表 9-12。

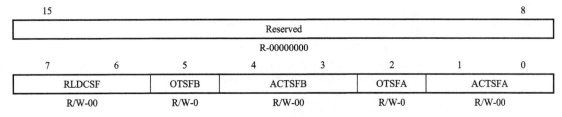

图 9-22　动作限定器软件强制寄存器（AQSFRC）

表 9-11　动作限定器软件强制寄存器（AQSFRC）字段描述

位	名称	值	描　　述
15～8	Reserved		
7,6	RLDCSF		AQCSFRC 有效寄存器从映射寄存器重新装载的选择位
		00	在事件计数器的值等于 0 时装载
		01	在事件计数器的值等于周期寄存器的值时装载
		10	在事件计数器的值等于 0 或周期寄存器的值时装载
		11	立即装载（有效寄存器直接被 CPU 访问且不从映射寄存器那里装载）
5	OTSFB	0	输出 B 上的"一次（One-time）软件强制事件" 向它写 0（Zero）没有作用。总是读回 0 一旦向该寄存器执行的写操作结束，该位就自动清零（即发起一个强制事件） 这是一个一次强制事件。它可以被输出 B 上的随后的另一个事件覆盖
		1	启动一个 s/w 强制事件
4,3	ACTSFB		当"一次软件强制 B 输出"被激活时的动作
		00	什么也不做（不采取动作）
		01	清零（低电平）
		10	置位（高电平）
		11	切换（低→高，或高→低） 这个动作不受计数器方向（CNT_dir）的限制
2	OTSFA	0	输出 A 上的"一次（One-time）软件强制事件" 向它写 0（zero）没有作用。总是读回 0 一旦向该寄存器执行的写操作结束，该位就自动清零（即发起一个强制事件）
		1	启动一个 S/W 强制事件
1,0	ACTSFA		当"一次软件强制 A 输出"被激活时的动作
		00	什么也不做（不采取动作）
		01	清零（低电平）
		10	置位（高电平）
		11	切换（低→高，或高→低） 这个动作不受计数器方向（CNT_dir）的限制

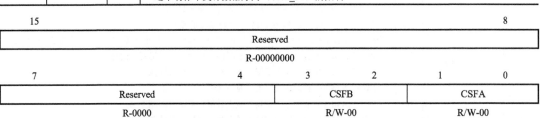

图 9-23　动作限定器连续软件强制寄存器（AQCSFRC）

191

表 9-12　动作限定器连续软件控制寄存器（AQCSFRC）字段描述

位	名称	值	描述
15～4	Reserved		保留
3,2	CSFB		输出 B 上的连续软件强制 在立即模式，连续强制在下一个 TBCLK 边沿生效 在 Shadow 模式，连续强制在 Shadow 装载到 Active 寄存器之后的下一个 TBCLK 边沿生效。要配置 Shadow 模式，需要使用 AQSFRC[RLDCSF]
		00	强制被禁用，即没有作用
		01	连续将 PWMB 输出信号强制变为低电平
		10	连续将 PWMB 输出信号强制变为高电平
		11	软件强制被禁用且没有作用
1,0	CSFA		输出 A 上的连续软件强制 在立即模式，连续强制在下一个 TBCLK 边沿生效。 在 Shadow 模式，连续强制在 Shadow 装载到 Active 寄存器之后的下一个 TBCLK 边沿生效。要配置 Shadow 模式，需要使用 AQSFRC[RLDCSF]
		00	强制被禁用，即没有作用
		01	连续将 PWMA 输出信号强制变为低电平
		10	连续将 PWMA 输出信号强制变为高电平
		11	软件强制被禁用且没有作用

9.3.4　死区子模块的寄存器

（1）死区发生器控制寄存器（DBCTL）　其定义如图 9-24 所示和见表 9-13。

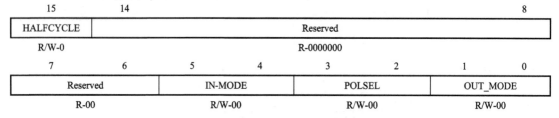

图 9-24　死区发生器控制寄存器（DBCTL）

表 9-13　死区发生器控制寄存器（DBCTL）字段描述

位	名称	值	描述
15	HALFCYCLE	0	半周期计时使能位 全周期计时使能。死区计数器以 TBCLK 速率计时
		1	半周期计时使能。死区计数器以 TBCLK*2 速率计时
14～6	Reserved		保留
5,4	IN_MODE		死区输入模式控制位 位 5 控制 S5 开关，位 4 控制 S4 开关，如图 9-11 所示 这个位可用于选择下降沿延迟和上升沿延迟的输入源 要产生传统的死区波形，默认情况下，下降沿延迟和上升沿延迟的源都必须是 EPWMxA in
		00	EPWMxA in（来自动作限定器）是下降沿延迟和上升沿延迟的源
		01	EPWMxB in（来自动作限定器）是上升沿延迟信号的源 EPWMxA in（来自动作限定器）是下降沿延迟信号的源
		10	EPWMxA in（来自动作限定器）是上升沿延迟信号的源 EPWMxB in（来自动作限定器）是下降沿延迟信号的源
		11	EPWMxB in（来自动作限定器）是上升沿延迟和下降沿延迟信号的源

（续）

位	名称	值	描　述
3,2	POLSEL		极性选择控制位 位 3 控制 S3 开关，位 2 控制 S2 开关，如图 9-11 所示 这个位可用于选择在延迟信号发送到死区子模块之前将它反相
		00	高电平有效（AH）模式。EPWMxA 和 EPWMxB 都不反相（默认）
		01	低电平有效互补（ALC）模式。EPWMxA 反相
		10	高电平有效互补（AHC）模式。EPWMxB 反相
		11	低电平有效（AL）模式。EPWMxA 和 EPWMxB 都反相
1,0	OUT_MODE		死区输出模式控制位 位 1 控制 S1 开关，位 0 控制 S0 开关，如图 9-11 所示 这个位可用于为下降沿延迟和上升沿延迟选择使能或旁路死区发生单元
		00	两个输出信号的死区发生单元都被旁路。在该模式下，来自动作限定器的 EPWMxA 和 EPWMxB 输出信号都被直接传输到 PWM 斩波子模块 在该模式下，POLSEL 和 IN_MODE 位没什么作用
		01	禁止上升沿延迟。来自动作限定器的 EPWMxA 信号直接传输到 PWM 斩波子模块的 EPWMxA 输入 下降沿延迟信号在 EPWMxB 输出上出现。该延迟的输入信号由 DBCTL[IN_MODE]决定
		10	上升沿延迟信号在 EPWMxA 输出上出现。该延迟的输入信号由 DBCTL[IN_MODE]决定 禁止下降沿延迟。来自动作限定器的 EPWMxB 信号直接传输到 PWM 斩波子模块的 EPWMxB 输入
		11	针对 EPWMxA 输出上的上升沿延迟以及 EPWMxB 输出上的下降沿延迟，死区完全使能。延迟的输入信号由 DBCTL[IN_MODE]决定

（2）死区发生器上升沿延迟寄存器（DBRED）　其定义如图 9-25 所示。

15–10	9–8
Reserved	DEL
R-000000	R/W-00

7–0
DEL
R/W-00000000

图 9-25　死区发生器上升沿延迟寄存器（DBRED）

图中 DEL 为上升沿延迟计数器（10 位计数器）。

（3）死区发生器下降沿延迟寄存器（DBFED）　其定义如图 9-26 所示。

15–10	9–8
Reserved	DEL
R-000000	R/W-00

7–0
DEL
R/W-00000000

图 9-26　死区发生器下降沿延迟寄存器（DBFED）

图中 DEL 为下降沿延迟计数器（10 位计数器）。

9.3.5　事件触发器子模块寄存器

（1）事件触发器选择寄存器（ETSEL）　其定义如图 9-27 所示和见表 9-14。

15	14	12	11	10	8
SOCBEN	SOCBSEL		SOCAEN	SOCASEL	
R/W-0	R/W-000		R/W-0	R/W-000	

7	4	3	2	0
Reserved		INTEN	INTSEL	
R-0000		R/W-0	R/W-000	

图 9-27 事件触发器选择寄存器（ETSEL）

表 9-14 事件触发器选择寄存器（ETSEL）字段描述

位	名称	值	描　　述
15	SOCBEN	0 1	使能 EPWMxSOCB 信号产生位 禁止 EPWMxSOCB 信号产生 使能 EPWMxSOCB 信号产生
14～12	SOCBSEL	000 001 010 011 100 101 110 111	EPWMxSOCB 产生条件位 这些位决定何时产生 EPWMxSOCB 脉冲 使能 DCBEVT1.soc 事件 在时基计数器的值等于 0（TBCTR=0x0000）时使能事件 在时基计数器的值等于周期寄存器的值（TBCTR=TBPRD）时使能事件 在时基计数器的值等于 0 或周期寄存器的值（TBCTR=0x0000 或 TBCTR=TBPRD）时使能事件。这种模式在"先递增后递减"计数模式中非常有用 在定时器正在递增时，当时基计数器的值等于 CMPA 的值时使能事件 在定时器正在递减时，当时基计数器的值等于 CMPA 的值时使能事件 在定时器正在递增时，当时基计数器的值等于 CMPB 的值时使能事件 在定时器正在递减时，当时基计数器的值等于 CMPB 的值时使能事件
11	SOCAEN	0 1	使能 EPWMxSOCA 信号产生位 禁止 EPWMxSOCA 信号产生 使能 EPWMxSOCA 信号产生
10～8	SOCASEL	000 001 010 011 100 101 110 111	EPWMxSOCA 产生条件位 这些位决定何时产生 EPWMxSOCA 脉冲 使能 DCAEVT1.soc 事件 在时基计数器的值等于 0（TBCTR=0x0000）时使能事件 在时基计数器的值等于周期寄存器的值（TBCTR=TBPRD）时使能事件 在时基计数器的值等于 0 或周期寄存器的值（TBCTR=0x0000 或 TBCTR=TBPRD）时使能事件。这种模式在"先递增后递减"计数模式中非常有用 在定时器正在递增时，当时基计数器的值等于 CMPA 的值时使能事件 在定时器正在递减时，当时基计数器的值等于 CMPA 的值时使能事件 在定时器正在递增时，当时基计数器的值等于 CMPB 的值时使能事件 在定时器正在递减时，当时基计数器的值等于 CMPB 的值时使能事件
7～4	Reserved		保留
3	INTEN	0 1	ePWM 中断（EPWMx_INT）使能位 禁止产生 EPWMx_INT 中断 允许产生 EPWMx_INT 中断
2～0	INTSEL	000 001 010 011 100 101 110 111	ePWM 中断（EPWMx_INT）条件选择位 保留 在时基计数器的值等于 0（TBCTR=0x0000）时使能事件 在时基计数器的值等于周期寄存器的值（TBCTR=TBPRD）时使能事件 在时基计数器的值等于 0 或周期寄存器的值（TBCTR=0x0000 或 TBCTR=TBPRD）时使能事件。这种模式在"先递增后递减"计数模式中非常有用 在定时器正在递增时，当时基计数器的值等于 CMPA 的值时使能事件 在定时器正在递减时，当时基计数器的值等于 CMPA 的值时使能事件 在定时器正在递增时，当时基计数器的值等于 CMPB 的值时使能事件 在定时器正在递减时，当时基计数器的值等于 CMPB 的值时使能事件

（2）事件触发器预分频寄存器（ETPS） 其定义如图 9-28 所示和见表 9-15。

15	14	13	12	11	10	9	8
SOCBCNT		SOCBPRD		SOCACNT		SOCAPRD	
R-00		R/W-00		R-00		R/W-00	

7			4	3	2	1	0
Reserved				INTCNT		INTPRD	
R-0000				R-00		R/W-00	

图 9-28 事件触发器预分频寄存器（ETPS）

表 9-15 事件触发器预分频寄存器（ETPS）字段描述

位	名称	值	描述
15,14	SOCBCNT	00 01 10 11	ePWM ADC 开始转换 B 事件（EPWMxSOCB）计数器寄存器 这些位用于指示已经发生了多少 ETSEL[SOCBSEL]事件 没有事件发生 已经发生了 1 个事件 已经发生了 2 个事件 已经发生了 3 个事件
13,12	SOCBPRD	00 01 10 11	ePWM ADC 开始转换 B 事件（EPWMxSOCB）周期选择位 这些位决定在产生一个 EPWMxSOCB 脉冲之前需要发生多少个 ETSEL[SOCBSEL]事件。要产生 EPWMxSOCB 脉冲，该脉冲必须使能（ETSEL[SOCBEN]=1）。即使状态标志从之前开始转换（ETFLG[SOCBEN]=1）的时候置位，也会产生 SOCB 脉冲。一旦产生 SOCB 脉冲后，ETPS[SOCBEN]位就会自动清零 禁用 SOCB 事件计数器。没有产生 EPWMxSOCB 脉冲 在第一个事件（ETPS[SOCBCNT]=01）时产生 EPWMxSOCB 脉冲 在第二个事件（ETPS[SOCBCNT]=10）时产生 EPWMxSOCB 脉冲 在第三个事件（ETPS[SOCBCNT]=11）时产生 EPWMxSOCB 脉冲
11,10	SOCACNT	00 01 10 11	ePWM ADC 开始转换 A 事件（EPWMxSOCA）计数器寄存器 这些位用于指示已经发生了多少个 ETSEL[SOCASEL]事件 没有发生事件 已经发生了 1 个事件 已经发生了 2 个事件 已经发生了 3 个事件
9,8	SOCAPRD	00 01 10 11	ePWM ADC 开始转换 A 事件（EPWMxSOCA）周期选择 这些位决定在产生一个 EPWMxSOCA 脉冲之前需要发生多少个 ETSEL[SOCASEL]事件。要产生 EPWMxSOCA 脉冲，该脉冲必须使能（ETSEL[SOCAEN]=1）。即使状态标志从之前开始转换（ETFLG[SOCAEN]=1)的时候置位，也会产生 SOCA 脉冲。一旦产生 SOCA 脉冲后，ETPS[SOCAEN]位就会自动清零 禁用 SOCA 事件计数器。没有产生 EPWMxSOCA 脉冲 在第一个事件（ETPS[SOCACNT]=01）时产生 EPWMxSOCA 脉冲 在第二个事件（ETPS[SOCACNT]=10）时产生 EPWMxSOCA 脉冲 在第三个事件（ETPS[SOCACNT]=11）时产生 EPWMxSOCA 脉冲
7~4	Reserved		保留
3,2	INTCNT	00 01 10 11	ePWM 中断事件（EPWMx_INT）计数器寄存器 这些位用于指示已经发生了多少个 ETSEL[INTSEL]事件。这些位在产生中断脉冲后会自动清零。如果中断被禁止（ETSEL[INT]=0）或者中断标志置位（ETFLG[INT]=1），那么当计数器到达周期值（ETPS[INTCNT]=ETPS[INTPRD]）时，它将停止对事件计数 没有发生事件 已经发生了 1 个事件 已经发生了 2 个事件 已经发生了 3 个事件

（续）

位	名称	值	描 述
1,0	INTPRD		ePWM 中断（EPWMx_INT）周期选择 这些位决定在产生一个中断之前需要发生多少个 ETSEL[INTSEL]事件要产生一个中断，首先中断必须使能（ETSEL[INT]=1）。如果中断状态标志从上一个中断就开始置位（ETFLG[INT]=1），那么将不会产生中断，直至标志通过 ETCLR[INT]位清零。这样便可以在服务另外一个中断的时候将中断挂起。一旦产生中断后，ETPS[INTCNT]位就会自动清零 写入一个和当前计数器值相同的值时，若中断使能且状态标志清零，则会触发一个中断 写入一个比当前计数器值还小的值会导致一个不确定状态 如果在写入一个新的 0 或 INTPRD（非 0）值的同时发生了一个计数器事件，那么计数器加 1
		00	禁用中断事件计数器。没有产生中断且 ETFRC[INT]被忽略
		01	在第一个事件（INTCNT=01）时产生中断
		10	在第二个事件（INTCNT=10）时产生中断
		11	在第三个事件（INTCNT=11）时产生中断

（3）事件触发器标志寄存器（ETFLG） 其定义如图 9-29 所示和见表 9-16。

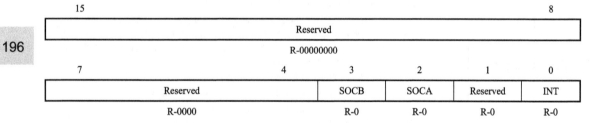

图 9-29　事件触发器标志寄存器（ETFLG）

表 9-16　事件触发器标志寄存器（ETFLG）字段描述

位	名称	值	描 述
15～4	Reserved		保留
3	SOCB	0 1	被锁存的 ePWM ADC 开始转换 B（EPWMxSOCB）事件的状态标志位 表示没有发生 EPWMxSOCB 事件 表示在 EPWMxSOCB 上产生了一个开始转换脉冲。即使该标志位置位，也将继续产生 EPWMxSOCB 输出
2	SOCA	0 1	被锁存的 ePWM ADC 开始转换 A（EPWMxSOCA）事件的状态标志位 表示没有发生 EPWMxSOCA 事件 表示在 EPWMxSOCA 上产生了一个开始转换脉冲。即使该标志位置位，也将继续产生 EPWMxSOCA 输出
1	Reserved		保留
0	INT	0 1	被锁存的 ePWM 中断（EPWMx_INT）的状态标志位 表示没有事件发生 表示产生了一个 ePWMx 中断（EPWMx_INT）。在该标志位清零之前不会再产生中断。在 ETFLG[INT]位置位的同时最多可以挂起一个中断。如果一个中断正在挂起，那么它必须到 ETFLG[INT]位清零后才能产生另一个中断

（4）事件触发器清零寄存器（ETCLR） 其定义如图 9-30 所示和见表 9-17。

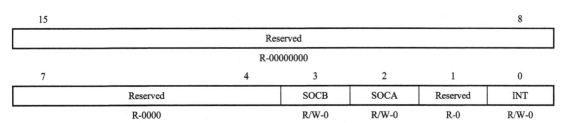

图 9-30　事件触发器清零寄存器（ETCLR）

表 9-17　事件触发器清零寄存器（ETCLR）字段描述

位	名称	值	描　述
15～4	Reserved		保留
3	SOCB	0	ePWM ADC 开始转换 B（EPWMxSOCB）事件的标志清零位 写 0 没有影响。读这个位总是返回 0
		1	清零 ETFLG[SOCB]标志位
2	SOCA	0	ePWM ADC 开始转换 A（EPWMxSOCA）事件的标志清零位 写 0 没有影响。读这个位总是返回 0
		1	清零 ETFLG[SOCA]标志位
1	Reserved		保留
0	INT	0	ePWM 中断（EPWMx_INT）标志清零位 写 0 没有影响。读这个位总是返回 0
		1	清零 ETFLG[INT]标志位后并允许再产生其他中断脉冲

197

9.3.6　ePWM 寄存器结构体说明

头文件中包括一个寄存器结构体 EPWM_REGS，该寄存器结构体中的位定义与前面介绍的寄存器位定义相同。

ePWM 寄存器结构体定义如下：

```
struct EPWM_REGS {
struct EPWM_REGS {
  union  TBCTL_REG        TBCTL;          //时基控制寄存器
  union  TBSTS_REG        TBSTS;          //时基状态寄存器
  union  TBPHS_HRPWM_GROUP TBPHS;         //TBPHS:TBPHSHR 联合
  Uint16    TBCTR;                        //时基计数器
  Uint16    TBPRD;                        //时基周期寄存器
  Uint16    TBPRDHR;                      //时基周期高位寄存器组
  union  CMPCTL_REG       CMPCTL;         //比较控制
  union  CMPA_HRPWM_GROUP  CMPA;          //CMPA:CMPAHR 联合
  Uint16    CMPB;                         //CMPB 寄存器
  union  AQCTLA_REG       AQCTLA;         //动作限定器 A 控制寄存器
  union  AQCTLB_REG       AQCTLB;         //动作限定器 B 控制寄存器
  union  AQSFRC_REG       AQSFRC;         //动作限定器软件强制寄存器
  union  AQCSFRC_REG      AQCSFRC;        //动作限定器连续软件强制寄存器
```

```
        union  DBCTL_REG         DBCTL;                  //死区控制
        Uint16  DBRED;                                   //死区上升沿延迟
        Uint16  DBFED;                                   //死区下降沿延迟
        union  TZSEL_REG          TZSEL;                 //触发区选择
        union  TZDCSEL_REG        TZDCSEL;               //触发区数字比较器选择
        union  TZCTL_REG          TZCTL;                 //触发区控制
        union  TZEINT_REG         TZEINT;                //使能触发区中断
        union  TZFLG_REG          TZFLG;                 //触发区中断标志
        union  TZCLR_REG          TZCLR;                 //触发区清除
        union  TZFRC_REG          TZFRC;                 //触发区强制中断
        union  ETSEL_REG          ETSEL;                 //触发事件选择
        union  ETPS_REG           ETPS;                  //触发事件计数器
        union  ETFLG_REG          ETFLG;                 //触发事件标志
        union  ETCLR_REG          ETCLR;                 //触发事件清除
        union  ETFRC_REG          ETFRC;                 //强制触发事件
        union  PCCTL_REG          PCCTL;                 //PWM 斩波控制
        Uint16  rsvd3;
        union  HRCNFG_REG         HRCNFG;                //HRPWM 控制寄存器
        union  HRPWR_REG          HRPWR;                 //HRPWM 功率寄存器
        Uint16  rsvd4[4];
        Uint16  HRMSTEP;                                 //HRPWM 步进寄存器
        Uint16  rsvd5;
        union  HRPCTL_REG         HRPCTL;                //高分辨率周期设置
        Uint16  rsvd6;
        union  TBPRD_HRPWM_GROUP  TBPRDM;                //TBPRD:TBPRDHR 镜像寄存器
        union  CMPA_HRPWM_GROUP   CMPAM;                 //CMPA:CMPAHR 镜像寄存器
        Uint16  rsvd7[2];
        union  DCTRIPSEL_REG      DCTRIPSEL;             //数字比较触发事件选择
        union  DCACTL_REG         DCACTL;                //数字比较器 A 控制
        union  DCBCTL_REG         DCBCTL;                //数字比较器 B 控制
        union  DCFCTL_REG         DCFCTL;                //数字比较滤波器控制
        union  DCCAPCTL_REG       DCCAPCTL;              //数字比较捕获控制
        Uint16  DCFOFFSET;                               //数字比较滤波器偏置
        Uint16  DCFOFFSETCNT;                            //数字比较滤波器偏置计数器
        Uint16  DCFWINDOW;                               //数字比较滤波器窗
        Uint16  DCFWINDOWCNT;                            //数字比较滤波器窗计数器
        Uint16  DCCAP;                                   //数字比较滤波器计数捕获
    };
```

```
volatile struct EPWM_REGS EPwm1Regs;
volatile struct EPWM_REGS EPwm2Regs;
volatile struct EPWM_REGS EPwm3Regs;
volatile struct EPWM_REGS EPwm4Regs;
```

9.4　ePWM 应用举例

9.4.1　ePWM 用于三相电动机驱动控制

在三相电动机驱动控制中，需要用到三相互补且带死区的 PWM，F2802x 的 ePWM 可以方便地实现。在图 4-7 中 PWM1A/B、PWM2A/B 和 PWM4A/B 可用于三相电动机驱动控制。PWM 的频率为 10kHz，PWM4A/B 的初始化程序如下：

```
void InitPWM4()
{
  int PWMPRD,DeadTime;
  EALLOW;
  SysCtrlRegs.PCLKCR0.bit.TBCLKSYNC=0;
  EDIS;
  PWMPRD=3000;                              //10kHz
  DeadTime=120;
  EPwm4Regs.TBPRD=PWMPRD;
  EPwm4Regs.TBPHS.half.TBPHS=0;            //设置相位寄存器为 0
  EPwm4Regs.TBCTL.bit.CLKDIV=0;            //CLKDIV=0
  EPwm4Regs.TBCTL.bit.HSPCLKDIV=0;         //HSPCLKDIV=0
  EPwm4Regs.TBCTL.bit.CTRMODE=2;           //对称模式
  EPwm4Regs.TBCTL.bit.PHSEN=0;             //主模式
  EPwm4Regs.TBCTL.bit.PRDLD=0;
  EPwm4Regs.TBCTL.bit.SYNCOSEL=TB_CTR_ZERO;
  EPwm4Regs.CMPCTL.bit.SHDWAMODE=0;
  EPwm4Regs.CMPCTL.bit.SHDWBMODE=0;
  EPwm4Regs.CMPCTL.bit.LOADAMODE=2;        //在 CTR=0 或者 CTR=PRD 的时候装载
  EPwm4Regs.CMPCTL.bit.LOADBMODE=2;        //同上
  EPwm4Regs.AQCTLA.bit.CAU=1;              //EPWM4A 在 CAU 时置 1
  EPwm4Regs.AQCTLA.bit.CAD=2;
  EPwm4Regs.AQCTLA.bit.CBU=0;
  EPwm4Regs.AQCTLA.bit.CBD=0;
  EPwm4Regs.DBCTL.bit.OUT_MODE=3;          //使能死区
  EPwm4Regs.DBCTL.bit.POLSEL=2;            //互补高有效
  EPwm4Regs.DBFED=DeadTime;
```

```
EPwm4Regs.DBRED=DeadTime;

EPwm4Regs.CMPA.half.CMPA=PWMPRD/2;

EPwm4Regs.CMPB=PWMPRD/2;

//Enable CNT_zero interrupt using EPWM4 Time-base

EPwm4Regs.ETSEL.bit.INTEN=1;              //使能 EPWM4 中断

EPwm4Regs.ETSEL.bit.INTSEL=1;            //CNT_zero 时中断

EPwm4Regs.ETPS.bit.INTPRD=1;             //在第一个事件处触发中断

EPwm4Regs.ETCLR.bit.INT=1;               //清中断标志

EALLOW;

SysCtrlRegs.PCLKCR0.bit.TBCLKSYNC=1;   //同步

EDIS;

}
```

PWM1A/B 和 PWM2A/B 可以参照写出。

9.4.2 ePWM 用于 DAC

在现在很多场合把 PWM 用于 DAC，高频 PWM 信号经低通滤波后，其占空比就是模拟输出电压。如在图 4-7 中 PWM4A 经过了一个简单的 RC 低通滤波器后得到的模拟电压 ADCINB7 就正比于 PWM4A 的占空比，PWM4A 就相当于一个 DAC，PWM4B 也可以这样用作 DAC。

在下面示例中 PWM4A 输出一个 10Hz 直流偏置为 1.65V、峰值为 3.3V 的三角波（也就是 ADCINB7 为直流偏置为 1.65V、峰值为 3.3V 的三角波）。

设计说明：

1）PWM4A 占空比为 0%时 ADCINB7=0V，PWM4A 占空比为 50%时 ADCINB7=1.65V，PWM4A 占空比为 100%时 ADCINB7=3.3V。

2）因此要实现 DAC 输出，需要 0.05s 内占空比从 0%增加到 100%，再在 0.05s 内占空比从 100%降到 0%。

3）PWM4 可在上面的设置基础上做出一些修改（禁止死区或者死区时间为 0）即可。PWM4A 的频率为 10kHz，每次 CNT=0 时中断，意味着 500 次 PWM 中断占空比从 0%变化到 100%（CMPA 从 0 变化到周期值 3000），再 500 次 PWM 中断占空比从 100%变化到 0%（CMPA 从周期值 3000 变化到 0）。

4）CMPA 的变化在 PWM4 中断服务程序里完成即可，在下面 PWM4 中断服务程序中 PWMTimes 为全局变量，用于记录进入 PWM4 中断的次数。

```
interrupt void Epwm4Int_isr(void)

{

    PWMTimes++;

    if(PWMTimes>999)PWMTimes=0;

    if(PWMTimes>500)EPwm4Regs.CMPA.half.CMPA=(1000-PWMTimes)*6;

    else EPwm4Regs.CMPA.half.CMPA=PWMTimes*6;

    PieCtrlRegs.PIEACK.all=PIEACK_GROUP3;
```

```
    EINT;
}
```

PWM 用作 DAC 需要说明的是：

1）这种 DAC 的分辨率取决于 PWM 的周期，PWM 周期越长，分辨率越高。

2）这种 DAC 输出的模拟信号的频率受制于低通滤波器的特性、PWM 的频率和模拟信号的分辨率。一般来说，如果有模拟输出的分辨率要求，其频率就不能太高；当分辨率要求不高时，在放宽低通滤波器的带宽的情况下允许较高频率的模拟输出。

习　　题

1. 初始化 ePWM1 模块，要求：PWM 周期为 100μs，互补输出，低电平有效，占空比为 40%。

2. 将 PWM 用作 DAC，用 EPWM1A 产生一个幅值为 3.3V，频率为 10Hz 的等腰三角形。编写相应的程序。

第 10 章 模/数转换器（ADC）

将模拟信号转换成数字信号的电路称为模/数转换器（Analog to Digital Converter，ADC），A/D 转换的作用是将时间连续、幅值也连续的模拟量转换为时间离散、幅值也离散的数字信号，因此，A/D 转换一般要经过取样、保持、量化及编码 4 个过程。在实际电路中，这些过程有的是合并进行的，例如，取样和保持、量化和编码往往都是在转换过程中同时实现的。常用的 ADC 方法有逐次比较法、双积分法和电压频率转换法等。

ADC 是 DSP 非常重要的外设模块，用于将外部模拟信号（包括模拟指令信号和模拟反馈信号等）转换为数字信号，CPU 对这些数字信号进行处理。DSP 的 ADC "内核（Core）"包括前端模拟多路复用器（MUX）、采样/保持（S/H）电路、转换内核（多为逐次比较 SAR 型）。目前大多数 DSP 一般采用较少的转换内核（1～3 个）通过 MUX 和 S/H 的组合实现对多路模拟量的转换。

对于 ADC 的学习和应用需要掌握的主要内容包括通道选择、转换顺序、转换时间设置、转换结果读取和中断等。

10.1 F2802X 的 ADC 内核介绍和寄存器列表

图 10-1 是 ADC 模块的结构框图。

ADC 的内核包含一个 12 位转换器，以及两个采样/保持电路。ADC 模块的功能包括：

> 内置两个采样/保持（S/H）电路的 12 位 ADC 内核。
> 同步采样模式或顺序采样模式。
> 模拟输入的满量程：0～3.3V（固定的），或者 VREFHI/VREFLO（比例模式）。
> 以全系统时钟运行，无需预分频。
> 多达 16 个多路复用输入通道。
> 16 个 SOC，其触发源、采样窗口和通道均可配置。
> 16 个结果寄存器（可单独寻址），用于存储转换值。
> 多个触发源。
> 9 个灵活的 PIE 中断，在任意转换完成之后可以配置中断请求。

表 10-1 为 ADC 相关寄存器列表，除 ADCRESULTx 寄存器位于外设帧 1 外其他 ADC 寄存器都位于外设帧 2。

表 10-1　ADC 相关寄存器（AdcRegs 和 AdcResult）

寄存器名称	地址偏移量	大小（x16 位）	描　　述
ADCCTL1	0x00	1	控制 1 寄存器[①]
ADCINTFLG	0x04	1	中断标志寄存器
ADCINTFLGCLR	0x05	1	中断标志清除寄存器
ADCINTOVF	0x06	1	中断溢出寄存器
ADCINTOVFCLR	0x07	1	中断溢出清除寄存器
ADCINTSEL1AND2	0x08	1	中断 1 和 2 选择寄存器[①]
ADCINTSEL3AND4	0x09	1	中断 3 和 4 选择寄存器[①]

（续）

寄存器名称	地址偏移量	大小（x16 位）	描 述
ADCINTSEL5AND6	0x0A	1	中断 5 和 6 选择寄存器[①]
ADCINTSEL7AND8	0x0B	1	中断 7 和 8 选择寄存器[①]
ADCINTSEL9AND10	0x0C	1	中断 9 和 10 选择寄存器[①]
SOCPRICTL	0x10	1	SOC 优先级控制寄存器[①]
ADCSAMPLEMODE	0x12	1	采样模式寄存器[①]
ADCINTSOCSEL1	0x14	1	中断 SOC 选择 1 寄存器（适用于 8 通道）[①]
ADCINTSOCSEL2	0x15	1	中断 SOC 选择 2 寄存器（适用于 8 通道）[①]
ADCSOCFLG1	0x18	1	SOC 标志 1 寄存器（适用于 16 通道）
ADCSOCFRC1	0x1A	1	SOC 强制 1 寄存器（适用于 16 通道）
ADCSOCOVF1	0x1C	1	SOC 溢出 1 寄存器（适用于 16 通道）
ADCSOCOVFCLR1	0x1E	1	SOC 溢出清除 1 寄存器（适用于 16 通道）
ADCSOC0CTL～ADCSOC15CTL	0x20～0x2F	1	SOC0 控制寄存器～SOC15 控制寄存器[①]
ADCREFTRIM	0x40	1	基准调节寄存器[①]
ADCOFFTRIM	0x41	1	偏置量调节寄存器[①]
ADCREV – reserved	0x4F	1	保留的修订寄存器
ADCRESULT0～ADCRESULT15	0x00～0x0F	1	ADC 结果 0 寄存器～ADC 结果 15 寄存器，其基地址与其他 ADC 寄存器的基地址不同

① 这个寄存器受 EALLOW 保护。

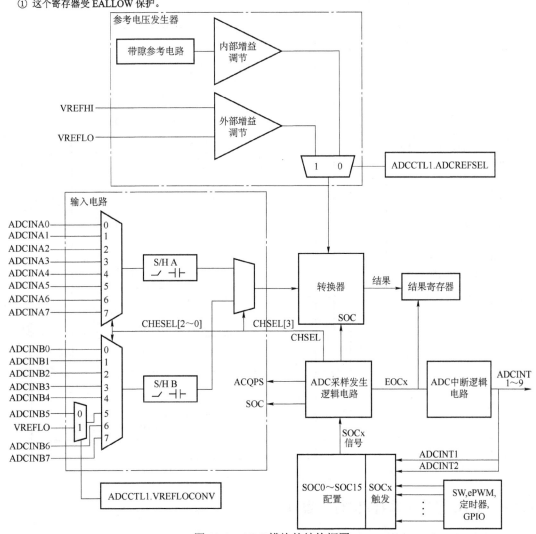

图 10-1 ADC 模块的结构框图

10.2　SOC 的工作原理

F2802x 的 ADC 基于 SOC，SOC 是一种配置设置，它默认配置为单通道单次转换。SOC 的结构框图如图 10-2 所示。该设置包含启动转换的触发源、转换通道和采集窗口尺寸 3 个配置，具体配置方法如下：

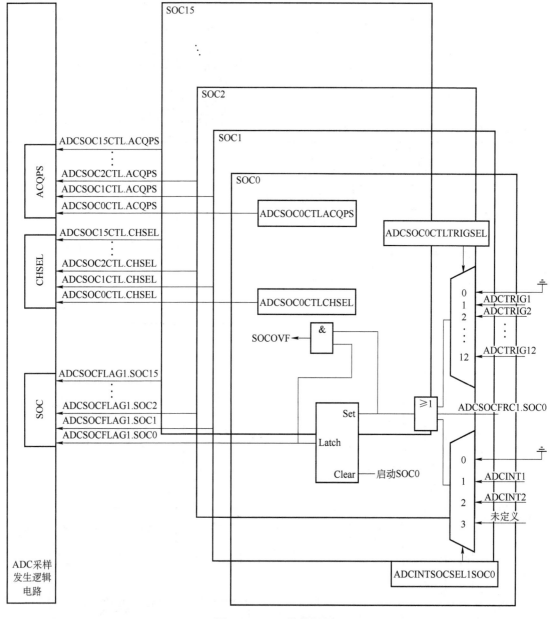

图 10-2　SOC 结构框图

10.2.1　ADC 采集（采样/保持）窗口

SOCx 的采样窗尺寸通过 ADCSOCxCTL 寄存器的 ACQPS 字段来配置。

由于外部每个模拟信号的能力（模拟信号电路阻抗）不尽相同，有些需要较长的时间才能正确地将电荷传送到 ADC 的采样电容器，为了解决这个问题，ADC 可对每个 SOC 采样窗口的长度进行控制。每个 ADCSOCxCTL 寄存器都包含一个 6 位字段 ACQPS，该字段决定采样/保持（S/H）窗的长度，对于 SOC 来说，写入该字段的值要比采样窗的期望值（单位为周期数）小 1，采样周期的最小值为 7（ACQPS=6）。总采样时间等于采样窗长度加上 ADC 转换时间（共 13 个 ADC 时钟）。表 10-2 列出了各种采样时间，该表所列的总时间只是针对单次转换，对于流水线转换而言，随着时间的推移其平均速率会有所提高。

表 10-2 不同 ACQPS 值对应的采样时间

ADC 时钟	ACQPS	采样窗口/ns	转换时间（13 个周期）/ns	处理模拟电压的总时间/ns
60MHz	6	116.67	216.67	333.34
60MHz	8	150.00	216.67	366.67
60MHz	10	183.33	216.67	400.00
60MHz	14	250.00	216.67	466.67
60MHz	25	433.33	216.67	650.00
40MHz	6	175.00	325.00	500.00
40MHz	25	625.00	325.00	950.00

10.2.2 触发操作

SOCx 的触发源由 ADCSOCxCTL 寄存器中的 TRIGSEL 字段以及 ADCINTSOCSEL1 或 ADCINTSOCSEL2 寄存器中的相应位联合配置（另外，软件通过 ADCSOCFRC1 寄存器也可以强制产生一个 SOC 事件）。

每个 SOC 都可以配置成由许多输入触发器中的其中一个启动，如果需要，几个 SOC 可以配置成使用同一个通道。可用的输入触发器包括软件、CPU 定时器 0～2 中断、XINT2 SOC、ePWM1～ePWM7 SOCA 和 SOCB。这些触发器的配置详情见 ADCSOCxCTL 寄存器的位定义。另外，ADCINT1 和 ADCINT2 可以反馈回来触发其他转换。这种配置由 ADCINTSOCSEL1 和 ADCINTSOCSEL2 寄存器控制。如果需要连续转换，这种模式将非常有用。

10.2.3 通道选择

SOCx 的通道通过 ADCSOCxCTL 寄存器的 CHSEL 字段来配置。

每个 SOC 都可以配置成任意一个可用的 ADCIN 输入通道。当 SOC 被配置成顺序采样模式时，由 ADCSOCxCTL 寄存器的 4 位 CHSEL 字段决定要转换的通道。当 SOC 被配置成同步采样模式时，CHSEL 字段的最高位（第 4 位）将被丢弃且由低 3 位决定转换哪一对通道。

ADCINA0 与 VREFHI 复用，因此在使用外部电压模式时，它不能用 AD 采样输入源。

10.2.4 SOC 配置其他注意事项

每个 SOC 都是单独配置的，并且可以是触发源、转换通道和采集窗口的任意组合。

这一特性提供了一种非常灵活的转换配置方式，包括从"使用不同触发源、不同通道的单独采样"到"使用单个触发源、相同通道的过采样"。

例如，如果需要将通道 ADCINA1 上的单一转换设置成在 ePWM3 定时器到达周期值时发生，必须将 ePWM3 设置成在到达周期值时输出一个 SOCA 或 SOCB 信号，比如使用 SOCA，然后使用其 ADCSOCxCTL 寄存器将其中一个 SOC 设置成在到达周期值时输出一个 SOCA，由于选择哪个 SOC 信号都没有什么区别，所以使用 SOC0。ADC 允许采样窗最短为 7 个周期，如果要让采样窗的时间最短，转换通道为 ADCINA1，SOC0 触发源为 ePWM3，必须分别将 ACQPS 字段设为 6，CHSEL 字段设为 1，TRIGSEL 字段设为 9。这样，写入寄存器的结果值将为：

```
ADCSOC0CTL=4846h;              //(ACQPS=6,CHSEL=1,TRIGSEL=9)
```

如果配置成这样的话，ePWM3 SOCA 事件将启动一次 ADCINA1 转换，并将结果值存放在 ADCRESULT0 寄存器中。

反过来，如果 ADCINA1 需要被 3 次过采样，那么可以将 SOC1、SOC2 和 SOC3 配置成和 SOC0 一样。

```
ADCSOC1CTL=4846h;              //(ACQPS=6,CHSEL=1,TRIGSEL=9)
ADCSOC2CTL=4846h;              //(ACQPS=6,CHSEL=1,TRIGSEL=9)
ADCSOC3CTL=4846h;              //(ACQPS=6,CHSEL=1,TRIGSEL=9)
```

如果配置成这样的话，ePWM3 SOCA 事件将连续启动 4 次 ADCINA1 转换，并将结果值分别存放在 ADCRESULT0～ADCRESULT3 寄存器中，这样就对 ADCINA1 进行了过采样。

另外一种应用可能需要从同一触发源采样 3 个不同的信号，这可以通过改变 SOC0～SOC2 的 CHSEL 字段并将 TRIGSEL 字段保持不变来实现。

```
ADCSOC1CTL=4846h;              //(ACQPS=6,CHSEL=1,TRIGSEL=9)
ADCSOC2CTL=4886h;              //(ACQPS=6,CHSEL=2,TRIGSEL=9)
ADCSOC3CTL=48C6h;              //(ACQPS=6,CHSEL=3,TRIGSEL=9)
```

如果配置成这样的话，ePWM3 SOCA 事件将连续启动 3 次转换，通道 ADCINA1 上转换的结果将在 ADCRESULT0 中显示，ADCINA2 通道上转换的结果将在 ADCRESULT1 中显示，ADCINA3 通道上转换的结果将在 ADCRESULT2 中显示，转换通道和触发源这两者与转换结果在何处显示没有任何关系，RESULT 寄存器与 SOC 有关。

从上面的讲述可以看出，如果采用 PWM 来触发 ADC（这是目前大多数 DSP 应用中 ADC 普遍采用的触发方式），一定要在 ePWM 模块的初始化中加入 SOCA/SOCB 的配置。

此外，在 ADC 的应用实例中还必须通过 PCLKCR0 寄存器将时钟使能，且必须让 ADC 上电并正常工作。

10.3 ADC 的其他要点

1. ADC 转换优先级

当几个 SOC 标志同时置位时，有两种优先级方式可用来决定它们转换的顺序，默认的优先级方式为轮询（Round Robin）机制，在这种机制中，各 SOC 之间的优先级都一样。优先级仅取决于轮询指针（RRPOINTER），RRPOINTER 的值在 ADCSOCPRIORITYCTL 寄存器中反映，它指向上一个被转换的 SOC，且下一个比 RRPOINTER 大的值将被设为优先级最高的 SOC，并在 SOC15 之后又绕回 SOC0。因为 0 表示已经发生了转换，所以复位时 RRPOINTER

的值为 32。当 RRPOINTER 等于 32 时，SOC0 将被设为最高优先级。当 ADCCTL1.RESET 位置 1 或 SOCPRICTL 寄存器被写 0 时，设备复位且 RRPOINTER 也被复位。图 10-3 通过举例说明了轮询优先级方式的具体情形。

A 复位后，SOC0是优先级最高的SOC；
  SOC7收到触发事件；
  SOC7配置通道被立即转换。

B RRPOINTER转而指向SOC7；
  SOC8现在是优先级最高的SOC。

C SOC2和SOC12同时收到触发事件；
  SOC12首先出现在轮询旋转上；
  SOC12配置的通道被立即转换，同时SOC12挂起。

D RRPOINTER转而指向SOC12；
  SOC2配置通道在被转换。

E RRPOINTER转而指向SOC2；
  SOC3现在是优先级最高的SOC。

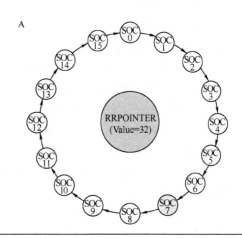

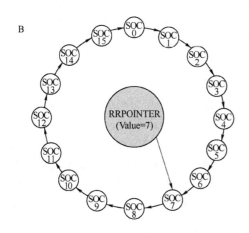

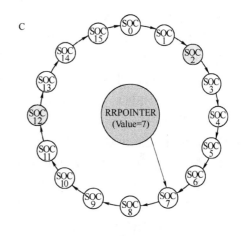

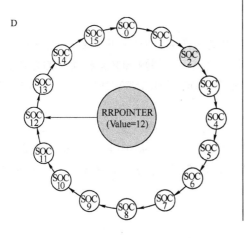

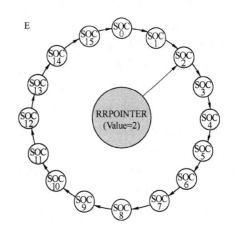

图 10-3　轮询优先级举例

ADCSOCPRIORITYCTL 寄存器中的 SOCPRIORITY 字段可以为单个 SOC 或所有 SOC 分配高低优先级。

2. 同步采样模式

在某些应用中需要保证两个信号之间的采样延迟最短。ADC 包含两个采样/保持电路，允许同时对两个不同的通道进行采样。同步采样模式使用 ADCSAMPLEMODE 寄存器对一对 SOCx 进行配置，偶数编号的 SOCx 和它之后的奇数编号的 SOCx（即 SOC0 和 SOC1）配成一对，一起连接一个使能位（此时为 SIMULEN0）。配对行为如下：

➢ 任意一个 SOCx 触发源都可以启动一对通道的转换。

➢ 那对转换通道将由 A 通道和 B 通道组成，这两个通道由被触发 SOCx 的 CHSEL 字段的值决定。这种模式下，有效值为 0～7。

➢ 同时采样两个通道。

➢ 一直是首先转换 A 通道，A 通道转换后将会产生偶数编号的 EOCx 脉冲，B 通道转换后则产生奇数编号的 EOCx 脉冲。

➢ A 通道的转换结果存放在偶数编号的 ADCRESULTx 寄存器中，B 通道的转换结果则存放在奇数编号的 ADCRESULTx 寄存器中。

例如，ADCSAMPLEMODE.SIMULEN0=1，且 SOC0 中 CHSEL=2（ADCINA2/ADCINB2 通道），TRIGSEL=5（ADCTRIG5=ePWM1.ADCSOCA）。

当 ePWM1 发出一个 ADCSOCA 触发事件时，ADCINA2 和 ADCINB2 将会同时被采样，之后 ADCINA2 通道将会立即被转换，且转换结果存放在 ADCRESULT0 寄存器中。根据 ADCCTL.INTPULSEPOS 的设置，在 ADCINA2 转换开始或结束时将出现 EOC0 脉冲，接着 ADCINB2 通道被转换，且转换结果存放在 ADCRESULT1 寄存器中。根据 ADCCTL1.INTPULSEPOS 的设置，在 ADCINB2 转换开始或结束时将出现 EOC1 脉冲。

在典型的应用中，通常希望只使用 SOCx 对中的偶数 SOCx，不过也可以使用 SOCx 对中的奇数 SOCx，甚至偶数 SOCx 和奇数 SOCx 都使用。当偶数 SOCx 和奇数 SOCx 都使用时，两个 SOCx 触发源都会启动转换，需要注意的是，因为两个 SOCx 都将它们的转换结果存放在同一个 ADCRESULTx 寄存器中，因此两者可能会相互覆盖。

SOCx 的优先级规则与顺序采样模式相同。

3. EOC 和中断操作

就像和 16 组独立的 SOCx 配置一样，ADC 模块同样也有 16 个 EOCx 脉冲。在顺序采样模式下，EOCx 与 SOCx 是直接相关的。在同步采样模式下，"偶数 EOCx 和其后的奇数 EOCx"与"偶数 SOCx 和其后的奇数 SOCx"是相关的，根据 ADCCTL1.INTPULSEPOS 的设置，EOCx 脉冲将在转换开始或转换结束时出现。

ADC 包含 9 个中断，这些中断可以被标记（Flag）和/或传送到 PIE。其中每一个中断都可以配置成接收任何一个 EOCx 信号作为其触发源。至于哪个 EOCx 是触发源，则由 INTSELxNy 寄存器决定。此外，ADCINT1 和 ADCINT2 信号可以配置成产生一个 SOCx 触发事件，这对连续转换来说非常有用。

图 10-4 显示了 ADC 中断的结构框图。

4. 上电顺序

ADC 复位为 ADC 关闭状态。在对任意一个 ADC 寄存器执行写操作之前，PCLKCR0 寄存器中的 ADCENCLK 位必须置 1。ADC 的上电顺序如下：

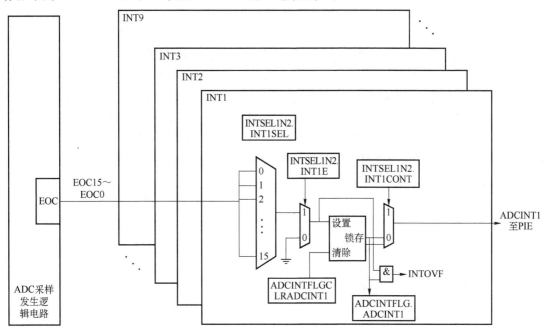

图 10-4　中断结构

第一步：若需要外部基准，可通过 ADCCTL1 寄存器的位 3（ADCREFSEL）使能。

第二步：通过置位 ADCCTL1 寄存器中的 7～5 位（ADCPWDN、ADCBGPWD、ADCREFPWD）将基准、带隙和模拟电路一起上电。

第三步：通过置位 ADCCTL1 寄存器的位 14（ADCENABLE）使能 ADC。

在执行第一次转换之前，在第二步后面需要 1ms 的延迟，第一步到第三步也可以同时执行。在 ADC 掉电时，第二步中的那 3 个位可以同时清零。

5. ADC 校准（calibration）

零偏置误差（Offset Error）和满量程增益误差（Gain Error）是转换器的固有特性。

偏置误差（Offset Error）：理想的 ADC 是当模拟电压输入为 0V，对应的数字编码也为 0；但实际上是输入的电压为 0V，但对应的数字编码不为 0，其间的误差就称为偏置误差。

增益误差（Gain Error）：经过偏置误差调整为 0 后，若理想 ADC 的斜率与实际 ADC 的斜率不同，两者之间的斜率差就称为增益误差。

厂家在 25℃时对 ADC 的偏置误差和增益误差进行了校准，与此同时也允许用户根据特定应用环境的需要（例如环境温度）修改偏置校正（Offset Correction）。一般情况下，用户无需执行任何动作，ADC 在器件启动过程期间将被正确校准。

在校准和测试过程中，TI 公司对几个 ADC 设置和一对内部振荡器的设置进行校准。这些设置被嵌入到 TI 公司保留的 OTP 内存中，成为 Device_cal( )的一部分。

6. 内部/外部参考电压的选择

ADC 可以工作在两种不同的参考模式下，具体可由 ADCCTL1.ADCREFSEL 位选择。默认情况下选择内部带隙（Bandgap）来产生 ADC 参考电压。这样一来，将根据固定的 0～3.3V 量程范围来转换电压。控制这种转换模式的等式如下：

Digital Value=0	输入≤0V 时
Digital Value=4096[(Input-VREFLO)/3.3V]	0V<输入<3.3V 时
Digital Value=4095	输入≥3.3V 时

此时，所有小数部分都被截掉。在该模式下，VREFLO 必须与地连接。

若要将一个输入电压按比例转换，则应该选择外部 VREFH/VREFLO 引脚作为参考电压的引脚。与内部带隙模式的 0～3.3V 固定输入范围不同，比例模式的输入范围是 VREFLO 到 VREFHI。转换值将被调节到该范围内。例如，如果 VREFLO 被设置成 0.5V 且 VREFHI 被设置成 3.0V，那么 1.75V 电压将被转换成数字 2048。VREFLO 和 VREFHI 的允许范围请参阅器件具体的数据手册。在一些器件中，VREFLO 与地在内部连接，因此被限制为 0V。控制这种转换模式的等式如下：

Digital Value=0	输入≤ VREFLO 时
Digital Value=4096[(Input-VREFLO)/(VREFHI-VREFLO)]	VREFLO<输入<VREFHI 时
Digital Value=4095	输入≥VREFHI 时

10.4 ADC 重要寄存器

这一节介绍 ADC 寄存器和寄存器各个位的定义，寄存器是按功能分类的。以下对重要的寄存器做介绍。

1. ADC 控制寄存器 1（ADCCTL1）

ADC 控制寄存器 1 其定义如图 10-5 所示，字段描述见表 10-3。

15	14	13	12				8
RESET	ADCENABLE	ADCBYS			ADCBSYCHN		
R-0/W-1	R/W-0	R-0			R-00000		

7	6	5	4	3	2	1	0
ADCPWN	ADCBGPWD	ADCREFPWD	Reserved	ADCREFSEL	INTPULSEPOS	VREFLOCONV	TEMPCONV
R/W-0	R/W-0	R/W-0	R-0	R/W-0	R/W-0	R/W-0	R/W-0

图 10-5 ADC 控制寄存器 1（ADCCTL1）（地址偏移量 00h）

表 10-3 ADC 控制寄存器 1（ADCCTL1）字段描述

位	名称	值	描 述
15	RESET		ADC 模块的软件复位位。这个位可使整个 ADC 模块复位。当器件的复位引脚被拉低（或在上电复位后）时，寄存器的所有位和状态位都复位到初始状态。这是一个一次有效（One-time-effect）的位，意思是它在置 1 后会立即自清零。读取这个位总是返回 0。此外，ADC 复位还有两个时钟周期的延迟（即，在复位 ADC 指令之后的两个时钟周期时，才可以修改 ADC 控制寄存器的其他位）
		0	无影响
		1	复位整个 ADC 模块（接着这个位被 ADC 逻辑电路置为 0） ADC 模块在系统复位期间也复位。如果其他任意时间需要 ADC 模块复位的话，可以通过写 1 到这个位来实现。两个时钟周期之后，用户可以向 ADCCTL1 寄存器位写入合适的值
14	ADCENABLE		ADC 使能位
		0	禁用 ADC（不会将 ADC 掉电）
		1	使能 ADC。必须在 ADC 转换之前置位

（续）

位	名称	值	描　　述
13	ADCBSY		ADC 忙状态位 在产生 ADC SOC 时置 1。ADC 状态位用来确定 ADC 是否适合采样 顺序模式：在 S/H 脉冲之后的 4 个 ADC 时钟时清零 同步模式：在 S/H 脉冲之后的 14 个 ADC 时钟时清零
		0	ADC 忙且不能采样另一个通道
		1	ADC 可以采样下一个通道
12~8	ADCBSYCHN	n	在当前通道产生 ADC SOC 时置 1 当 ADCBSY=0 时，保持上一个转换通道值 n 当 ADCBSY=1 时，反映当前正被处理的通道值 n n=1xh 时为无效值
7	ADCPWDN		ADC 掉电控制位（低电平有效），控制模拟内核内除带隙和基准电路之外的所有模拟电路的上电和掉电
		0	模拟内核内除带隙和基准电路之外的所有模拟电路都掉电
		1	内核内的模拟电路上电
6	ADCBGPWD		带隙电路掉电控制位（低电平有效）
		0	带隙电路掉电
		1	内核内的带隙缓冲器电路上电
5	ADCREFPWD		参考缓冲器电路的掉电控制位（低电平有效）
		0	参考缓冲器电路掉电
		1	内核内的参考缓冲器电路上电
4	Reserved	0	读返回 0；对该位执行写操作无影响
3	ADCREFSEL		内部/外部参考电压选择位
		0	使用内部带隙产生参考电压
		1	使用外部 VREFHI/VREFLO 引脚产生参考电压。在某些器件上，VREFHI 引脚与 ADCINA0 引脚复用。此时，ADCINA0 在该模式下不能用于转换。而在另一些器件上，VREFLO 引脚与 VSSA 复用。此时 VREFLO 电压不能改变
2	INTPULSEPOS		INT 脉冲产生控制位
		0	在 ADC 开始转换时产生 INT 脉冲（采样脉冲或采样信号的负边沿）
		1	在 ADC 结果锁存到结果寄存器之前的 1 个周期时产生 INT 脉冲
1	VREFLOCONV		VREFLO 转换控制位。使能时 VREFLO 在内部与 ADC 通道 B5 连接并将 ADCINB5 引脚从 ADC 断开。ADCINB5 引脚上的所有外部电路都不受该模式影响
		0	VREFLO 不与 ADC 连接
		1	VREFLO 在内部与 ADC 连接，用于采样
0	TEMPCONV		温度传感器转换指示位
		0	有效设置
		1	无效设置。不使用

2．ADC 中断寄存器

1）中断标志寄存器（ADCINTFLG）、中断标志清除寄存器（ADCINTFLGCLR）、中断溢出寄存器（ADCINTOVF）和中断溢出清除寄存器（ADCINTOVFCLR）。这 4 个寄存器中第 9~15 位保留，第 0~8 位为分别对应 ADCINT1~ADCINT9。

中断标志寄存器（ADCINTFLG）是只读寄存器，位为 0 时表示没有产生 ADC 中断脉冲，位为 1 时表示产生了 ADC 中断脉冲，如果 ADC 中断被置于连续模式（INTSELxNy 寄存器），那么即使该标志位被设置，每当发生所选的 EOC 事件时也还会产生中断脉冲。如果没有使能连续模式，在用户使用 ADCINTFLGCLR 寄存器清除该标志位之前都将不会产生中断脉冲。确切地说，ADCINTOVF 寄存器中发生了 ADC 中断溢出事件。复位时 ADCINTFLG 默认值为 0。

中断标志清除寄存器（ADCINTFLGCLR）是可读可写寄存器，位清零时无动作，位置 1 时清除 ADCINTFLG 寄存器中相应的标志位。硬件上在 ADCINTFLG 寄存器中设置标志位的同一时钟周期，如果软件也试图将该位置 1，那么硬件具有优先权且 ADCINTFLG 位将被设置。此时，不管 ADCINTFLG 位之前是否被设置，ADCINTOVF 寄存器中的溢出位都将不受影响。复位时，ADCINTFLGCLR 默认值为 0。

中断溢出寄存器（ADCINTOVF）是可读寄存器。ADC 中断溢出状态位，指示在产生 ADCINT 脉冲时是否发生了溢出，如果相关的 ADCINTFLG 位被设置且额外又产生了 EOC 触发事件，那么就表示出现了溢出条件。如果某位为 0 表示对应的 ADCINT 没有检测到 ADC 中断溢出事件，某位为 1 表示对应的 ADCINT 检测到中断溢出位。复位时，ADCINTOVF 默认值为 0。

中断溢出寄存器清除（ADCINTOVFCLR）是可读可写寄存器，ADC 中断溢出清除位，清零时无动作，置 1 时清除寄存器 ADCINTOVF 中的相应溢出位。硬件上 ADCINTOVF 中设置溢出位的同一时钟周期，如果软件也试图将该位置 1，那么硬件具有优先权且 ADCINTOVF 位将被设置。复位时 ADCINTOVFCLR 默认值为 0。

2）中断选择寄存器（INTSELxNy）。有 5 个 INTSELxNy 寄存器（其中 y=x+1, x=1,3,5,7,9），分别指明 ADCINTn（n=1～9）的选择，这 5 个寄存器受 EALLOW 保护。以 INTSEL1N2 寄存器为例说明如图 10-6 所示。

15	14	13	12				8
Reserved	INT2CONT	INT2E	IINT2SEL				
R-0	R/W-0	R/W-0	R/W-000000				

7	6	5	4				0
Reserved	INT1CONT	INT1E	IINT1SEL				
R-0	R/W-0	R/W-0	R/W-00000				

图 10-6　中断 1、2 选择寄存器（INTSEL1N2）

在该寄存器中位定义如下：

INTxCONT：清零表示只有在用户清除 ADCINTy 标志（在 ADCINTFLG 寄存器中）之后才能再产生 ADCINTy 脉冲。置 1 表示每当产生 EOC 脉冲时便产生 ADCINTy 脉冲，与 ADCINTy 是否被清除无关。

INTxE：清零表示禁止 ADCINTx，置 1 表示使能 ADCINTx。

INTxSEL：ADCINTx 的 EOC 触发源选择位，当数值为 0～15 时表示选择 EOC0～EOC15 为 ADCINTx 的触发源，其他值无效。

3. ADC SOC 寄存器

（1）ADC SOC0～SOC15 控制寄存器（ADCSOCxCTL）　ADCSOCxCTL 受 EALLOW 保护，其字段定义和字段描述如图 10-7 所示和见表 10-4。

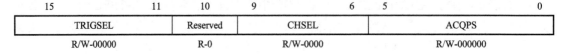

15	11	10	9	6	5	0
TRIGSEL		Reserved	CHSEL		ACQPS	
R/W-00000		R-0	R/W-0000		R/W-000000	

图 10-7　ADC SOC0～SOC15 控制寄存器（ADCSOCxCTL）

表 10-4   ADC SOC0～SOC15 控制寄存器（ADCSOCxCTL）字段描述

位	名称	值	描　述
15～11	TRIGSEL		SOCx 触发源选择位
			配置由哪个触发源在 ADCSOCFLG1 寄存器中设置，SOCx 标志并在 SOCx 拥有优先权时启动转换。ADCINTSOCSEL1 或 ADCINTSOCSEL2 寄存器中相应的 SOCx 字段的值优先于 TRIGSEL 字段
		00h	ADCTRIG0——仅由软件触发
		01h	ADCTRIG1——CPU 定时器 0.TINT0n
		02h	ADCTRIG2——CPU 定时器 1.TINT1n
		03h	ADCTRIG3——CPU 定时器 2.TINT2n
		04h	ADCTRIG4——XINT2.XINT2SOC
		05h	ADCTRIG5——ePWM1.ADCSOCA
		06h	ADCTRIG6——ePWM1.ADCSOCB
		07h	ADCTRIG7——ePWM2.ADCSOCA
		08h	ADCTRIG8——ePWM2.ADCSOCB
		09h	ADCTRIG9——ePWM3.ADCSOCA
		0Ah	ADCTRIG10——ePWM3.ADCSOCB
		0Bh	ADCTRIG11——ePWM4.ADCSOCA
		0Ch	ADCTRIG12——ePWM4.ADCSOCB
		0Dh	ADCTRIG13——ePWM5.ADCSOCA
		0Eh	ADCTRIG14——ePWM5.ADCSOCB
		0Fh	ADCTRIG15——ePWM6.ADCSOCA
		10h	ADCTRIG16——ePWM6.ADCSOCB
		11h	ADCTRIG17——ePWM7.ADCSOCA
		12h	ADCTRIG18——ePWM7.ADCSOCB
		其他值	无效选择
10	Reserved		读返回 0；对该位执行写操作无影响
9～6	CHSEL		SOCx 通道选择位。用于在 ADC 接收到 SOCx 时选择将被转换的通道
			顺序采样模式（SIMULENx=0）
		0h～7h	ADCINA0～ADCINA7
		8h～fh	ADCINB0～ADCINB7
			同步采样模式（SIMULENx=1）
		0h～7h	ADCINA0/ADCINB0 对～ADCINA7/ADCINB7 对
		8h～Fh	无效选择
5～0	ACQPS		SOCx 获取预分频控制位。该位用于控制 SOCx 其采样/保持窗口的长度，最小值为 6
		00h～05h	无效选择
		06h～3Fh	采样窗口 7 个周期长～64 个周期长

（2）ADC 采样模式寄存器（ADCSAMPLEMODE）　　该寄存器受 EALLOW 保护，位定义如图 10-8 所示。

15							8
Reserved							
R-00000000							

7	6	5	4	3	2	1	0
SIMULEN14	SIMULEN12	SIMULEN10	SIMULEN8	SIMULEN6	SIMULEN4	SIMULEN2	SIMULEN0
R/W-0	R/W-0	R/W-0	R/W-0	R/W-0	R/W-0	R/W-0	R/W-0

图 10-8   ADC 采样模式寄存器（ADCSAMPLEMODE）

SIMULENx 位定义为：SOCx/SOCx+1 的同步采样使能位。同步采样模式下，SOCx 和 SOCx+1 连在一起，这个位不能在 ADC 转换 SOCx 或 SOCx+1 的时候置 1。

该位清零表示将 SOCx 和 SOCx+1 设置成单采样模式，CHSEL 字段的所有位决定要被转换的通道。EOCx 与 SOCx 对应，EOCx+1 与 SOCx+1 对应，SOCx 的结果存放在 ADCRESULTx 寄存器中，SOCx+1 的结果存放在 ADCRESULTx+1 中。

该位置 1 表示将 SOCx 和 SOCx+1 设置成同步采样模式。CHSEL 字段的低三位决定要被转换的一对通道。EOCx 和 EOCx+1 这一对与 SOCx 和 SOCx+1 这一对对应，SOCx 和 SOCx+1 的结果将分别存放在 ADCRESULTx 和 ADCRESULTx+1 寄存器中。

（3）ADC 中断 SOC 选择寄存器 1 和 2（ADCINTSOCSEL1 和 ADCINTSOCSEL2）　这两个寄存器受 EALLOW 保护，位定义如图 10-9 和图 10-10 所示。

15　14	13　12	11　10	9　8	7　6	5　4	3　2	1　0
SOC7	SOC6	SOC5	SOC4	SOC3	SOC2	SOC1	SOC0
R/W-0	R/W-0	R/W-0	R/W-0	R/W-0	R/W-0	R/W-0	R/W-0

图 10-9　ADC 中断触发 SOC 选择 1 寄存器（ADCINTSOCSEL1）（地址偏移量 14h）

15　14	13　12	11　10	9　8	7　6	5　4	3　2	1　0
SOC15	SOC14	SOC13	SOC12	SOC11	SOC10	SOC9	SOC8
R/W-0	R/W-0	R/W-0	R/W-0	R/W-0	R/W-0	R/W-0	R/W-0

图 10-10　ADC 中断触发 SOC 选择 2 寄存器（ADCINTSOCSEL2）

字段描述如下：

SOCx 为 ADC 中断触发器选择位，选择由哪个 ADCINT 触发 SOCx，这个字段优先于 ADCSOCxCTL 寄存器中的 TRIGSEL 字段。

SOCx=0，将没有 ADCINT 触发 SOCx，由 TRIGSEL 字段决定 SOCx 的触发源。

SOCx=1，ADCINT1 将触发 SOCx，TRIGSEL 字段被忽略。

SOCx=2，ADCINT2 将触发 SOCx，TRIGSEL 字段被忽略。

SOCx=3，无效选择。

（4）ADC SOC 标志寄存器 1（ADCSOCFLG1）、SOC 强制寄存器 1（ADCSOCFRC1）、SOC 溢出寄存器 1（ADCSOCOVF1）和 SOC 溢出清零寄存器 1（ADCSOCOVFCLR1）。

这 4 个寄存器的第 0～15 位分别为 SOC0～SOC15，对应于 SOC0～SOC15。

ADCSOCFLG1：只读寄存器，SOCx 开始转换标志位，用于指示单个 SOC 转换状态。为 0 时，表示 SOCx 采样没挂起；为 1 时，表示已经收到触发事件且 SOCx 采样被挂起；当对应的 SOCx 转换开始后，这个位会自动清除。如果这个位在同一周期收到设置请求和清除请求，那么不管两者的触发源是什么，这个标志位都会被设置，并不考虑清除该位的请求。在这种情况下，不管这个标志位之前是否被设置，ADCSOCOVF1 寄存器中的溢出位都将不受影响。该寄存器复位默认值为 0。

ADCSOCFRC1：可读可写寄存器，SOCx 强制开始转换标志位。向该位写 1 将会强制向 ADCSOCFLG1 寄存器中的 SOCx 标志位写 1，这样便可以进行一次由软件启动的转换。在硬件上清除 ADCSOCFLG1 寄存器中的 SOCx 位的同一时钟周期内，如果软件试图设置这个位，那么软件将拥有优先权，且 ADCSOCFLG1 标志位将被设置。在这种情况下，不管 ADCSOCFLG1

位之前是否被设置，ADCSOCOVF1 寄存器中的溢出位都不受影响。写 0 无影响。该寄存器复位默认值为 0。

ADCSOCOVF1：只读寄存器，SOCx 开始转换溢出标志位，用于指示在目前 SOCx 事件挂起期间是否产生了 SOCx 事件。"0"表示无 SOCx 事件溢出，"1"表示 SOCx 事件溢出，溢出条件并不会阻止处理 SOCx 事件，它只是指示某个触发事件被错过了。该寄存器复位默认值为 0。

ADCSOCOVFCLR1：可读可写寄存器，SOCx 开始转换溢出标志清除位。向该位写 1 会清除 ADCSOCOVF1 寄存器中相应的 SOCx 溢出标志，在硬件清除 ADCSOCOVF1 寄存器的溢出位的同一时钟周期内，如果软件试图设置这个溢出位，那么硬件将拥有优先权且 ADCSOCOVF1 位将被设置。向该位写 0 无影响。该寄存器复位默认值为 0。

4．ADC 其他控制寄存器

（1）ADC 优先级寄存器　ADC SOC 优先级控制寄存器（SOCPRICTL）受 EALLOW 保护。RRPOINTER 指明轮询状态，SOCPRIORITY 设置高优先级。位定义如图 10-11 所示。

15	11	10	5	4	0
Reserved		RRPOINTER		SOCPRIORITY	
R-00000		R-20h		R/W-00000	

图 10-11　ADC SOC 优先级控制寄存器（SOCPRICTL）

（2）ADC 校准寄存器　ADC 校准寄存器受 EALLOW 保护，包括 C 基准/增益调节寄存器（ADCREFTRIM）、ADC 偏置量调节寄存器（ADCOFFTRIM）。

（3）ADC 校正寄存器（ADCREV）　其定义如图 10-12 所示和见表 10-5。

15	8
REV	
R-x	

7	0
TYPE	
R-3h	

图 10-12　ADC 校正寄存器（ADCREV）（地址偏移量 4Fh）

表 10-5　ADC 校正寄存器（ADCREV）字段描述

位	名称	值	描　述
15～8	REV		ADC 修订位。用于提供各版本之间的差别。第一版标为 00h
7～0	TYPE	3	ADC 类型。对于这一类的 ADC 一直设为 3

5．ADC 结果寄存器

ADC 结果寄存器位于外设帧 0（PF0）。其定义如图 10-13 所示和见表 10-6。

15	12	11	0
Reserved		RESULT	
R-0000		R-000000000000	

图 10-13　ADC 结果寄存器

表 10-6　ADC RESULT0～ADCRESULT15 寄存器（ADCRESULTx）字段描述

位	名称	值	描　述
15～12	Reserved		读返回 0；对该位执行写操作无影响
11～0	RESULT		12 位右对齐的 ADC 结果 顺序采样模式（SIMULENx=0）： 在 ADC 完成一次 SOCx 转换后，数字结果将存放在对应的 ADCRESULTx 寄存器中。例如，如果 SOC4 被配置成采样 ADCINA1，转换后的全部结果将存放在 ADCRESULT4 中 同步采样模式（SIMULENx=1）： 在 ADC 完成一对通道的转换后，数字结果将存放在对应的 ADCRESULTx 和 ADCRESULTx+1 寄存器中（x 为偶数）。例如，对于 SOC4，转换后的全部结果将存放在 ADCRESULT4 和 ADCRESULT5 寄存器中

6. ADC 头文件中寄存器结构体说明

头文件中包括两个寄存器结构体：控制寄存器结构体 ADC_REGS 和结果寄存器结构体 ADC_RESULT_REGS。寄存器结构体中的位定义与前面介绍的寄存器位定义相同。

ADC 寄存器结构体定义如下：

```
struct ADC_REGS {
    union  ADCCTL1_REG      ADCCTL1;              //ADC 控制 1 寄存器
    union  ADCCTL2_REG      ADCCTL2;              //ADC 控制 2 寄存器
    Uint16 rsvd1[2];                              //保留
    union  ADCINT_REG  ADCINTFLG;                 //ADC 中断标志寄存器
    union  ADCINT_REG  ADCINTFLGCLR;              //ADC 中断标志清除寄存器
    union  ADCINT_REG  ADCINTOVF;                 //ADC 中断溢出寄存器
    union  ADCINT_REG  ADCINTOVFCLR;              //ADC 中断溢出清除寄存器
    union  INTSEL1N2_REG    INTSEL1N2;            //ADC 中断 1 和 2 选择寄存器
    union  INTSEL3N4_REG    INTSEL3N4;            //ADC 中断 3 和 4 选择寄存器
    union  INTSEL5N6_REG    INTSEL5N6;            //ADC 中断 5 和 6 选择寄存器
    union  INTSEL7N8_REG    INTSEL7N8;            //ADC 中断 7 和 8 选择寄存器
    union  INTSEL9N10_REG   INTSEL9N10;           //ADC 中断 9 和 10 选择寄存器
    Uint16 rsvd2[3];                              //保留
    union  SOCPRICTL_REG    SOCPRICTL;            //ADC SOC 优先级控制寄存器
    Uint16 rsvd3;                                 //保留
    union  ADCSAMPLEMODE_REG ADCSAMPLEMODE;       //采样模式寄存器
    Uint16 rsvd4;                                 //保留
    union  ADCINTSOCSEL1_REG ADCINTSOCSEL1;       //ADC 中断 SOC 选择 1 寄存器
    union  ADCINTSOCSEL2_REG ADCINTSOCSEL2;       //ADC 中断 SOC 选择 2 寄存器

    Uint16 rsvd5[2];                              //保留
    union  ADCSOC_REG     ADCSOCFLG1;             //ADC SOC 标志 1 寄存器
    Uint16 rsvd6;                                 //保留
    union  ADCSOC_REG       ADCSOCFRC1;           //ADC SOC 强制 1 寄存器
```

```
    Uint16 rsvd7;                                 //保留
    union  ADCSOC_REG    ADCSOCOVF1;              //ADC SOC 溢出 1 寄存器
    Uint16 rsvd8;                                 //保留
    union  ADCSOC_REG    ADCSOCOVFCLR1;           //ADC SOC 溢出清除 1 寄存器
    Uint16 rsvd9;                                 //保留
    union  ADCSOCxCTL_REG  ADCSOC0CTL;            //ADC SOC0 控制寄存器
    union  ADCSOCxCTL_REG  ADCSOC1CTL;            //ADC SOC1 控制寄存器
    union  ADCSOCxCTL_REG  ADCSOC2CTL;            //ADC SOC2 控制寄存器
    union  ADCSOCxCTL_REG  ADCSOC3CTL;            //ADC SOC3 控制寄存器
    union  ADCSOCxCTL_REG  ADCSOC4CTL;            //ADC SOC4 控制寄存器
    union  ADCSOCxCTL_REG  ADCSOC5CTL;            //ADC SOC5 控制寄存器
    union  ADCSOCxCTL_REG  ADCSOC6CTL;            //ADC SOC6 控制寄存器
    union  ADCSOCxCTL_REG  ADCSOC7CTL;            //ADC SOC7 控制寄存器
    union  ADCSOCxCTL_REG  ADCSOC8CTL;            //ADC SOC8 控制寄存器
    union  ADCSOCxCTL_REG  ADCSOC9CTL;            //ADC SOC9 控制寄存器
    union  ADCSOCxCTL_REG  ADCSOC10CTL;           //ADC SOC10 控制寄存器
    union  ADCSOCxCTL_REG  ADCSOC11CTL;           //ADC SOC11 控制寄存器
    union  ADCSOCxCTL_REG  ADCSOC12CTL;           //ADC SOC12 控制寄存器
    union  ADCSOCxCTL_REG  ADCSOC13CTL;           //ADC SOC13 控制寄存器
    union  ADCSOCxCTL_REG  ADCSOC14CTL;           //ADC SOC14 控制寄存器
    union  ADCSOCxCTL_REG  ADCSOC15CTL;           //ADC SOC15 控制寄存器
    Uint16 rsvd10 [16];                           //保留
    union  ADCREFTRIM_REG  ADCREFTRIM;            //满量程增益误差校准寄存器
    union  ADCOFFTRIM_REG  ADCOFFTRIM;            //ADC 零点偏移校准寄存器
    Uint16 rsvd11 [14];                           //保留
};


struct ADC_RESULT_REGS
{
    Uint16      ADCRESULT0;                        //ADC 结果 0 寄存器
    Uint16      ADCRESULT1;                        //ADC 结果 1 寄存器
    Uint16      ADCRESULT2;                        //ADC 结果 2 寄存器
    Uint16      ADCRESULT3;                        //ADC 结果 3 寄存器
    Uint16      ADCRESULT4;                        //ADC 结果 4 寄存器
    Uint16      ADCRESULT5;                        //ADC 结果 5 寄存器
    Uint16      ADCRESULT6;                        //ADC 结果 6 寄存器
    Uint16      ADCRESULT7;                        //ADC 结果 7 寄存器
    Uint16      ADCRESULT8;                        //ADC 结果 8 寄存器
    Uint16      ADCRESULT9;                        //ADC 结果 9 寄存器
```

```
    Uint16        ADCRESULT10;                              //ADC 结果 10 寄存器
    Uint16        ADCRESULT11;                              //ADC 结果 11 寄存器
    Uint16        ADCRESULT12;                              //ADC 结果 12 寄存器
    Uint16        ADCRESULT13;                              //ADC 结果 13 寄存器
    Uint16        ADCRESULT14;                              //ADC 结果 14 寄存器
    Uint16        ADCRESULT15;                              //ADC 结果 15 寄存器
    Uint16        rsvd[16];                                 //保留
};


volatile struct ADC_REGS AdcRegs;
volatile struct ADC_RESULT_REGS AdcResult;
```

10.5   ADC 应用举例

对图 4-7 中的几路模拟量进行采样，要求进行同步采样和过采样，采样由 PWM1A 的下溢（过零点）触发，中断读取采样结果。

1. ADC 初始化程序

```
void InitADC()
{
  int DCSampT;
  DCSampT=15;
  EALLOW;
  SysCtrlRegs.PCLKCR0.bit.ADCENCLK=1;
  (*Device_cal)();
  EDIS;
  DELAY_US(ADC_usDELAY);
  EALLOW;
  AdcRegs.ADCCTL1.bit.ADCBGPWD=1;              //内核内的带隙缓冲器电路上电
  AdcRegs.ADCCTL1.bit.ADCREFPWD=1;             //内核内的参考缓冲器电路上电
  AdcRegs.ADCCTL1.bit.ADCPWDN=1;               //内核内的模拟电路上电
  AdcRegs.ADCCTL1.bit.ADCENABLE=1;             //ADC 使能
  AdcRegs.ADCCTL1.bit.ADCREFSEL=1;             //使用外部 VREFHI/VREFLO 参考电压
  //AdcRegs.ADCCTL1.bit.ADCREFSEL=0;           //使用内部带隙产生参考电压
  EDIS;
  DELAY_US(ADC_usDELAY);                       //转换 ADC 通道前延迟
  AdcOffsetSelfCal();
  DELAY_US(ADC_usDELAY);                       //转换 ADC 通道前延迟
  EALLOW;
  AdcRegs.ADCCTL1.bit.INTPULSEPOS=1;           //转换完成前一个 ADC 时钟周期产生 EOC
```

```
AdcRegs.INTSEL1N2.bit.INT1E=1;                    //ADCINT1 使能
AdcRegs.INTSEL1N2.bit.INT1CONT=0;                 //禁用 ADCINT 1 连续模式
AdcRegs.INTSEL1N2.bit.INT1SEL=0x0f;               //设置 EOC 15 以触发 ADCINT 1 启动
AdcRegs.ADCSAMPLEMODE.all=0xff;                   //SOCAx 和 SOCBx 同步采样
//对 ADCINA7、ADCINB7 过采样
AdcRegs.ADCSOC0CTL.bit.CHSEL=0x07;                //A7,Result0;  B7,Result1
AdcRegs.ADCSOC2CTL.bit.CHSEL=0x07;                //A7,Result2;  B7,Result3
AdcRegs.ADCSOC4CTL.bit.CHSEL=0x07;                //A7,Result4;  B7,Result5
AdcRegs.ADCSOC6CTL.bit.CHSEL=0x07;                //A7,Result6;  B7,Result7
//对 ADCINA3、ADCINB3 过采样
AdcRegs.ADCSOC8CTL.bit.CHSEL=0x03;                //A3,Result8;  B3,Result9
AdcRegs.ADCSOC10CTL.bit.CHSEL=0x03;               //A3,Result10; B3,Result11
AdcRegs.ADCSOC12CTL.bit.CHSEL=0x03;               //A3,Result12; B3,Result13
AdcRegs.ADCSOC14CTL.bit.CHSEL=0x03;               //A3,Result14; B3,Result15
AdcRegs.ADCSOC0CTL.bit.TRIGSEL=5;                 //ADCTRIG5-ePWM1,ADCSOCA
AdcRegs.ADCSOC2CTL.bit.TRIGSEL=5;                 //ADCTRIG5-ePWM1,ADCSOCA
AdcRegs.ADCSOC4CTL.bit.TRIGSEL=5;                 //ADCTRIG5-ePWM1,ADCSOCA
AdcRegs.ADCSOC6CTL.bit.TRIGSEL=5;                 //ADCTRIG5-ePWM1,ADCSOCA
AdcRegs.ADCSOC8CTL.bit.TRIGSEL=5;                 //ADCTRIG5-ePWM1,ADCSOCA
AdcRegs.ADCSOC10CTL.bit.TRIGSEL=5;                //ADCTRIG5-ePWM1,ADCSOCA
AdcRegs.ADCSOC12CTL.bit.TRIGSEL=5;                //ADCTRIG5-ePWM1,ADCSOCA
AdcRegs.ADCSOC14CTL.bit.TRIGSEL=5;                //ADCTRIG5-ePWM1,ADCSOCA
AdcRegs.ADCSOC0CTL.bit.ACQPS=ADCSampT;            //设置 SOC0,SOC1 采样窗口的长度
AdcRegs.ADCSOC2CTL.bit.ACQPS=ADCSampT;            //设置 SOC2,SOC3 采样窗口的长度
AdcRegs.ADCSOC4CTL.bit.ACQPS=ADCSampT;            //设置 SOC4,SOC5 采样窗口的长度
AdcRegs.ADCSOC6CTL.bit.ACQPS=ADCSampT;            //设置 SOC6,SOC7 采样窗口的长度
AdcRegs.ADCSOC8CTL.bit.ACQPS=ADCSampT;            //设置 SOC8,SOC9 采样窗口的长度
AdcRegs.ADCSOC10CTL.bit.ACQPS=ADCSampT;           //设置 SOC10,SOC11 采样窗口的长度
AdcRegs.ADCSOC12CTL.bit.ACQPS=ADCSampT;           //设置 SOC12,SOC13 采样窗口的长度
AdcRegs.ADCSOC14CTL.bit.ACQPS=ADCSampT;           //设置 SOC14,SOC15 采样窗口的长度
EDIS;
EPwm1Regs.ETSEL.bit.SOCAEN=1;                     //使能 EPWM1SOCA
EPwm1Regs.ETSEL.bit.SOCASEL=1;                    //在 CTR=ZERO 时使能事件
EPwm1Regs.ETPS.bit.SOCAPRD=1;                     //在第一个事件产生脉冲
EPwm1Regs.ETCLR.bit.SOCA=1;                       //清除 SOCA 标志
}
```

这样把 ADCINA7/ADCINB7 和 ADCINA3/ADCINB3 设置成同步过采样。

2. ADC 中断服务程序

```
interrupt void ADC1Int_isr(void)
```

```
{
    ADCA7=AdcRegs.ADCRESULT0+AdcRegs.ADCRESULT2;
    ADCA7+=AdcRegs.ADCRESULT4+AdcRegs.ADCRESULT6;
    ADCA3=AdcRegs.ADCRESULT6+AdcRegs.ADCRESULT10;
    ADCA3+=AdcRegs.ADCRESULT12+AdcRegs.ADCRESULT14;
    ADCB7=AdcRegs.ADCRESULT1+AdcRegs.ADCRESULT3;
    ADCB7+=AdcRegs.ADCRESULT5+AdcRegs.ADCRESULT7;
    ADCB3=AdcRegs.ADCRESULT9+AdcRegs.ADCRESULT11;
    ADCB3+=AdcRegs.ADCRESULT13+AdcRegs.ADCRESULT15;
    PieCtrlRegs.PIEACK.all=PIEACK_GROUP1;
    EINT;
}
```

程序中，ADCA7、ADCA3、ADCB7 和 ADCB3 分别对应于通道 ADCINA7、ADCINA3、ADCINB7 和 ADCINB3 转换的结果。

习　　题

1. 简述 TMS320F28027 的 ADC 是如何进行通道选择、转换顺序、转换时间设置、转换结果。

2. 简述 TMS320F28027 的 ADC 实现过采样的机制。

第11章 实验指导

本章实验硬件基于第 4 章所介绍的 TI 公司提供的 C2000 实验套件 LAUNCHXL-F28027 和基于 TI 实验套件的扩展板（见第 4 章图 4-7），可进行 DSP 的定时器、GPIO、ADC、ePWM 和 eCAP 等外设实验。

11.1 实验内容

实验一 输出引导 ROM 中正弦波表并显示实验

1. 实验要求

1）在 CCS 中新建一个工程文件。

2）输出引导 ROM 中正弦表并产生一个正弦波。

3）利用 CCS 中图形工具显示该波形。

2. 实验目的

1）熟悉集成开发环境 CCS 的应用。

2）掌握建立 CCS 工程文件的方法。

3）掌握 CCS 中图形显示方法。

4）掌握引导 ROM 中数学表或函数使用方法。

3. 实验说明

CCS 工程文件建立方法见第 4 章有关集成开发环境 CCS 使用的内容。

实验二 定时器和 GPIO 实验

1. 实验要求

1）通过定时器实现延时，编写跑马灯程序。

2）对主板上的按键 GPIO12 进行采样，添加软件去抖功能。

3）实现按键对跑马灯动作的选择，至少两种跑马灯动作。

4）学习 TM1638 驱动程序，完成数码管的显示功能。

2. 实验目的

1）掌握 GPIO 端口的配置和操作方法。

2）掌握定时器的配置和操作方法。

3）掌握定时器中断的配置。

4）学会使用 GPIO 实现 TM1638 的驱动，实现数码管的显示功能。

3. 实验说明

定时器控制 LED 灯闪烁和 LED 数码管的显示。

点亮 LED 灯的实验称得上是开发板中的"Hello World!"，一般初学者都会首先尝试此实验。在这个实验中，可以分别采用查询和中断的方式来获知定时器计数器的溢出，然后 GPIO0～GPIO3 控制 LED 灯亮或是不亮。读者设计跑马灯的程序，以定时器实现延时，练习定时器和 GPIO 的使用。

LED 灯的控制是通过 GPIO 输出实现的，按键的采样则是通过 GPIO 输入实现的。通过读取 GPIO12 端口的状态，判断按键是否按下。机械按键存在抖动的问题，因此添加软件去抖程序实现更稳定的采样。

底板上有 LED 数码管显示模块及其驱动电路，数码管的驱动是通过 TM1638 实现的，TM1638 是 LED 驱动控制专用电路，能实现 LED 驱动、键盘扫描等功能。其控制输入引脚只有 3 个，因此可以大大节约控制芯片的 GPIO 引脚的占用。通过一块 TM1638 数码管驱动芯片，可以实现 8 位数码管的驱动。TM1638 的驱动程序是通过操作 GPIO 引脚实现的，TM1638 的底层驱动程序已由例程给出，可参考例程学会 TM1638 的驱动方法。LED 数码管的显示是对 GPIO 的巩固与加强，通过对 TM1638 的驱动，加深对 GPIO 功能的理解。

实验三　PWM 和 eCAP 实验

1．实验要求

1）输出带死区的互补 PWM 波形。

2）通过 eCAP 单元捕获其中一路 PWM 波形并获取其周期和占空比。

2．实验目的

1）掌握 PWM 的周期、死区电平和死区时间的设定方法。

2）掌握 PWM 计数周期中断和比较值匹配中断的配置方法。

3）掌握 eCAP 单元的操作方法及其中断的配置。

4）掌握 eCAP 单元时间测量和占空比测量的方法。

3．实验说明

将 EPWM1A/EPWM1B、EPWM4A/EPWM4B 配置成输出带死区的互补 PWM 波形。

在输出 PWM 的基础上，将其中一路 PWM 输出引脚接到 eCAP1 捕获引脚上，通过捕获单元获取 PWM 的周期和占空比信息。

感兴趣的读者可以在此基础上尝试使用捕获单元解码红外。捕获单元所具有的特殊硬件逻辑结构能更加高效地完成红外的解码操作。

实验四　ADC 实验

1．实验要求

通过 ADC 读取电位器中间点（第 4 章图 4-7 中 RP1 中间点）的电压值（ADCINA7），并将结果在数码管上显示。

2．实验目的

1）掌握 ADC 的配置和操作方法。

2）掌握使用 PWM 触发 AD 采样的方法。

3）掌握 ADC 中断的使用方法。

3．实验说明

使用 ADC 读取电位器中间点（第 4 章图 4-7 中 RP1 中间点）的电压，并使用 LED 数码管显示。

本实验在前面实验的基础上，添加了 ADC 的使用以及 ADC 中断的配置。通过 PWM 触发 AD 采样（也可尝试其他触发 AD 采样的方法，多方面了解和掌握 ADC 的操作），并将采样结果换算成实际的电压结果，在数码管上显示出来。

数码管上显示 AD 采样结果的时候，需要将数据的每一位输出到数码管的相应的位置上，还涉及小数点位置的显示。可以用过采样的方法和滤波来减小 ADC 采样结果的波动。

本实验中，ADC 的转换触发采用 PWM 控制，复习了实验三中对 PWM 的配置。

实验五 综合实验

1．实验要求

控制系统闭环实验，从 ADCINA7 输入模拟指令信号，要求通过 PWM 方式在 ADCINB7 获得和 ADCINA7 引脚相等的模拟信号。

2．实验目的

本实验综合所学的 DSP 的知识和前面做过的实验，设计一个涉及多个外设的嵌入式系统，要求能够熟练配置系统时钟和各个外设。

考察对芯片多个外设的配置的掌握情况，考察读者的综合设计和嵌入式开发的能力，建立初步的控制系统的概念。

3．实验说明

1）通过 ADC 获取给定值（ADCINA7 电压），并实时显示在上排数码管上。

2）通过另一路 ADC 对反馈电压（ADCINB7）进行检测，并实时显示在下排数码管上。反馈电压由 PWM4A 滤波得到（PWM 用作 DAC）。

3）采用反馈控制的思想，设计一个调节器（如 PI 调节器），调节器的输出为 PWM4A 占空比，从而得到一个反馈跟随给定的闭环控制系统。

223

11.2 参考例程

DSP 程序一般包含主程序和中断服务程序两大部分。

11.2.1 主程序框架和例程

主程序是必不可少的程序，一般包括两大部分，一部分是初始化工作，另一部分是主循环工作。

初始化包括系统初始化和模块初始化以及程序变量的初始化，主循环主要是 HMI（按键与显示）、无实时性要求的逻辑处理和无实时性要求的状态采集等。

下面为主程序示例：

```
interrupt void cpu_timer0_isr(void);           //定时器 0
interrupt void Epwm1Int_isr(void);             //ePWM1
interrupt void Ecap1Int_isr(void);             //eCAP1
interrupt void ADC1Int_isr(void);              //ADC1
//下面几个初始化程序主程序中没有给出，可结合前面章节例子写出
void InitLEDgpio();                            //GPIO 初始化
void InitePWM1();                              //ePWM1 初始化
void InitADC();                                //ADC 初始化
void IniteCAP1();                              //eCAP1 初始化
void InitCpuTimer0();                          //CPU 定时器 0 初始化
```

```
//下面几个程序用于 LED 显示
extern void TM1638_Init(void);                      //TM1638 初始化函数
extern void LED_Show(Uint8 Bit,Uint8 Num,Uint8 Point); //LED 显示函数
void main(void)
{
    InitSysCtrl();          //初始化系统时钟，选择内部晶振 1，10MHz，12 倍频，2 分频，
                            //初始化外设时钟，低速，4 分频
    DINT;//关总中断
    InitPieCtrl();          //初始化 PIE 控制寄存器。默认状态为禁止所有 PIE 中断并清除所
                            //有标志
    IER=0x0000;
    IFR=0x0000;             //禁用 CPU 中断并清除所有 CPU 中断标志
    InitPieVectTable();//初始化中断向量表
    EALLOW;  //允许写入受保护的寄存器
    PieVectTable.TINT0=&cpu_timer0_isr;             //中断向量填入
    PieVectTable.EPWM1_INT=&Epwm1Int_isr;           //中断向量填入
    PieVectTable.ECAP1_INT=&Ecap1Int_isr;           //中断向量填入
    PieVectTable.ADCINT1=&ADC1Int_isr;              //中断向量填入
    PieCtrlRegs.PIECTRL.bit.ENPIE=1;                //使能 PIE 模块
    EDIS;                                           //禁止写入
    InitLEDGpio();                                  //GPIO 初始化
    InitePWM1();                                    //ePWM1 初始化
    InitADC();                                      //ADC 初始化
    IniteCAP1();                                    //eCAP1 初始化
    InitCpuTimer0();                                //CpuTimer0 初始化

    PieCtrlRegs.PIEIER1.bit.INTx7=1;                //TINT0
    PieCtrlRegs.PIEIER3.bit.INTx1=1;                //EPWM1_INT
    PieCtrlRegs.PIEIER4.bit.INTx1=1;                //ECAP1_INT
    PieCtrlRegs.PIEIER1.bit.INTx1=1;                //ADCINT1

    IER|=M_INT1;                                    //使能 CPU 中断
    IER|=M_INT3;                                    //使能 CPU 中断
    IER|=M_INT4;                                    //使能 CPU 中断

    EINT;                                           //使能全局中断 INTM
    ERTM;                                           //使能全局实时中断 DBGM
    While(1){
        //LED 显示刷新，根据实际确定显示内容
```

224

```
        //其他运行控制逻辑
        }
}
```

11.2.2 中断服务程序框架和例程

中断服务程序是 DSP 程序非常重要的部分，用于管理和使用外设。一般中断服务程序包含三部分。第一部分是现场保护，这个可以通过程序申明的中断标识符，编译器来自动实现；第二部分是中断服务的主体程序，根据外设的管理和使用要求来编写；第三部分是现场恢复，在 F28027 程序中如果是 PIE 中断需要对 PIEACK 相应位进行处理。

下面为几个中断服务程序示例：

```
interrupt void cpu_timer0_isr(void) {
    //中断服务程序主体省略
    PieCtrlRegs.PIEACK.all=PIEACK_GROUP1;
}


interrupt void Epwm1Int_isr(void)  {
    //中断服务程序主体省略
    PieCtrlRegs.PIEACK.all=PIEACK_GROUP3;
    EINT;
}
interrupt void Ecap1Int_isr(void)  {
    //中断服务程序主体省略
    PieCtrlRegs.PIEACK.all=PIEACK_GROUP4;
    EINT;
}
interrupt void ADC1Int_isr(void)
  {
    //中断服务程序主体省略
    PieCtrlRegs.PIEACK.all=PIEACK_GROUP1;
    EINT;
  }
```

11.2.3 LED 显示相关例程

```
//以下宏定义 TM1638 接口线的操作
#define TM_STB_L() (GpioDataRegs.AIOCLEAR.bit.AIO6=1)
#define TM_STB_H() (GpioDataRegs.AIOSET.bit.AIO6=1)
#define TM_CLK_L() (GpioDataRegs.AIOCLEAR.bit.AIO4=1)
#define TM_CLK_H() (GpioDataRegs.AIOSET.bit.AIO4=1)
#define TM_DIO_L() (GpioDataRegs.AIOCLEAR.bit.AIO2=1)
```

```
#define TM_DIO_H()  (GpioDataRegs.AIOSET.bit.AIO2=1)
//以下为 TM1638 显示的函数
void TM1638_Init(void);
void TM1638_Write_Byte(Uint8 ByteData);
void TM1638_Write_Command(Uint8 CMDData);
void TM1638_WriteLED(Uint8 Reg,Uint8 Dat);
void LED_Show(Uint8 Bit,Uint8 Num,Uint8 Point);
//Bit 为数码管号，Num 为显示数字，Point 为是否要显示小数点（1=显示）
//以下为参考程序
const Uint8 codetable[11]={0x3F,0x06,0x5B,0x4F,0x66,0x6D,0x7D,0x07,0x7F,
0x6F,0x40};                              //数字 0~9 的段码
void TM1638_Init(void) {
    Uint8 m;
    TM1638_Write_Command(0x88);          //设置亮度
    TM1638_Write_Command(0x40);          //设置地址自动增加 1
    TM_STB_L();                          //片选选中
    TM1638_Write_Byte(0xc0);
    TM_DIO_L();
    for(m=0;m<128;m++) {                 //关闭数码管显示，写入 16B 0x00
    TM_CLK_L();
    TM_CLK_H();
    }
TM_STB_H();                              //片选失效
}
void TM1638_Write_Byte(Uint8 ByteData) {
    Uint8 i;
    Uint8 TM_DIO;
    for(i=0;i<8;i++) {
        TM_CLK_L();                      //CLK=0
        TM_DIO=ByteData & 0x01;
        if(TM_DIO==0) TM_DIO_L();
        else TM_DIO_H();
        ByteData>>=1;
        TM_CLK_H();                      //CLK=1
        }
    }
    void TM1638_Write_Command(Uint8 CMDData) {
        TM_STB_L();
        TM1638_Write_Byte(CMDData);
```

```
    TM_STB_H();
    }
void TM1638_WriteLED(Uint8 Reg,Uint8 Dat) {
    TM1638_Write_Command(0x44);
    TM_STB_L();
    TM1638_Write_Byte(Reg|0xc0);
    TM1638_Write_Byte(Dat);
    TM_STB_H();
    TM1638_Write_Command(0x88);
    }
void LED_Show(Uint8 Bit,Uint8 Num,Uint8 Point) {
    if(1==Point)TM1638_WriteLED(2*(Bit-1),codetable[Num]+0x80);
    else TM1638_WriteLED(2*(Bit-1),codetable[Num]);
    }
```

参 考 文 献

[1]　程善美，蔡凯，龚博.DSP 在电气传动系统中的应用[M]. 北京：机械工业出版社，2010.

[2]　张东亮.Piccolo 系列 DSP 控制器原理与开发[M]. 北京：机械工业出版社，2017.

[3]　马骏杰.DSP 原理与应用：基于 TMS320F28075[M]. 北京：北京航空航天大学出版社，2017.

[4]　宁改娣，曾翔君，骆一萍.DSP 控制器原理及应用[M]. 2 版. 北京：科学出版社，2009.

[5]　张雄伟，曹铁男，陈亮，等.DSP 芯片的原理与开发应用[M]. 4 版. 北京：电子工业出版社，2009.